"全国旅游高等院校精品课程"系列教材
上海市高职高专一流专业建设系列教材

咖啡技艺与咖啡馆运营

COFFEE SKILLS AND CAFE OPERATIONS

王慎军 / 主编

中国旅游出版社

项目统筹：谯　洁
责任编辑：郭海燕
责任印制：冯冬青
封面设计：中文天地

图书在版编目（CIP）数据

咖啡技艺与咖啡馆运营 / 王慎军主编 . -- 北京：中国旅游出版社，2022.12（2025.8 重印）
全国旅游高等院校精品课程系列教材
ISBN 978-7-5032-6913-4

Ⅰ. ①咖… Ⅱ. ①王… Ⅲ. ①咖啡－配制－高等学校－教材②咖啡馆－商业经营－高等学校－教材 Ⅳ. ① TS273 ② F719.3

中国版本图书馆 CIP 数据核字（2022）第 251978 号

书　　名	咖啡技艺与咖啡馆运营
作　　者	王慎军主编
出版发行	中国旅游出版社 （北京静安东里6号　邮编：100028） http://www.cttp.net.cn　E-mail:cttp@mct.gov.cn 营销中心电话：010-57377103
排　　版	北京旅教文化传播有限公司
经　　销	全国各地新华书店
印　　刷	三河市灵山芝兰印刷有限公司
版　　次	2022年12月第1版　2025年8月第2次印刷
开　　本	787毫米×1092毫米　1/16
印　　张	17.75
字　　数	350千
定　　价	42.00元
ISBN	978-7-5032-6913-4

版权所有　翻印必究
如发现质量问题，请直接与营销中心联系调换

编委会

主　任：刘晓敏　康　年
副主任：徐继耀　郑旭华　王建昌　卓德保
委　员：王国栋　袁理峰　王培来　林苏钦　黄　崎　王书翠
　　　　陈为新　陈　思　尹玉芳　邵志明　郑怡清　杨荫稚
　　　　李伟清　王细芳　许　鹏　王慎军　余　杨　王立进
　　　　曾　琳　段发敏　李双琦　朱福全

总 序

为全面落实全国教育大会精神和立德树人根本任务,根据《国家职业教育改革实施方案》总体部署和《上海深化产教融合推进一流专科高等职业教育建设试点方案》(沪教委高〔2019〕11号)精神,我校积极落实和推进高等职业教育一流专科专业建设工作,烹饪工艺与营养、酒店管理、西餐工艺、旅游英语、旅游管理和会展策划与管理六个专业获得上海市高职高专一流专业培育立项。在一流专业建设中我校拟建设一批省级、国家级精品课程,出版一系列专业教材,为专业建设、人才培养和课程改革提供示范和借鉴。

教材建设是旅游人才教育的基础,是"三教"改革的核心任务之一,是对接行业和行业标准转化的重要媒介。随着我国旅游教育层次和结构趋于完整化、多元化,旅游专业人才的培养目标更加明确。因此教材建设应对接现代技术发展趋势和岗位能力要求,构建契合产业需求的职业能力框架,将行业最新的技术技能标准转化为专业课程标准,打造一批高阶性、应用性、创新性高职"金课"。拓展优质教育教学资源,健全教材专业审核机制,形成课程比例结构合理、质量优良、形式丰富的课程教材体系。

以一流专业建设为契机,我校积极探索校企共同研制科学规范、符合行业需求的人才培养方案和课程标准,将新技术、新工艺、新规范等产业先进元素纳入教学标准和教学内容,探索模块化教学模式,深化教材与教法改革,在此基础上,学校酒店与烹饪学院组织了经验丰富的资深教师团队,编纂了本套系列教材。本套教材主要包括:《酒店经营管理实务》《酒店安全管理》《酒店接待实务》《接待业概论》《酒店专业英语》《茶饮文化》《调酒技艺》《咖啡技艺与咖啡馆运营》《酒店督导技巧》《食品营养与卫生》《厨房生产管理》《面点制作工艺》《中式烹调技艺》《餐厅空间设计》《酒店服务管理》等。既有专业基础课程教材,又有专业核心课程教材。

专业基础课程教材重在夯实学生专业基础理论以及理解专业理论在实践中的应用场景，专业核心课程教材从内容上紧密对接行业工作实际；从呈现形式上力求新颖，可阅读性强，图文并茂；教材选取的案例、习题及补充阅读材料均来自行业实践，充分体现了科学性与前瞻性的结合；从教材体例编排上按照工作过程或工作模块进行组织，充分体现了与实际工作内容的对接。

本套教材的出版作为上海旅游高等专科学校一流专业建设的阶段性成果，必将为专业发展及人才培养成效再添动力。同时，本套教材也为国内同类院校相关专业提供了丰富的选择，对于行业培训而言，专业核心课程教材的内容也可作为员工培训的素材供选择。

上海旅游高等专科学校
一流专业建设系列教材编委会
2020 年 11 月 于上海

前 言

《咖啡技艺与咖啡馆运营》教材是上海旅游高等专科学校酒店管理与数字化运营一流专业建设子项目系列教材之一,该教材对标新版咖啡师国家职业技能标准、精品咖啡协会、咖啡品质研究所等国际行业标准,是一本理论与实践有机融合、以国内与国际咖啡行业为背景、特色鲜明的教材。在内容编排上采用项目、任务架构。共计六大项目、十七个任务。前四个项目以理论知识为主,第五、第六项目聚焦咖啡制作技艺。

本书的知识和技能部分对标咖啡师新国标初级工、中级工和高级工职业功能,依据咖啡师工作内容与技能要求,设计项目和任务,坚持新标准融入的原则。在内容编排上紧贴行业咖啡师工作实际,力争做到基础理论简洁扼要,结构层次系统连贯,工作流程清晰明了,坚持对接新业态需求原则。本书配套数字化资源库建设,坚持信息化技术融合原则,任务点前均配有二维码,形成校内课堂与网络课堂的结合,为学生构建了更加立体化、信息化的系统专业知识库。

在思政融入方面,得益于上海技师协会咖啡专业委员会组织的"云豆入沪""助力云南咖啡产业乡村振兴"以及"上海咖啡大师赛"等活动,丰富了教学素材,搭建了产教融合的平台,融入了行业需求,将云南咖啡产地与上海咖啡产业紧密联系起来。

在校企合作开发方面,邀请到上海咖啡行业专家董赟老师、谢宇欣老师参与咖啡杯测和意式咖啡拉花部分的数字化课程建设。

本书适用于各高职高专院校对学生进行专业教育或素质推展教育使用,亦可作为本科院校任意选修课教育使用。

由于编者水平有限,书中难免有不妥之处,敬请读者批评指正。

王慎军

2022 年 11 月

目录
CONTENTS

项目一　咖啡产业认知篇 / 001
任务一　咖啡的起源与传播 / 002
一、咖啡的起源 / 002
二、咖啡的传播史 / 004
三、中国咖啡产业发展现状 / 010

任务二　精品咖啡进化论 / 017
一、精品咖啡三波浪潮 / 018
二、中国现磨咖啡进化史 / 024

项目二　咖啡生豆基础 / 033
任务三　世界咖啡产区 / 034
一、世界咖啡产区概况 / 034
二、非洲产区 / 036
三、亚洲及大洋洲产区 / 042
四、墨西哥及中美洲产区 / 045
五、南美洲产区 / 050
六、咖啡消费市场 / 055

任务四　中国云南省咖啡产区概况 / 060
一、德宏咖啡产区 / 061
二、保山咖啡产区 / 063
三、普洱咖啡产区 / 066
四、临沧咖啡产区 / 071

任务五　咖啡栽植与采收　　/ 073
一、咖啡的植物学特征　　/ 073
二、咖啡的品种　　/ 074
三、从种植到采摘　　/ 078

任务六　咖啡生豆的处理与发酵　　/ 084
一、咖啡生豆的处理　　/ 085
二、特殊发酵与处理　　/ 088

任务七　咖啡生豆贸易　　/ 094
一、咖啡生豆的储存与运输　　/ 097
二、咖啡生豆的结构与成分　　/ 098
三、瑕疵豆　　/ 102

项目三　咖啡烘焙　　/ 109

任务八　烘焙基础知识　　/ 111
一、认识烘焙机　　/ 111
二、烘焙中的化学反应　　/ 113
三、烘焙的流程　　/ 114
四、烘焙度界定标准　　/ 116

项目四　咖啡品鉴　　/ 119

任务九　咖啡感官　　/ 120
一、咖啡品鉴之味道　　/ 120
二、咖啡品鉴之风味　　/ 122
三、咖啡品鉴之口感　　/ 142
四、咖啡品鉴的整体平衡　　/ 145

任务十　咖啡杯测认知　　/ 148
一、杯测基础知识　　/ 148
二、杯测的准则　　/ 149

任务十一　咖啡杯测应用　　/ 152

一、杯测评分表解读　　/ 152
　　二、杯测评分表应用　　/ 153

项目五　咖啡馆运营　　/ 159

任务十二　开档与闭档　　/ 160
　　一、营业前准备　　/ 160
　　二、迎送服务　　/ 166
　　三、结束营业日　　/ 169

任务十三　浓缩咖啡制作　　/ 171
　　一、单份意式浓缩咖啡制作　　/ 171
　　二、双份意式浓缩咖啡制作　　/ 176
　　三、特浓意式浓缩咖啡制作　　/ 179
　　四、长萃取意式浓缩咖啡制作　　/ 182
　　五、冰意式浓缩咖啡制作　　/ 185

任务十四　意式咖啡制作　　/ 197
　　一、康宝兰咖啡制作　　/ 197
　　二、玛奇朵咖啡制作　　/ 201
　　三、美式咖啡制作　　/ 204
　　四、拿铁咖啡制作　　/ 208
　　五、卡布奇诺咖啡制作　　/ 212

任务十五　拉花艺术　　/ 218
　　一、心形拉花　　/ 218
　　二、叶形拉花　　/ 226
　　三、郁金香形拉花　　/ 233

任务十六　花式咖啡制作　　/ 244
　　一、冰美式咖啡制作　　/ 244
　　二、冰拿铁咖啡制作　　/ 247
　　三、摩卡咖啡制作　　/ 250
　　四、焦糖玛奇朵咖啡制作　　/ 253

五、维也纳咖啡制作 /257
任务十七 冲煮咖啡制作 /263
　一、手冲咖啡萃取器具和原料 /263
　二、手冲咖啡萃取参数 /267
　三、手冲咖啡萃取技巧 /269

项目一
咖啡产业认知篇

任务一　咖啡的起源与传播

教学目标

1. 能阐述咖啡起源的三种传说，羊的传说、夏狄利传说、达巴尼传说。分析不同历史背景下咖啡在时代发展中所起的作用。
2. 熟悉咖啡传播的历史，知晓关键历史节点的重大事件。
3. 掌握咖啡在中国的起源、种植、进出口、消费等情况。

咖啡作为一种饮品，历史已超百年。生活在现代都市里的人们，每天清晨醒来，用一杯咖啡唤醒自己，已成为他们开启一天的生活方式。

在喝咖啡时，你是否也有过这样的疑问：谁是世界上第一个喝咖啡的人？咖啡作为一种舶来品，又是如何进入中国的？第一个种植咖啡的地方是哪里？在咖啡馆的菜单上经常可见的云南咖啡，你知道是如何传入云南的吗？中国咖啡消费者的消费习惯和消费喜好如何？

咖啡的起源与传播

带着这些问题，本任务从以下三个方面开启咖啡的探索发现之旅。

一、咖啡的起源

任务描述

了解咖啡起源的三个关键传说，理解不同历史时期关于咖啡传说的意义，建立个人认知咖啡起源的理性观点。

任务内容

1. 学习形式：分小组进行。
2. 获取资料：内容包括羊的传说、夏狄利的传说、达巴尼的传说。

3. 成果展示：各小组汇报结果，在课堂上展示。

（一）羊的传说

第一个问题：谁是世界上第一个喝咖啡的人？

人们对咖啡起源的了解，通常围绕着"羊的传说""也门摩卡港守护神夏狄利""也门亚丁港法律编审达巴尼"展开，至今也没有一致的结论。

"羊的传说"流传最为广泛，传说最早出现于1671年罗马的东方语言学教授奈龙所写的一篇文章中。据文章记载放羊童卡迪被公认为发现咖啡的第一人。

传说6~8世纪，在非洲大陆埃塞俄比亚，放羊童卡迪在山间放羊。有一天，卡迪发现羊群突然变得非常兴奋。经过他仔细观察后发现，原来羊群吃了山坡上一种植物的红果实。他也尝了尝，红果子味道酸甜，没过多久他感到神清气爽，很兴奋。以后，他经常跟着羊群共同吃这种红果实，与羊群嬉戏。有一天，附近的僧侣经过这里，看到卡迪在羊群中手舞足蹈，感到奇怪，便去询问，卡迪告诉僧人红果子的好处，僧人半信半疑尝了几颗，果然倦意全无。僧侣返回寺院，深夜祷告疲倦时打着瞌睡，梦中他梦到自己用白天所见的红果子煮水来喝，即可回神，神清气爽。从此，红果子提神醒脑的功效广为流传，此后，僧侣夜间祷告前，都会喝红果子熬煮的热果汁，被他们称为"咖瓦"。咖瓦是咖啡的前身。咖瓦的阿拉伯文为"美酒"之意，后来被用来称呼咖啡，是个同音异义字。

（二）夏狄利的传说

卡迪真的是咖啡始祖吗？最早发现咖啡可以饮用的是否另有其人？这些问题值得我们推敲、考证。正如16世纪阿拉伯咖啡史学家贾吉里的名言："咖啡入口，真理豁然浮现。"根据阿拉伯史料记载，也门摩卡港守护神夏狄利和也门亚丁港德高望重的法律编审达巴尼对咖啡成为饮品也做出了贡献。

14世纪末，医术精湛的夏狄利在摩卡港悬壶济世，妙手回春，救回很多教众的生命，赢得百姓的爱戴。摩卡总督眼红，担心夏狄利威望超过他，于是流放夏狄利到偏远山区的石窟自生自灭。命危之际，夏狄利出现幻觉，摘食了外面果树上的红果子，可以救命。他嫌果子里的种子又苦又硬，于是用火焙烤，再用水泡煮服下，果然恢复了体力。事后，夏狄利也将配方开给专程赶来石窟看病的人，治愈了更多的病患，声名远扬，摩卡民众感激他，群起迎接他重返摩卡，人们称夏狄利是摩卡或咖啡的守护神。

（三）达巴尼的传说

阿拉伯咖啡史学家兼伊斯兰法律专家贾吉里在1588年写的《咖啡演进始末》中，叙述苏非教派的达巴尼率先引进咖瓦，通过他的推动，咖瓦才红遍阿拉伯，暗示达巴尼可能就是咖啡教父。

据说在16世纪初，一种名为"咖瓦"的饮料爆红于也门大街小巷，是苏非教众在夜间祈祷前泡来喝的提神剂。这种饮料由该教派德高望重的长老达巴尼于15世纪中叶率先介绍给信徒饮用，一时间广为流传。

● **相关链接**

据《世界咖啡学》作者韩怀宗考证，牧羊人卡迪充其量只是17~18世纪在欧洲文人较劲、争夺咖啡起源解释权时捏造出来的人物。"牧羊人的传说"最早出现于奈龙的论述中，这是西方最早的咖啡论文，揭示牧童卡迪和羊群无意中发现咖啡提神的功效。法国知名东方学者兼考古学家，同时也是《一千零一夜》的翻译家伽蓝于1699年抨击"牧羊人传说"荒诞不经，导致"牧羊人传说"未成气候。接着在1715年，法国知名旅游作家尚德·拉侯克写了一本法文版的《航向也门》，书中探讨了咖啡起源，并引用了奈龙的"牧羊人的传说"。在游记的包装下，该书大受欧洲读者欢迎，成为畅销书，英文版于1726年在伦敦发行，成功宣传了奈龙的"牧羊人的传说"。在口口相传下，卡迪成了全球公认的咖啡始祖。①

二、咖啡的传播史

任务描述

在了解咖啡传播史的基础上，理解咖啡传播过程中的政治、经济以及宗教因素起到的关键作用。并以咖啡移植史为背景，阐述咖啡种植产区形成的历史背景，以

---

① 资料来源：韩怀宗.精品咖啡学［M］.北京：中国戏剧出版社，2018.

及与咖啡消费国之间的关系。

> **任务内容**

1. 学习形式：分小组进行。
2. 获取资料：各种关于咖啡传播史的文献、书籍等。推荐阅读《咖啡瘾史：一场穿越800年的咖啡冒险》，[美]斯图尔德·李·艾伦著，2018年版，广东人民出版社。
3. 成果展示：各小组汇报结果，在课堂上展示。
4. 提交工作记录单与分析报告。

（一）咖啡的传播史

咖啡的起源绝不像"牧羊人的传说"那样单纯，其间涉及复杂的政治、宗教、经济因素。韩怀宗在《世界咖啡学》一书中将咖啡饮料的进化历程总结为九大关键因素，向人们还原了人类是如何从嚼食咖啡果子和叶片，进化到泡煮咖啡的。

6世纪，盖拉族嚼食咖啡果与咖特草。

最早与咖啡结缘的是东非的盖拉族。盖拉族是埃塞俄比亚的主要民族之一，占该国人口的30%以上。公元前2000年，古老的盖拉族就活跃于目前索马里、肯尼亚一代游牧，后来被索马里兴起的民族赶到今日的埃塞俄比亚与肯尼亚。好战成性的盖拉族，最初以咀嚼咖啡果叶来提神，与今日的冲煮咖啡大不相同。后来古代盖拉族人将摘下的果实捣碎，裹上动物脂肪，揉成小球形状，当成远行、征战时的口粮。

另一个与咖啡如影相随的作物叫作"咖特"，是一种羊儿喜爱的咖特草，也被称为阿拉伯茶、埃塞俄比亚茶、也门茶。原产于埃塞俄比亚，嚼食咖特草或泡煮来喝会让人肾上腺素飙升，非常兴奋。盖拉族是非洲游牧民族，居无定所，咖啡果、咖特草成为他们南征北战时的充饥口粮。

9世纪，波斯名医以咖啡入药。

根据文献记载，9世纪，一种被称为"邦"的果实，也就是现在的咖啡果，出现在波斯名医拉齐撰写的医药百科《医学全集》一书中，他在书中提及"一种以邦熬煮的汁液称为邦琼，具有燥热性，益胃，可治疗头疼、提神，喝多了令人难以入眠"。这简短的几句话，是目前所知最早的咖啡文献。

1405~1433年，郑和下西洋，加速咖啡普及化。

据史料记载，茶叶远比咖啡发展得早。茶艺对咖啡的普及化起到了积极作用。

明朝郑和于1405~1433年7次下西洋，最远到达红海之滨的也门、索马里和肯尼亚。肯尼亚附近的小岛上至今住着郑和下西洋时舰上官兵在非洲留下的后裔，岛民甚至世代相传明代的陶碗、器皿。郑和每次出航都带着茶砖同行，除了当作馈赠友邦的礼物，也向也门统治者展示中国的泡茶待客之道。此举带给阿拉伯部族莫大启示，为何中国人可以把提神的茶饮料发展成为平民化的饮料，而中东的"邦"或"邦琼"却局限于药用或宗教祈祷专用。咖啡能否发展成为待客与社交的平民化饮品？这些想法经过酝酿发酵，加速了15世纪末16世纪初咖啡普及化的速度。

　　1400~1500年，咖啡教父夏狄利与达巴尼倡导咖许与咖瓦饮料。

　　咖许与咖瓦这两款提神饮料于15世纪末爆红于阿拉伯半岛，与也门摩卡的伊斯兰教教长夏狄利、亚丁港的法律编审达巴尼大力推广有关。在两位教长的提倡下，咖瓦和咖许成为教徒夜间祈祷前必备的提神剂，咖啡普及化迈出重要一步。

　　1480~1500年，麦加查禁咖啡事件，咖啡"有史时代"降临。

　　苏非教众白天在市场上赚钱养家，晚上进入清真寺祈祷，很自然地将寺内提神解困的咖啡介绍给亲朋好友。咖啡合法性的争议，最先在伊斯兰教圣城麦加与麦地那引爆。

　　1480~1511年是咖啡普及化的转折点，一股保守力量试图把咖啡局限在宗教和医药领域，一般百姓不得随意畅饮；另一股力量又想突破宗教与医药的高墙，把咖啡带入民间。这当中有利益团体的介入，使问题更为复杂。当时的医生常以咖啡作为止痛药，生怕咖啡平民化后会影响生意；另外，伊斯兰教徒也担心咖啡馆一旦开放，信徒沉迷其中，不再入寺礼拜。因此，咖啡该不该普及化，牵扯着复杂的政治、宗教、商业与治安问题，引起统治阶层高度重视。撰史者也开始关心咖啡议题，咖瓦一词突然大量且持续出现在1500年以后的中东历史档案和文献中，甚至阿拉伯平民书信、作家散文、游记、书籍或法律意见也大谈咖啡，成为一股不可阻挡的风尚。

　　1500~1650年，咖啡宫殿斗艳，欧洲人惊艳。

　　16世纪中叶以后，在伊斯坦布尔、开罗和麦加的宫殿型咖啡馆，只卖咖啡不卖酒，咖啡馆请来名人讲座，甚至还有演奏和驻唱。咖啡馆变成了社交场所，吸引了知识分子和上流社会捧场。咖啡普及化有了更宽广的群众基础。

　　1671年，罗马的东方语言学教授奈龙所写的一篇名为《咖啡益处论述》的文章中，主人公牧羊童卡迪被公认为发现咖啡的第一人。

　　16世纪末至17世纪初，通过威尼斯商人、外交官、植物学家和出版物，饮用咖啡初入欧洲。咖啡馆在意大利、法国、英国、奥地利、荷兰、德国遍地开花，逐渐取代酒吧。咖啡香与咖啡因让欧洲人更加清醒。文艺、哲学、音乐创作、革命思潮等因为咖啡更加多元。

埃塞俄比亚是阿拉比卡咖啡树原产地，但欧洲人最先在也门接触到咖啡。也门咖啡树来自埃塞俄比亚，575~890年，埃塞俄比亚伊斯兰教徒多次入侵也门，将咖啡引入也门。最早引进也门的咖啡树属于埃塞俄比亚原生种铁皮卡，经过几个世纪以后，也门的铁皮卡出现突变种，于1715年，由法国将它移植到非洲东岸的波旁岛，后被称为波旁豆。

印度尼西亚和中南美在1700年前没有咖啡树。在荷兰和法国的主导下咖啡树完成了大移植，铁皮卡移植到亚洲与加勒比海谱岛，波旁咖啡树被移植到中南美和东非。至此，铁皮卡和波旁豆兵分两路遍植南、北回归线间，完成咖啡树普及化壮举。①

咖啡树的移植史

> **课堂思考**
>
> 请思考为何种植咖啡的国家均为发展中国家，这是在怎样的历史背景下造成的？

（二）咖啡树的移植史

17世纪，欧洲出现咖啡需求，开始小量向也门进口烘焙好的咖啡豆。18世纪，欧洲咖啡馆遍地飘香，咖啡豆需求剧增，光靠也门摩卡已无法满足日常需求。据估计，1700年也门咖啡豆产量约2万吨，除了供应伊斯兰教世界，还要满足刚崛起的欧洲需求量，供应捉襟见肘。豆价居高不下，摩卡港忙着输出咖啡豆，盛况空前，"mocha"一词在当时如同咖啡代名词。

这时的中南美洲和亚洲仍无咖啡树，欧洲列强看好咖啡树栽培业的巨大商机，开始介入，分食咖啡市场。列强靠着海外广大殖民地与廉价黑奴的优势，很快打破奥斯曼帝国垄断咖啡产销局面，甚至蚕食摩卡咖啡在阿拉伯的市场。可以说，1720年以后，全球咖啡树栽培业开始从也门转向亚洲和中南美洲的列强殖民地。爪哇与巴西咖啡强势崛起，摩卡应声陨落。

荷兰是最早涉足咖啡贸易与栽培的西方国家。荷兰第一个在殖民地试种咖啡树成功，法国随后模仿荷兰抢种咖啡，两国各开辟出自己的咖啡种植地。

---

① 资料来源：韩怀宗.精品咖啡学［M］.北京：中国戏剧出版社，2018.

13~16世纪，阿拉比卡野生咖啡种在非洲的埃塞俄比亚和苏丹出现。

15~16世纪，也门出现咖啡的种植。

1670年，咖啡树由传奇人物Baba Budan运到印度，开始在印度种植。

1696年，荷兰人将咖啡由也门引入印度尼西亚种植。

1704年，爪哇收获第一批咖啡豆。

1706年，来自也门的单一原产地咖啡开始在荷兰的植物园中种植。

1708~1718年，铁皮卡种咖啡被引入波旁岛。

1713年，咖啡被赋予了属于自己的植物属：咖啡。

1714年，荷兰人送给法国人单一原产地咖啡树种：铁皮卡。

1723年，铁皮卡种由迪克鲁移植到法属马丁尼克岛。

1727年，咖啡树开始在巴西帕拉栽植，南美洲第一个咖啡种植园由此产生。

18世纪中叶到后叶，咖啡树开始在中美洲和南美洲种植。

19世纪，铁皮卡突变种在波旁岛被发现。

1825年，来自里约热内卢的咖啡种子被带到了夏威夷岛屿，成为之后享有盛名的夏威夷可娜咖啡。

19世纪60~70年代，咖啡叶锈病使得爪哇岛的咖啡产量严重受损；与此同时，巴西咖啡产量激增。

1878年，英国人在肯尼亚建立咖啡种植园区。

1887年，法国人带着咖啡树苗在越南建立了种植园。

1896年，咖啡开始登陆澳大利亚的昆士兰地区。

19世纪中后期，波旁种咖啡开始在中美洲、南美洲以及非洲广泛种植。

1904年，中国云南省开始种植咖啡。

1920年，东帝汶发现阿拉比卡与罗布斯塔天然突变种。

20世纪20~50年代，大量咖啡主要品种开始在非洲种植，特别是肯尼亚和埃塞俄比亚。

> ● 相关链接
>
> 上海，咖啡与中国的初恋之地。
>
> 作为舶来品的咖啡，传入中国的首站就在上海。
>
> 1843年，上海开埠，大量外国商品和外资涌入长江门户，这其中就有咖

啡的踪迹。根据《上海通志》的记载，1853年，英国人劳惠霖创设老德记药店，是上海最早开设的外商药房，当时的咖啡被当作"咳嗽药水"，并随着西餐的普及逐渐时髦；1886年，沪上第一家独营咖啡馆"虹口咖啡馆"亮相，咖啡用一种带着苦调的特殊口感，给上海人带来中西方文化和生活方式的碰撞。有数据显示，到1946年，上海提供咖啡的场所已超过500家。

在上海交通大学中国城市治理研究院副院长、媒体与传播学院教授徐剑看来，商通四海的便利，让上海得以在消费形态上能够与世界其他地方保持一致。当时，喝咖啡、穿皮鞋的生活方式在某种程度上是一种身份的标识，更常见于电影、小说等文学作品中，成为最早刻入上海基因的一段咖啡文化记忆。

此后，咖啡逐渐飞入寻常百姓家。1935年出现的"上海牌咖啡"，在20世纪60~80年代风靡中国，就连名字也叫作上海清咖、上海奶咖，是上海人时髦的代名词；"雀巢咖啡，味道好极了"，成为一代人的记忆，作为最早一批进入中国的全球品牌，雀巢将速溶咖啡和三合一调味咖啡带到上海。在很多人看来，咖啡的第二波浪潮开启了零售之门，功效性强的速溶咖啡成了当时中国咖啡文化的主流。

1994年，全球快餐连锁巨头麦当劳在淮海路上开设了第一家餐厅，首次带来"鲜煮咖啡"这个"全球标配"，并推向大众市场。麦当劳中国首席执行官张家茵至今仍清楚记得那段"磨合期"，"普通消费者当时对咖啡的表述都是'很苦'，标配大杯是加两个奶油球，但尝鲜者往往会拿五个奶球的分量，以稀释咖啡与生俱来的苦味"。即使如此，上海的消费者对于新事物的尝鲜度和包容度，仍然让她惊讶。

2000年5月，29岁的星巴克终于从西雅图来到上海，第一家店开在淮海路，CEO霍华德·舒尔茨参加了剪彩仪式，47岁的他身穿黑色西装，与系着绿围裙的中国女孩站在一起，向中国消费者讲述星巴克"第三空间"的故事。

那一年，上海市民的平均工资为1285元，但星巴克的一杯拿铁需要19元。没想到的是，上海消费者对于咖啡的接纳能力远超想象，当年上海开业的多家门店在21个月后就实现盈利，这在星巴克全球历史上尚属首次，而21年后，星巴克在上海的门店数量已超过900家，成为星巴克全球门店数量最多的城市。

世纪之交,上海的咖啡馆如雨后春笋般冒出。1999年,真锅咖啡在上海的华亭路开业;2001年,上海上岛咖啡食品有限公司注册成立,以"咖啡+西餐"的模式走红。那时的本土咖啡馆大都定义为"商务咖啡",主要针对30~50岁的成功人士,背靠中国经济快速成长、商务谈判需求猛增的时代红利,开辟了商业新模式。

在徐建看来,无论是麦当劳、雀巢还是星巴克、上岛,当咖啡以不同的呈现方式进入上海,恰是浦江春潮的映照。徐建发现,自1990年浦东开发开放以来,一家家跨国企业相继落地,一波波全球人才近悦远来,这些都极大带动了商贸合作、人文交流,咖啡馆成为各种交流的公共场所。

今天,当我们回看这段历史,很多细节依然值得回味。星巴克进入上海的这一年,东方明珠与金茂大厦都已开业,极速刷新着浦东的高度;一旁的上交所正迎来十岁生日,A股上市公司数突破1000家,取得了惊人的成功。上海如今最具优势的金融、贸易等领域都已蓬勃发力,在深度融入全球经济发展的同时,也更加确立了自己开放、创新、包容的城市品格。①

三、中国咖啡产业发展现状

任务描述

在了解中国咖啡种植概况的基础上,分析中国咖啡种植及加工业的优势与劣势。收集资料或调研访谈中国消费者的消费喜好,分析中国咖啡种植及加工业的机会和威胁。

任务内容

1. 学习形式:分小组进行。
2. 获取资料:文献收集资料,获得最新的中国咖啡种植概况。通过问卷调查或访谈等研究方法,获得中国消费者的消费喜好和不同层级城市消费者的消费趋势。

---

① 资料来源:上海咖啡的事.文汇报[N].2021-12-24.

3. 成果展示：各小组汇报结果，在课堂上展示。
4. 提交工作记录单和研究报告。

（一）中国咖啡种植概况

全球范围来看，咖啡产销呈现不对称分布现状。主要的咖啡产区位于发展中国家，例如非洲产区的埃塞俄比亚和乌干达，亚洲和大洋洲产区的越南和印度，墨西哥和中美洲产区的洪都拉斯和危地马拉，南美洲产区的巴西和哥伦比亚等。咖啡精深加工产业与种植产业相比利润更加丰厚，其产业以及销售终端则集中在发达国家。因此，全球范围内看，发展中国家咖啡农的收入远不及发达国家咖啡精深加工产业业主的收入。在中国，咖啡种植和初加工产业超过95%集中于云南省。海南省以发展咖啡精深加工为重点，同时大力发展咖啡观光生态小镇拓展咖啡市场。国际贸易方面，中国咖啡以出口咖啡生豆为主，进口咖啡制成品为主。中国咖啡主要消费市场集中于华东、华南区域。目前中国咖啡消费增长迅速，2008~2018年消费年增长率超过15%，远高于全球市场平均2%的增长率。中国咖啡零售市场以速溶咖啡为主，占整个消费市场的七成份额。但是，近年来随着咖啡店连锁率的不断提高，消费者对于咖啡的认知度有了明显的提高，焙炒现磨咖啡消费进入高速增长阶段。

咖啡产业发展史

2016年，中国咖啡种植面积11.88万公顷，收获面积8.06万公顷，分别同比减少1.63%和增加14.60%。其中，云南省种植面积11.70万公顷，收获面积8.04万公顷，分别占中国总面积的99.4%和99.8%；海南省种植面积0.08万公顷，收获面积0.02万公顷，分别占中国总面积的0.6%和0.2%。

2016年，中国咖啡总产量16.03万吨，同比增长12.96%。其中，云南省产量15.84万吨，占中国总产量的98.81%；海南省产量0.03万吨，占中国总产量的0.19%；四川省产量0.16万吨，占中国总产量的0.99%。中国咖啡种植总产值25.96亿元，同比增加23.39%（见表1）。

表1 2007~2016年中国咖啡生产概况

年份	种植面积（公顷）	产量（吨）	单产（吨/每公顷）
2007	20609	30060	1.46
2008	24440	33290	1.36

续表

年份	种植面积（公顷）	产量（吨）	单产（吨/每公顷）
2009	36771	47802	1.30
2010	43320	49556	1.14
2011	61667	65369	1.06
2012	94029	92680	0.99
2013	120567	117592	0.98
2014	123631	138190	1.12
2015	119554	140559	1.18
2016	118805	160375	1.34

（二）中国咖啡出口市场分布

2016年中国咖啡豆及其制品出口量为14.86万吨，同比增长153.15%；出口金额9.45亿美元，同比增长352.15%；其中咖啡豆出口量为8.27万吨。2016年咖啡豆及其制品进口量为13.18万吨，同比增长196.85%；进口金额9.34亿美元，同比增长419.54%；其中咖啡豆进口量5.05万吨。

2006~2015年中国咖啡的主要出口市场为德国、比利时、法国、沙特阿拉伯、美国等国家和中国香港地区，其中德国一直是中国咖啡最大的出口市场，出口份额占比维持在30%~50%；法国、美国和中国香港地区占中国咖啡出口市场份额呈上升趋势，分别从2006年的0.69%、2.49%、0.39%上升到2015年的3.96%、8.86%、10.26%；日本、比利时占中国咖啡出口市场份额呈下降趋势，日本跌幅最大，从2006年的23.26%下降到2015年的0.67%；东盟国家在自贸区建立之前占中国咖啡出口市场份额较小，自贸区建立后迅速上升，2010年出口份额达到最高的29.14%，之后有所回落。

（三）中国咖啡产业现状

1. 中国消费者咖啡饮用现状

中国消费者咖啡饮用情况各地区情况各异。一线、二线城市作为咖啡文化的首要渗透地，其养成饮用咖啡习惯的消费者摄入频次已达到成熟咖啡市场水平，同时消费者在习惯养成的过程中会不断提升咖啡摄入频次，摄入咖啡频次人均已达到每年约300杯，咖啡已逐渐由"赶时髦的饮品"转变为"日常饮品"（图1）。

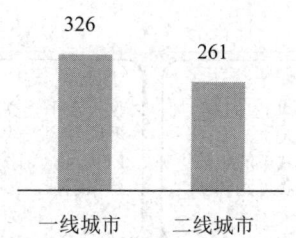

图1 一、二线城市居民年人均摄入咖啡频次（单位：杯）

一线、二线城市作为咖啡文化的首要渗透地，在消费者对咖啡接受程度提升及饮用咖啡习惯不断养成的情况下，其咖啡渗透率最高已达到67%，与冲泡茶饮66%的市场渗透率基本相当。虽然中国大陆地区一线、二线城市年均饮用杯数已达到成熟咖啡市场平均水平，但因人口基数大，咖啡人均饮用杯数仅为每年9杯，远低于美国、韩国、日本等国的人均咖啡消费量（见图2）。

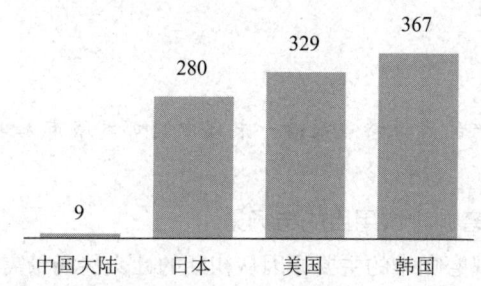

图2 各国居民年人均摄入咖啡频次（单位：杯）

对于已经养成喝咖啡习惯的消费者来说，超过50%的人群会不断增加咖啡摄入频次，从而建立起稳定的咖啡饮用习惯。尤其是一线城市消费者对于咖啡的依赖性更强，更多消费者会提高当前的现磨咖啡摄入频次。在一线城市的带动下，未来咖啡市场教育也将逐步辐射至其他城市，而咖啡将由原来赶时髦的饮品转变为日常饮品。

2. 中国咖啡消费者画像

目前中国咖啡消费者主要以20~40岁的一线城市白领为主，大多为本科及以上学历，拥有较高的收入水平。

中国目前20~40岁、学历在大专和本科以上的人口分别超过8300万和3600万。未来随着受教育程度的提高和可支配收入的提升，咖啡消费人群必将迎来新的消费高峰（图3）。

20~40岁的白领人士，一线城市的年龄受众可到50岁	收入水平较高，平均月收入约1.8万元，消费意识超前
受教育程度较高，大多为本科以上学历，尤其具备海外背景	大多生活在一线城市，工作压力较大，对咖啡黏性较高，且乐于尝试新口味

图 3　中国消费者画像

课堂思考

从中国咖啡消费者的画像特点来看，未来中国哪类城市咖啡消费潜力巨大？

3. 中国消费者现磨咖啡饮用目的与场景

中国消费者摄入现磨咖啡的主要原因从初期的社交性场景需求，发展成为日常功能性需求。生理上的提神醒脑、心理上的依赖以及以佐餐为目的的咖啡摄入成为中国消费者饮用现磨咖啡的前三大原因。随着咖啡习惯的逐步养成，大多数消费者在生理和心理上都对咖啡产生了依赖，咖啡也因此出现在越来越多的日常工作和生活场景中。

由于一线城市工作压力更大，以提神为目的的咖啡摄入更多，对咖啡的依赖也更强。而"90后"新生代消费者作为现磨咖啡摄入的主力人群，一方面，正处于事业的上升期，出于工作需要，以提神为目的的咖啡摄入需求更大；另一方面，随着年轻一代健康意识的明显提升以及对"减肥""养生"的追求，以减肥燃脂为目的的咖啡摄入更受年轻人的追捧。

随着中国消费者饮用现磨咖啡习惯的逐步养成，消费者对于咖啡本身风味和品质上的追求越来越高，与之对应，消费者对于咖啡品类的偏好逐渐从牛奶咖啡向黑咖啡转变。

中国消费者现磨咖啡饮用习惯已经经历了三大阶段。2017年以前，中国消费者尚未对咖啡形成深入的消费意识，通常更倾向于咖啡味不重的牛奶咖啡饮品，因此海外咖啡品牌在最初进入中国市场时，通常会主打拿铁、卡布奇诺等牛奶咖啡饮品。2017~2020年，在瑞幸咖啡、连咖啡等互联网咖啡品牌的共同市场培育下，中国消费者开始建立起一定的咖啡饮用习惯，对于咖啡口味的追求也更为多元化，叠加健康意识的提升，咖啡与新食材的融合深受消费者的喜爱（见图4）。

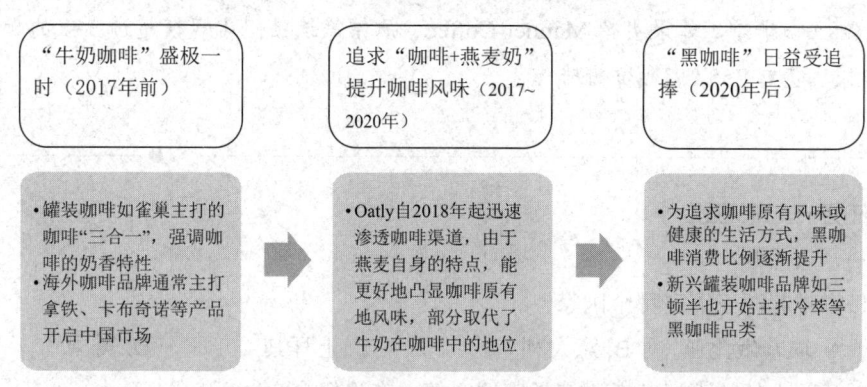

图4 中国消费者现磨咖啡饮用习惯趋势

当下，越来越多的咖啡消费者开始更多尝试浅烘焙所呈现出的轻盈口感。同时随着饮用咖啡年限的增长，消费者对咖啡风味特征具备更高的敏锐度，美式咖啡、手冲咖啡等黑咖啡饮品因其更能保留咖啡豆原本的风味及更富有层次感的口感而受到消费者的追捧，渗透率得到明显提升。未来，黑咖啡饮品或将成为新的流行趋势。

● 相关链接

世界上咖啡馆最多的城市是哪里？答案不是伦敦，不是纽约，也不是人口超过3800万的东京，而是上海。

上海交通大学公布的《2020国际文化大都市评价报告》显示，截至2021年1月，上海共有6913家咖啡馆。在全球50个国家文化大都市中，上海的咖啡馆、茶馆总数排名第一。不仅如此，自2019年新冠肺炎疫情以来，上海的咖啡馆、茶馆总数并未因疫情而减少，反而逆势增长。

相关数据显示，2021年与5年前相比，上海咖啡馆数量增长了690家。上海每万人咖啡馆拥有量为2.85家。上海也是不少连锁咖啡品牌全球开店最多的城市。以星巴克为例，早在2015年，上海以365家的门店数量超过首尔的312家，成为全球拥有星巴克门店最多的城市。截至2021年，星巴克在上海已经有900多家门店，远超首尔的500多家，而星巴克门店数量全球第三的北京，仅有400多家，不到上海的一半。数据显示，仅2020年一年，上海就新增了86家星巴克门店。

据上海第一财经统计显示，上海咖啡馆的业态结构中，55.89%的咖啡馆为独立咖啡馆。如果去掉Manner Coffee、质馆等连锁门店规模超过3家的咖啡馆，仍有3557家独立咖啡馆。①

任务一　练习题

一、选择题

1. 咖啡起源于下列哪个国家？（　　）
   A. 埃塞俄比亚　　B. 意大利　　　C. 土耳其　　　D. 美国
2. 牧羊人的故事记载者语言学家罗士德·奈洛伊来自（　　）。
   A. 埃塞俄比亚　　B. 土耳其　　　C. 罗马　　　　D. 也门
3. 古阿拉伯人认为咖啡豆晒干熬煮后可作药用，其功效为（　　）。
   A. 胃药　　　　　B. 茶水　　　　C. 减肥药　　　D. 感冒药
4. 下列哪项是阿拉伯咖啡文化的经典代表？（　　）
   A. 土耳其咖啡文化　　　　　　　B. 叙利亚咖啡文化
   C. 尼泊尔咖啡文化　　　　　　　D. 巴基斯坦咖啡文化
5. 欧洲大陆的咖啡馆文化发源于下列哪个城市？（　　）
   A. 威尼斯　　　　B. 那不勒斯　　C. 巴黎　　　　D. 苏黎世
6. 最早从事咖啡贸易的港口是（　　）。
   A. 摩卡港　　　　B. 直布罗陀港　C. 热那亚港　　D. 鹿特丹港
7. 最早将咖啡树移栽至美洲的是（　　）。
   A. 荷兰人　　　　B. 英国人　　　C. 德国人　　　D. 意大利人
8. 下列最早开始种植咖啡树的地区是（　　）。
   A. 巴西　　　　　　　　　　　　B. 法属的圭亚那
   C. 牙买加　　　　　　　　　　　D. 印度尼西亚爪哇
9. 中国大陆地区最早开始种植咖啡树的是（　　）。
   A. 广西　　　　　B. 云南　　　　C. 广东　　　　D. 福建

---

① 资料来源：赵越. 中国新闻周刊［N］. 2021-11-20.

10. 中国大陆地区最早的咖啡馆主要集中在（　　　）。

　　A. 北京　　　　B. 厦门　　　　C. 青岛　　　　D. 上海

二、填空题

1. 在国际贸易方面，中国咖啡以出口 _____ 为主，进口 _____ 为主。

2. 中国咖啡零售市场以 _____ 咖啡为主，占整个消费市场七层的份额。

3. 中国咖啡种植面积和产量最多的省份是 _____。

4. 中国消费者咖啡饮用情况不同，_____、_____ 线城市消费者已养成咖啡饮用习惯，摄入咖啡频次人均已达到每年300杯，接近成熟咖啡市场水平。

5. 中国消费者摄入现磨咖啡的主要原因已从初期的 _____ 需求，发展成为 _____ 需求。

答案：

一、选择题

　1~5. ACAAA　6~10. AADBD

二、填空题

　1. 咖啡生豆　咖啡制成品

　2. 速溶

　3. 云南省

　4. 一　二

　5. 社交性场景　日常功能性

任务二　精品咖啡进化论

教学目标

1. 能阐述第一波咖啡发展浪潮的代表性企业和主流产品。
2. 能阐述第二波咖啡发展浪潮的代表性企业和主流产品。
3. 能分析中国现磨咖啡市场发展现状与趋势。

2002年12月，挪威奥斯陆久负盛名的摩卡咖啡烘焙坊烘焙师崔许·罗丝格发表《挪威与第三波》，首次提出精品咖啡的三波演化历程。请带着以下三个问题开始本项目的学习：

1. 回想下你喝的第一杯咖啡，是在哪种场景下喝的什么咖啡？
2. 你知道传说中星巴克咖啡的师傅是谁吗？
3. 什么是精品咖啡？

一、精品咖啡三波浪潮

任务描述

在学习精品咖啡发展的三波浪潮的基础上，了解各发展阶段的代表性企业和咖啡产品。了解中国现磨咖啡市场发展概况，分析中国现磨咖啡市场未来发展趋势。

任务内容

1. 学习形式：分小组进行。
2. 获取资料：文献收集资料，了解精品咖啡发展的三波浪潮的历史背景和代表性企业。通过对中国现磨咖啡市场发展概况的学习，分析中国现磨咖啡市场未来的发展方向。
3. 成果展示：各小组汇报结果，在课堂上展示。
4. 提交工作记录单和研究报告。

● 相关链接

第一次世界大战前后，欧洲与美洲的咖啡市场格局被彻底颠覆了。在派往海外的远征军中，喝咖啡已经成为军队士兵的日常之瘾。军事与政治，如何改变了咖啡市场，在子弹与咖啡之间，第一次世界大战如何改变咖啡格局？

第一次世界大战对咖啡的主要影响是人们把焦点转向了拉丁美洲的北部，把美国当成了最可靠的顾客。那一带的老兵往往一想起咖啡饮料，就会想起不新鲜的劣质咖啡豆，这已经成了一种根深蒂固的思维定式。

战争爆发之前，德国汉堡和法国的勒阿弗尔港口以及屯货量稍少的比利时安特卫普与荷兰阿姆斯特丹港口的咖啡交易量占了全球咖啡交易量的一半以上。这是因为德国的咖啡种植园主和出口商主宰了拉丁美洲的咖啡产区，于是顺理成章，德国的咖啡进口商就能得到最好的咖啡。而且，欧洲人也愿意把钱花在好咖啡上，就这样把较低等级的咖啡留给了美国人。

　　战争时期，经济混乱，纽约的咖啡交易所被迫关闭了4个月。1914年9月，某咖啡贸易杂志上的一篇社论号召美国咖啡界行动起来。"南美的咖啡贸易之前主要被欧洲资本控制，然而，南美离我们美国最近，所以应该由我们来控制。现在，欧洲大部分国家正在为国家领土完整和主权独立而斗争，他们已经无暇顾及已经在南美建立的商贸活动，所以我们要趁现在赶紧行动。"

　　1917年，美军军需司令部征收了2900万磅咖啡。当时的一位记者说："咖啡是军营里最受欢迎的饮品，士兵们每顿饭后必饮。"战争结束前，美国军队每天需要烘焙75万磅咖啡豆。①

（一）第一波咖啡浪潮

　　1939~1945年，在第二次世界大战期间，战争造就了咖啡瘾君子。这个时期的人们喝咖啡如同喝酒精饮料时的酗酒，被称为"酗咖啡"。战争带动了咖啡的庞大需求，为了提升军队士兵的精神，欧美国防部的军粮中，均配有研磨或速溶咖啡。

　　以美国为例，战争期间每名官兵平均每年消耗14.7千克咖啡，什么概念？以现有的现磨咖啡制作工艺，20克咖啡粉萃取一杯意式浓缩计算，14.7千克，大约为每年735杯，平均每天2杯，365天不间断地喝。这让原本不怎么喝咖啡的美国大兵在战场上染上咖啡瘾。这时的欧美咖啡工业建立在有量无质的基础上。

　　第一波咖啡浪潮在时间上界定于1940~1960年。速溶咖啡的制作技术在"二战"后趋于成熟，在战场上，染上咖啡瘾、卸甲归田的士兵成为战后速溶咖啡的庞大消费者。速溶咖啡适合口味浓淡不同的客人，无须清洗咖啡冲泡器皿，也不用研磨咖啡豆，简单、方便、快捷，迅速获得美国市场的青睐，成为战后大卖的咖啡产品。这一时期，

---

　　① 资料来源：马克.彭德格拉斯特.左手咖啡，右手世界：一部咖啡德商业史［M］.机械工业出版社，2021.

雀巢、麦斯威尔、希尔兄弟等速溶咖啡品牌占据主导地位，引领咖啡消费市场。

这一时期，企业为了压低成本，大量使用风味低劣的罗布斯塔品种咖啡豆。速溶咖啡的技术与罗布斯塔结合，虽然压低了售价，但品质不尽如人意，咖啡品位步入黑暗期。美国是最大的速溶咖啡消费市场，在欧洲，雀巢的故乡瑞士和英国较能接受速溶咖啡，德国、意大利、奥地利和法国仍以研磨咖啡消费市场为主。

基于政治考量，美国成为速溶咖啡的主要消费国是有原因的。在第一、第二次世界大战期间，为了稳住拉丁美洲国家，美国大量采购拉丁美洲产区的咖啡豆，这一产区的咖啡豆多半是劣质的罗布斯塔品种。研磨烘焙后，直接打包送到美军各单位，完全不顾咖啡的储存条件和风味。这些味道不佳的咖啡稳住了拉丁美洲的经济，也提高了美军士兵的士气，一举两得。

咖啡品位黑暗期。战后美国咖啡消费量逐年下降，1946年，平均每人喝9千克咖啡的量成为历史，到1955年，人均饮用咖啡年消耗量下滑到6千克左右。这与速溶咖啡难喝以及可口可乐问世有关。唯利是图的咖啡从业者为了利益，在烘焙咖啡时，通过泼水降低豆子的温度，这一做法可以增加豆子的重量，从而提升利润。甚至在烘焙到一爆刚响，半生不熟就出炉，这样不但节省了燃气费用，还减少了失重率。

总结第一波咖啡浪潮，可以用功过难断来形容。

这一时期被称为咖啡速食化时代，烂的咖啡当道，好咖啡沉沦。但也有积极的一面，那就是速溶咖啡的问世，以及罐装咖啡粉密封技术的发明，让喝咖啡更方便省事。在速食咖啡强力促销下，拉升了咖啡消费量，却牺牲了咖啡品质与新鲜度。究竟提升咖啡消费量与提升咖啡品质，孰轻孰重？咖啡第一波浪潮，在咖啡产业发展史上留下了功过难断的一页。

（二）第二波咖啡浪潮

第二波咖啡浪潮在时间上界定于1966~2000年。这一时期，咖啡精品化，深烘焙拿铁咖啡盛行。欧洲人主张摒弃低级罗布斯塔和半生不熟的浅焙烂咖啡，引进新鲜烘焙，提倡现磨现泡理念。

欧洲人早在18~19世纪，在印度、印度尼西亚、波旁岛、加勒比海和中南美洲殖民地强种咖啡豆。20世纪初，德国、荷兰、法国和英国，分别掌控危地马拉、印度尼西亚、波旁岛、牙买加和哥斯达黎加的咖啡庄园，顶级阿拉比卡咖啡豆多数运往欧洲。因此，欧洲人对咖啡风味的优雅颇具发言权。在这一时期，被称为"精品咖啡之父"的艾弗瑞·毕兹和"精品咖啡之母"的娥那·努森，点燃了咖啡产业发展史的第二波浪潮。

毕兹出生于荷兰，父亲是咖啡烘焙师。从小耳濡目染，咖啡豆拼配和烘焙技艺娴熟。"二战"期间，他被德军强征到军队为士兵烘焙咖啡。战后他在美国旧金山希尔兄弟、佛吉斯等大型烘焙厂生豆进口公司工作。其间他发现美国大型烘焙厂居然大量采购中南美内用规格的劣质豆和罗布斯塔豆，而非欧洲规格的精选豆，他百思不解，为何消费者愿意为这种咖啡豆买单。毕兹在他46岁那年在旧金山创业，开创毕兹咖啡与茶创始店。毕兹不屑罗布斯塔与商用级别阿拉比卡豆，他采用深度烘焙的欧式快炒来诠释高海拔顶级阿拉比卡豆的醇厚风味。店内有一台每炉25千克的烘焙机，每天新鲜烘焙，深烘焙萃取的咖啡香飘街头，吸引大批尝鲜客进门免费试喝，对于喝惯了速溶咖啡的老美而言，毕兹的咖啡入口爆香甘甜的浑厚口感，犹如经历一场味觉大地震一般。毕兹咖啡声名大噪，成了人气咖啡馆。

毕兹当时收了三名徒弟，杰瑞·鲍德温、戈登·波克和吉夫·席格。三人学成后于1971年在西雅图的派克地市场开了星巴克咖啡，成了星巴克创业三元老。星巴克成了皮爷咖啡的徒弟。早期的星巴克仿造毕兹只卖深烘焙咖啡豆，不卖饮料，并以法式滤压壶冲泡的经营模式，在西雅图一炮而红。

第二波咖啡浪潮还有一位重量级咖啡女将，娥那·努森。她与毕兹皆为同时代咖啡人，不同的是，毕兹从小玩咖啡长大，努森却大器晚成。她年仅5岁随家人从挪威移民美国纽约，年轻时曾在华尔街任职。1968年，40岁出头的努森搬到旧金山，在一家规模很大的咖啡与香料进口公司担任秘书，开始接触咖啡。

她对销售量巨大的罗布斯塔豆深恶痛绝，公司索性少量进口顶级阿拉比卡豆，专供旧金山欧洲移民开的咖啡馆使用。她为了向客户介绍顶级豆的风味，在老板的鼓励下学习杯测，发现好咖啡会因产地的风土、海拔与气候不同而呈现不同风味，相当有趣。努森凭借过人的味觉与嗅觉辨识力，向客户提出杯测报告，非常精准，赢得顾客的好口碑。

她最为业界津津乐道的是"努森的信"，不定期寄送给客户，分析当季生豆品质，提供咖啡产地大量咨询，数十年积累下来，成为珍贵的咖啡档案。

● 相关链接

SCA的由来

精品咖啡协会，英文全称为Specialty Coffee Association，简称SCA。它是由原美国精品咖啡协会（Specialty Coffee Association of American，SCAA）与欧洲精品咖啡协会（Specialty Coffee Association of European，SCAE）于2017年合并而成。2016年3月31日在中国上海举办的HOTELEX展会上，原SCAE常务理事David Veal和原SCAE主席Paul Stack最早透露了两大组织合并的消息。

原美国精美咖啡协会（Specialty Coffee Association of American，SCAA）成立于1982年，是由一小群咖啡专业人士成立，他们寻求一个共同的愿景商讨问题并为精品咖啡贸易制定质量标准。欧洲精品咖啡协会（Specialty Coffee of European，SCAE）于1998年在伦敦举行的欧洲咖啡界代表会议上成立。截至2016年，这两个组织共有近10000名会员，并支持了遍布欧洲的由志愿者领导的蓬勃发展的各个分会网络。

精品咖啡协会（SCA）是一个建立在开放性、包容性和共享知识力量基础上的贸易协会。SCA的目的是促进全球咖啡社会支持活动，使咖啡成为整个价值链中更可持续、公平和繁荣的活动。从咖啡农到咖啡师和烘焙师，SCA的会员遍布全球，涵盖咖啡价值链的每一个环节。SCA是精品咖啡行业的统一力量，致力于通过协作和渐进的方法提高全球标准，从而使咖啡变得更好。SCA致力于建立一个公平、可持续和为所有人培育的行业，吸取了精品咖啡社区多年的见解与灵感。①

努森最大的贡献在于坚持优质咖啡与大宗咖啡的分离，创造了"精品咖啡"一词。1974年，努森接受《茶与咖啡月刊》专访，首度提出"精品咖啡"一词，强调各产地咖啡因海拔、水土、气候、处理与栽种的不同，而呈现出不同的地域风味，这就是精品咖啡的灵魂。

---

① 资料来源：精品咖啡协会官方网站。About SCA — Specialty Coffee Association.

毕兹推广新鲜烘焙，努森推动产地精品咖啡，咖啡豆在两人的诠释下，有了新生命。精品咖啡活泼、甘甜、醇厚、干净的水果味谱颇受消费者推崇。同时期受到努森与毕兹启发的新闻人泰德·格林等48人，于1982年在旧金山创立了美国精品咖啡协会。

星巴克早期只卖咖啡熟豆不卖饮料的模式，在1987年发生了变革，曾任星巴克行销经理的霍华·萧兹结合创投资金，从鲍德温等三元老手中买下星巴克。引进意大利浓缩咖啡与绵密奶泡调制的拿铁和卡布奇诺咖啡，转型为时尚咖啡馆，并打造为"家与办公室以外的第三个好去处"，第三空间的概念。[1]

> **相关链接**
>
> ### 星巴克持续发展的理由
>
> 正如星巴克并非我开创，浓缩咖啡和重烘焙也并非由星巴克引入美国。我们都只是一个伟大传统的继承者。在欧洲以及美国，咖啡和咖啡馆成为社会生活有意义的组成部分已经有几个世纪的时间了。在威尼斯、巴黎和柏林，咖啡馆是和政治风潮、文学运动以及知识分子的辩论联系在一起的。
>
> 星巴克之所以能在人们心中激起共鸣，是因为它继承了这种传统，它从自己的历史中吸取了能力，与更遥远的过去发生了联系。这样的历史背景使它不仅仅意味着一家人气很旺的公司，或是20世纪90年代的狂热时尚。
>
> 这就是星巴克能够持续发展下去的理由。[2]

---

[1] 参考文献：韩怀宗．精品咖啡学［M］．北京：中国戏剧出版社，2018．
[2] 资料来源：霍华德．舒尔茨．将心注入：一杯咖啡成就星巴克传奇［M］．中信出版集团，2015．

二、中国现磨咖啡进化史

任务描述

随着咖啡文化的进一步渗透，中国消费者从最初饮用咖啡时为了获得尝新体验，到社交场景需求的满足，再到对产品品质的追求，随着咖啡市场成熟度不断提升，多元化的咖啡消费需求也使得不同类型的咖啡门店百花齐放。以小组讨论的形式，分析中国咖啡消费市场进化史。实地考察所在城市咖啡馆，发现慢咖啡与快咖啡的区别。

任务内容

1. 学习形式：分小组进行。
2. 获取资料：通过文献检索中国咖啡产业发展相关报告或白皮书。
3. 成果展示：各小组汇报结果，在课堂上展示。
4. 提交工作记录单和研究报告。

（一）中国咖啡市场进化史

伴随着中国消费者咖啡需求的不断提高，中国咖啡市场经历了四个阶段的进化。

第一，尝新体验阶段。1980年，以雀巢咖啡、麦斯威尔咖啡为代表品牌。在此阶段，速溶咖啡进入中国消费者的视野，不需要复杂的制作工序，对设备器皿也没有特殊要求。只需要简单的冲泡搅拌速溶咖啡就做好了。雀巢、麦斯威尔三合一咖啡的超高市场渗透率，完成了咖啡文化的普及，刻画了中国咖啡消费者对咖啡饮品的第一印象。

第二，社交场景体验。1990年，以星巴克咖啡、上岛咖啡为代表品牌。1999年星巴克咖啡进入中国市场，为中国咖啡消费者带来满足休闲娱乐、熟人社交的"第三空间"。咖啡馆成为新的社交中心，在星巴克喝咖啡成为时尚。喝咖啡成为享用咖啡及社交在内的综合体验。此阶段的咖啡饮品以深烘焙的意式浓缩咖啡融合打发后的牛奶为主，代表产品有拿铁咖啡、卡布奇诺咖啡等。"第三空间"的概念成为星巴克的核心卖点。

第三，"O2O"+多元化场景。2016~2017年，以连咖啡、瑞幸咖啡为代表品牌。新零售咖啡开始发展，"自提+外卖""线上+线下"模式融合，依托咖啡连锁企业自有消费端平台，通过异业合作、会员优惠等措施，建立并导入流量，拓宽咖啡消费场景。此阶段是咖啡企业连锁化发展的重要阶段，瑞幸在不到两年时间，将门店数拓展到超过2000家，成为中国咖啡连锁市场上的佼佼者。

第四，品质超越场景体验。2018~2019年，以Seesaw Coffee、Manner为代表品牌。随着中国消费者，尤其是新生代消费者对咖啡品质追求的进阶，小型精品连锁咖啡店受到热捧。Seesaw Coffee在保证品质的前提下，兼顾场景体验。Manner则以快咖啡为主，性价比加品质是Manner最大的核心竞争力。此阶段，小规模新型咖啡连锁企业以敏锐的市场洞察力以及高效的创新效率，通过品牌跨界合作、快闪等品牌营销手段迅速切入年轻消费者群体，成为时代新宠。

随着中国消费者对咖啡的认知越来越深，饮用习惯逐渐养成。加之头部连锁品牌的快速市场扩张，咖啡消费日趋理性化和日常化，消费者对于咖啡的性价比和品质有了更高的追求，使得各类咖啡门店在市场的规范化运作下百花齐放。咖啡市场日趋理性化。

（二）中国现磨咖啡市场竞争格局

1. 门店数量

中国共有约11万家咖啡馆，主要位于一、二线城市，整体连锁化率较低。未来咖啡馆数量将平稳增长，但随着头部品牌的持续扩张以及消费者自身对咖啡产品的要求提升，连锁化率将得到进一步提升。

根据消费者调研、德勤研究与数据分析，截至2020年年底，中国拥有咖啡馆10.8万家，其中75%主要位于一、二线城市。根据头部品牌和星巴克咖啡等未来的拓张计划以及疫情和其他竞争格局变化等综合影响，未来中国咖啡馆数量增速将相对平缓，预计未来三年将以5%的年复合增长率增长，到2023年达到12.3万家，各线城市增速相对平均。

从连锁化率看，中国咖啡馆市场当前连锁化率较低，连锁品牌仅占所有咖啡馆数量的13%。尤其在三线及以下城市，独立咖啡馆占比高达97%，多以类似上岛咖啡、两岸咖啡等无品牌的老式咖啡主题简餐餐馆为主，精品咖啡馆如鹰集咖啡占比不足1%。

随着头部品牌对低线城市的持续渗透以及消费者自身对咖啡产品要求的提升，连锁品牌将逐步取代老式独立咖啡馆，未来连锁率将得到提升。一线、新一线城市逐渐涌现出来的地方连锁品牌也印证了咖啡馆的迭代趋势。

2. 未来趋势

中国现磨咖啡头部品牌以综合型产品价值和多场景适用的大型连锁品牌为主，但从一线和新一线的竞争格局来看，主打"快咖啡"场景的高性价比咖啡品牌和主打"慢咖啡"场景的精品咖啡品牌正在逐渐抢占市场份额。大型综合连锁咖啡品牌主打"慢咖啡"场景，主打品质连锁咖啡品牌同样以"慢咖啡"场景居多。主打性价比连锁咖啡品牌以"快咖啡"场景为主。此外，"网红咖啡"场景受到追捧。

"慢咖啡"的品牌定位主打中高端综合性现磨咖啡产品与第三空间。产品涵盖现磨咖啡、茶饮、烘焙、简餐等全线产品组合。门店以中大店为主，面积通常在50平方米以上，门店装修风格统一、高端。门店形象定位为"美式商务第三空间"。

"快咖啡"的品牌定位主打高性价比现磨咖啡产品。产品以现磨咖啡为主，搭配少许茶饮产品。以小店为主，一般在20平方米以下，无过多门店设计与第三空间，主打"即买即走"的外卖模式。门店形象定位为"即买即走"小型门店。

● 相关链接

咖啡，上海街头有世界的温度

2015年，韩玉龙怀揣梦想在上海静安区南阳路开了一家咖啡店，面积不足两平方米，在没有任何宣传的情况下，三个月门前就排起长队。后来，很多人喜欢把韩玉龙的创业经历归纳为"两平方米的梦想"。这家咖啡店叫Manner，目前在上海已有近300家门店的规模，成了许多人生活的日常。

那些埋藏在城市记忆中的咖啡印记，在不知不觉中，为新一代年轻人埋下梦的种子。

韩玉龙最早接触到的咖啡，是从上海带回南通的"上海牌咖啡"，那开启了他对咖啡最初的印象。数十年之后，韩玉龙来到上海，在静安区南阳路创立了Manner咖啡。南阳路是躲在南京西路身后的一条支马路，在很多人看来不是一个理想的创业地点。其一，这里不缺乏咖啡馆，周边围绕着多家星巴克；其二，这里靠近静安寺商圈，外国人往来频繁，商务白领见多识广、口味挑剔。但韩玉龙觉得那是值得一试之地。"2015年的时候，整个上海咖啡市场以国外咖啡品牌为主，中国自己的咖啡品牌难以立足。"韩玉龙说，他想回答心中的疑惑，咖啡是时候"本土化"了。

Manner并没有走星巴克的"第三空间"路线，相反，门店被压缩在两平方米的空间里，甚至连昂贵的意式咖啡机La Marzocco GS3都没地方放，只好摆在窗台旁。韩玉龙把更多的精力放到咖啡本身的质量上，他会亲自去松江的烘焙厂烘豆子做品控，咖啡机则是半自动的，因此也更加考验咖啡师的工艺。"三个月以后，Manner 早上一开门，消费者已经排起了长队，晚上也没法按时下班，因为有些客人会从很远的地方特地过来，希望我们再帮他们做一杯咖啡。"

在韩玉龙创业的前一年，从中国美院毕业的咖啡爱好者铁皮在上海创立了另一个品牌——永璞咖啡，走的是口袋精品咖啡系列。不过，永璞咖啡直到 3 年之后才磨出自己的"撒手锏"——便携式浓缩冷萃咖啡液，直接开创了一个新的品类。再后来，永璞又开发出了常温保存的咖啡液，一直稳坐天猫相关类目的冠军宝座。

业界通常把 2015 年以后的咖啡创业者称为中国第四波咖啡浪潮的推动者，M Stand、Seesaw、熊困困、代数家咖啡等本土品牌先后崛起，且绝大多数始于上海，向全国连锁化发展，他们成为上海咖啡版图中一股重要力量。

外资咖啡品牌同样看好上海、看好中国。2015 年，星巴克上海的咖啡门店达到 365 家，超过了韩国首尔，2021 年则突破了 900 家；2017 年 10 月，美国"老字号"品牌皮爷咖啡（Peet`s Coffee）入华，把中国首店开在东湖路，这也是其海外的第一家门店，到 2021 年年中，皮爷已经在中国开出 40 家门店；2019 年 2 月，加拿大国民咖啡品牌 Tim Hortons 在上海人民广场开出中国首店，Tims 中国首席执行官卢永臣表示，预计到 2021 年年底 Tims 在华门店数将达到 400 家。这个市场还有来自日本的 %Arabica、来自意大利的 Lavazza、来自埃塞俄比亚的 ESSEQARO 埃塞酋长咖啡。难怪有人说，在上海，一杯杯咖啡能看到整个世界。

本土品牌的新声，与外资品牌的合奏，让上海咖啡馆数量走向全球第一，根据美团全平台数据，上海的咖啡馆数量达到 7200 家，而一年前这一数据还只有 6400 多家。咖啡馆数量的递增，也迎来质量的跃升，持续创新是那把钥匙。Manner 的菜单里，很多消费者钟爱"清橙咖啡""桂花龙井拿铁"的独到口味；在 Seesaw，也能看到"厚椰云南拿铁""栀子花梨香拿铁"；在更个性化的诸如"follow 嘿"咖啡馆里，还能看到"弄堂咖啡""酸奶咖啡"以及近百个隐藏款。这些口味创新，在洋品牌的咖啡店里都是遍寻不到的，国潮风，散在本土咖啡的香气里。①

---

① 资料来源：上海咖啡的事. 文汇报［N］. 2021-12-24.

"网红咖啡"的品牌定位主打高品质与高颜值现磨咖啡产品。产品以现磨咖啡为主,搭配茶饮产品和烘焙产品。门店以大店为主,一般在100平方米以上,宽敞明亮,简约网红风,通过艺术装置等装修细节打造拍照打卡点。门店形象定位为"创意简约网红风大店"。

表2 咖啡连锁品牌概况

连锁类型	品牌	门店数量(家)	中杯(360毫升)拿铁咖啡价格(元)
大型综合连锁咖啡品牌	星巴克咖啡	4200	30
	Costa Coffee	400	30
	上岛咖啡	500	22
	两岸咖啡	300	25
	太平洋咖啡	300	28
	连咖啡	100	22
	Zoo Coffee	30	32
	Coffee Bene	30	30
	FISHEYE	13	26
主打品质连锁咖啡品牌	M Stand	8	33
	Mellower 麦隆咖啡	10	33
	Seesaw Coffee	27	35
	Peet`s Coffee	25	35
	GREYBOX	12	35
	鹰集咖啡	8	38
	%Arabica	11	50
主打性价比连锁咖啡品牌	瑞幸咖啡	3900	20
	Mc Cafe 麦咖啡	1000	18
	Manner	100	20
	Tims Coffee	100	26

由于大多数品牌未公布旗下品牌门店数量,表2中的门店数量为截至2020年的数据,大型连锁为在中国的门店数量超过100家的现磨咖啡品牌,中小型为在中

国的门店数量在 2~100 家的现磨咖啡品牌。其中 Coffee Bene、Zoo Coffee 和连咖啡在 2019 年前门店数量均未超过 100 家，后由于运营表现不佳陆续关店至 100 家以下。主打性价比的连锁咖啡品牌为定价低于现磨咖啡平均单价的以低价或性价比为核心卖点的品牌，主打品质的连锁咖啡品牌定位高于现磨咖啡平均单价的以咖啡豆品质、手冲咖啡为核心卖点的品牌。

3. 品牌定位

新兴现磨咖啡品牌，深耕咖啡口感、性价比、门店风格、空间体验等一项或多项维度，实现与大型连锁品牌的差异化定位。

除连锁化率的提升以外，新兴现磨咖啡品牌通过与大型连锁品牌的差异化定位，受到市场的追捧和好评。

传统大型连锁品牌如星巴克咖啡经过多年的打磨与升级，产品组合和门店风格都相对成熟且标准化，可适应各类咖啡场景下所需的餐饮和空间需求，满足大众的需求。而新兴品牌通过更加精细化的定位，瞄准现磨咖啡的特定价值诉求，如更精良的咖啡口感、网红风的品牌形象和门店风格等，实现与大型连锁品牌的差异化定位，成功挖掘现今消费者尤其是年轻消费者对现磨咖啡更加多样性的诉求。

例如，单价远高于星巴克咖啡的 %Arabica 咖啡，其咖啡的品质源于更优质的咖啡豆和研磨工艺，此外独特鲜明的 "%" 标志和借助社交媒体营销累计的热度，满足了年轻消费者猎奇、跟风打卡的心理。而 Manner 通过在咖啡口感和供应链上的深耕，聚焦现磨咖啡产品，其价格和口感均受到消费者广泛好评。

（三）中国消费者现磨咖啡市场

1. 消费场景与渠道

在星巴克和瑞幸等咖啡连锁品牌的快速扩张和市场下沉下，中国消费者逐渐养成饮用咖啡的习惯，尤其是 "快咖啡" 场景，便利店、办公室咖啡机等渠道纷纷涌现，但咖啡馆仍是主要渠道。消费者进入现磨咖啡馆的最主要目的仍是购买咖啡或饮品。

随着一线、二线城市工作节奏的加快以及瑞幸在过去几年对消费者咖啡饮用习惯的培育，"快咖啡" 场景的咖啡消费占比逐渐提高，人均 "快咖啡" 场景消费现磨咖啡杯数占所有现磨咖啡摄入的 70%。

为顺应消费者对事件的需求，便利店、办公室咖啡机等渠道逐渐涌现，并成功渗透部分特殊场景，如在便利店购买早餐时、在办公室加班时。便利蜂便利店的不眠海咖啡、全家便利店的湃客咖啡是该渠道的代表。

现磨咖啡馆仍是主要的现磨咖啡消费渠道，这是由于不同咖啡馆能够满足消费者对时间以及空间上的需求，适用于不同场景。消费者进店主要为购买咖啡或饮品，部分消费者会同时购买餐食，但单纯为购买餐食的比例较低。超过两成的消费者会经常仅为空间和场景需求光顾咖啡馆，更多的消费者偶尔将咖啡馆当作第三空间。

2. 消费者选择咖啡馆的影响因素

现磨咖啡消费场景的多元化趋势越来越凸显，受到时间、目的等因素的影响，不同场景下消费者在选择现磨咖啡时有不同的考量，而无论在"快咖啡"还是"慢咖啡"场景下，口味都是消费者始终追求的因素。

在"快咖啡"场景下，消费者的前三大考量因素依次是咖啡的口味、便利性和价格。超过四成的消费者认为便利性是首要考量因素，但消费者仍会综合权衡口味和便利性，不会轻易牺牲任何一个因素。

在"慢咖啡"场景下，消费者的前三大考量因素依次是门店环境、口味和品牌调性。口味仍是重要考量因素，近三成的消费者认为口味是首要考量因素。但除了口味之外，在"慢咖啡"场景下，商务、社交、享受休闲时光、打卡等第三空间的理念是消费者的主要诉求。因此，咖啡馆本身的价值属性，包括门店的设计风格、空间舒适程度、品牌传递出的调性成为重要的考量因素。

3. 品牌偏好与忠诚度

有近一半的消费者会选择不同现磨咖啡品牌以适应不同的消费场景需求。相对年长和低线级城市的消费者在选择大型连锁品牌时主要看重咖啡品质以及便利性，这些品牌价值在一线城市和年轻的人群中相对不受关注。

消费者通常不局限于单一现磨咖啡品牌。由于不同类型的现磨咖啡品牌间自我主张以及消费者接受的品牌价值都存在差异，超过五成的消费者同时饮用多个品牌以适应不同的消费场景。

咖啡品质、便利性仍是大型连锁品牌如星巴克咖啡、Costa Coffee 等被选择的主要原因，但这两个主要价值点在一线城市和"90后"消费者中的重要程度明显低于二线城市和"70后"消费者。尽管一线城市的咖啡市场供应更加分散且多样，"90后"消费者对于新鲜事物的接受程度更高，但从趋势上来说，大型连锁品牌当前的价值主张在未来的消费群体和市场竞争中，无疑会被逐渐弱化。

性价比、咖啡品质和流行度分别是消费者认为主打性价比的连锁品牌、主打品质的精品品牌及网红品牌带给他们最核心的品牌价值。

随着市场上出现更优质的品牌和消费者自身需求的改变，消费者会进行咖啡品牌的转化与更迭。尤其是一线城市和饮用咖啡年限更久的消费者，会自发寻找高品质现磨咖啡品牌。

随着中国现磨咖啡市场多元化供给发展及消费者需求不断更迭,消费者在不同时期会呈现出不同的品牌偏好。供应端和需求端因素共同导致了消费者不断尝试新品牌、爱上某一品牌、更优质品牌取代过去品牌的循环。市场上不断出现的性价比更高、口味更好、便利性更强的现磨咖啡品牌,推动消费者进行品牌更迭。

作为咖啡品牌竞争主战场的一线城市,新、老品牌正在加速布局,有超过四成的消费者表示其最常喝的现磨咖啡,饮用至今已发生变化,这部分消费者占比也高于其他线级城市。同时,随着咖啡饮用习惯的进一步培养,在收入以及咖啡品鉴能力的逐渐提升下,消费者会自发性地寻找更有品质,包括口味和文化底蕴的高品质现磨咖啡品牌。

任务二　练习题

一、选择题

1. 快消品咖啡是指速溶咖啡和(　　)。
   A. 现磨咖啡　　　B. 即饮包装咖啡　　C. 现磨单品咖啡　　D. 现磨精品咖啡
2. 下列属于快消品类型的咖啡是(　　)。
   A. 速溶咖啡　　　B. 手冲式咖啡　　　C. 意式浓缩咖啡　　D. 虹吸式咖啡
3. 标准化现磨现售咖啡被看作哪个咖啡浪潮的代表(　　)。
   A. 第一波　　　　B. 第二波　　　　　C. 第三波　　　　　D. 第四波
4. 下列属于标准化现磨现售咖啡的是(　　)。
   A. 速溶咖啡　　　　　　　　　　　　B. 瓶装即饮咖啡
   C. 意式浓缩咖啡　　　　　　　　　　D. 挂耳式咖啡
5. 精品咖啡概念最早兴起于(　　)。
   A. 美国　　　　　B. 英国　　　　　　C. 意大利　　　　　D. 新西兰
6. 下列哪种咖啡更加注重咖啡豆的品质,展现咖啡豆自身的风味(　　)。
   A. 速溶咖啡　　　　　　　　　　　　B. 精品咖啡
   C. 花式风味咖啡　　　　　　　　　　D. 瓶装即饮咖啡
7. 中国咖啡市场发展经历了四个阶段,其中"尝新体验"阶段的代表品牌是(　　)。
   A. 雀巢、麦斯威尔　　　　　　　　　B. 星巴克、上岛咖啡
   C. 连咖啡、瑞幸咖啡　　　　　　　　D. Seesaw、Manner
8. 中国咖啡市场发展经历了四个阶段,其中"社交场景体验"阶段的代表品牌

是（　　）。

　　A. 雀巢、麦斯威尔　　　　　　　B. 星巴克、上岛咖啡
　　C. 连咖啡、瑞幸咖啡　　　　　　D. Seesaw、Manner

9. 中国咖啡市场发展经历了四个阶段，其中"O2O+多元化场景"阶段的代表品牌是（　　）。

　　A. 雀巢、麦斯威尔　　　　　　　B. 星巴克、上岛咖啡
　　C. 连咖啡、瑞幸咖啡　　　　　　D. Seesaw、Manner

二、填空题

1. 坚持优质咖啡与大宗咖啡分离，创造了"精品咖啡"一次的代表性任务是_____。

2. 第一波咖啡浪潮功过难断，这一时期被称为咖啡_____时代。

3. 在"快咖啡"场景下，消费者的前三大考量因素依次是咖啡的_____、_____、_____。

4. 在"慢咖啡"场景下，消费者的前三大考量因素依次是_____、_____、_____。

5. 主打性价比的连锁品牌、主打品质的精品咖啡品牌以及网红品牌带给消费者最核心的品牌价值是_____、_____、_____。

答案：

一、选择题

　　1~5. BABCA　6~9. BABC

二、填空题

　　1. 娥娜·努森
　　2. 速食化
　　3. 口味　便利性　价格
　　4. 门店环境　口味　品牌调性
　　5. 性价比　咖啡品质　流行度

项目二
咖啡生豆基础

任务三 世界咖啡产区

教学目标

1. 掌握全球咖啡产区产量分布情况。
2. 掌握各咖啡产区主要原产国产量。

咖啡种植带在北纬23.5°至南纬23.5°之间，即靠近赤道的南北回归线之间。大部分咖啡原产国均在这一区域。任务三将根据ICO国际咖啡组织的数据，分析咖啡原产国产量与咖啡消费市场消费量，所有数据均来自2019年度、2020年度咖啡市场年报。ICO将全球咖啡产区分为四部分，非洲产区、亚洲及大洋洲产区、南美洲产区、墨西哥及中美洲产区。其中，咖啡产量以袋计算，60千克一袋，每1000袋为一个单位。

第一个问题：咖啡豆年产量最多的是哪个国家？

一、世界咖啡产区概况

任务描述

世界咖啡组织将全球咖啡原产国分为四个产区，分别是亚洲及大洋洲产区、非洲产区、墨西哥及中美洲产区、南美洲产区。通过文献收集资料等方式，分析四大产区的全球产量份额占比情况。

任务内容

1. 学习形式：分小组进行。
2. 获取资料：文献收集资料、产业发展报告、行业白皮书等。
3. 成果展示：各小组汇报结果，在课堂上展示。
4. 提交工作记录单和研究报告。

全球约有 70 个国家种植咖啡。受阳光、土壤、降雨量、海拔以及温度等因素的影响，咖啡原产国主要分布在南北回归线之间，这一带通常称为"咖啡种植带"。咖啡国际组织将分布在咖啡种植带上的原产国划分成四大产区，分别为亚洲及大洋洲产区、非洲产区、墨西哥及中美洲产区、南美洲产区。四大产区的咖啡品种种群多样化，产量产别较大，为全球消费市场提供了丰富的选择。每个咖啡种植地都有自己的历史、文化以及独特的风土因素，共同造就具有地域特色的咖啡风味。

南美洲产区的年产量约占全球总产量的一半，主要是巴西的贡献。墨西哥及中美洲产区年产量约占全球总产量的 1 成，排名前三的原产国分别是洪都拉斯、危地马拉和墨西哥。非洲产区与亚洲及大洋洲产区的年产量分别占全球总产量的 1 成及 3 成左右。其中，非洲产区因其野生阿拉比卡咖啡品种的多样性，为全球消费者提供风味独特的精品咖啡，例如埃塞俄比亚的耶加雪菲。亚洲和大洋洲产区主要有越南、印度尼西亚以及印度等原产国，越南年产量仅次于巴西，位居全球第二；印度尼西亚的苏门答腊地区的曼特宁咖啡，因其独特的辛香风味闻名；此外还有夏威夷大岛上的可纳咖啡，这种生长在活火山土质上的咖啡给人带来独特的味觉体验。

图 5 是 2018 年咖啡年产量分布图，四个产区的占比分别为非洲 10.94%、亚洲及大洋洲 28.24%、南美洲 48.28%、墨西哥及中美洲 12.54%。在全球范围内看，美洲产区的产量约占 6 成，非洲产区约占 1 成，亚洲和大洋洲产区约占 3 成。当然，这个数据是 2018 年的产量数据，是否有代表性？来看图 6。

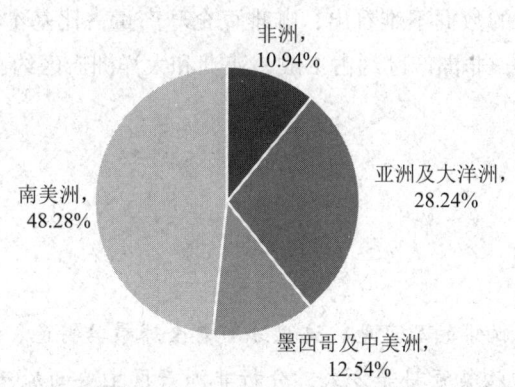

图 5　2018 年各产区产量分布

将 2015~2018 年四个年度的咖啡年产量按地区进行统计，四个产区占当年总产量的百分比如图 6 所示。

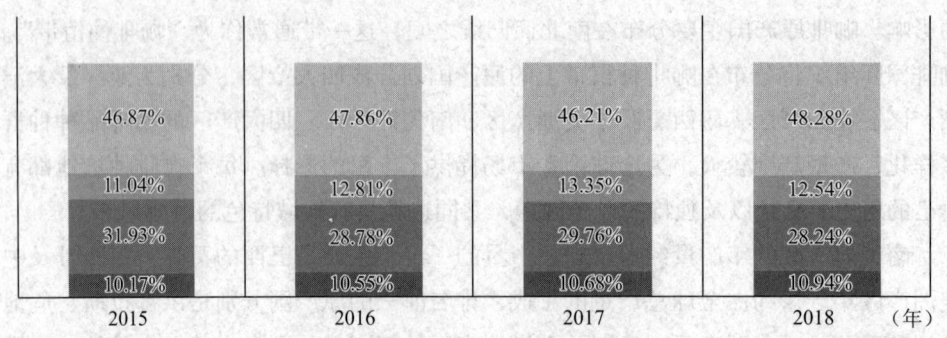

图6　2015~2018年咖啡年产量占比

2015年，南美洲占总产量的46.87%，墨西哥及中美洲占总产量的11.04%，亚洲及大洋洲占总产量的31.93%，非洲占总产量的10.17%。

2016年，南美洲占总产量的47.86%，墨西哥及中美洲占总产量的12.81%，亚洲及大洋洲占总产量的28.78%，非洲占总产量的10.55%。

2017年，南美洲占总产量的46.21%，墨西哥及中美洲占总产量的13.35%，亚洲及大洋洲占总产量的29.76%，非洲占总产量的10.68%。

2018年，南美洲占总产量的48.28%，墨西哥及中美洲占总产量的12.54%，亚洲及大洋洲占总产量的28.24%，非洲占总产量的10.94%。

从以上4个年份的数据不难看出，咖啡豆全球产量占比基本稳定，其中，美洲产区的产量约占6成，非洲产区约占1成，亚洲和大洋洲产区约占3成。

二、非洲产区

任务描述

非洲产区被誉为咖啡的原产地，这里分布着全球最具特色、最古老、原生态的咖啡庄园，通过文献收集资料等方式，分析非洲产区主要的原产国及年产量情况，介绍各原产国咖啡庄园的主要咖啡品种及风味描述。

任务内容

1. 学习形式：分小组进行。
2. 获取资料：文献收集资料、产业发展报告、行业白皮书等。

3. 成果展示：各小组汇报结果，在课堂上展示。

4. 提交研究报告及汇报讲演稿。

埃塞俄比亚是目前多数业内人士认可的咖啡原生地。在非洲中部和东部地区种植着大量的咖啡树。来自肯尼亚、布隆迪、马拉维、卢旺达、坦桑尼亚和赞比亚的咖啡豆都已经建立起了稳固的外销市场。各国种植咖啡树的技巧、品种各具特色，为全球咖啡市场提供了多样化的咖啡生豆。

（一）非洲产区产量

从各产区主要原产国的数据来分析，如图7所示，非洲产区主要原产国有埃塞俄比亚、乌干达、科特迪瓦、坦桑尼亚、肯尼亚。

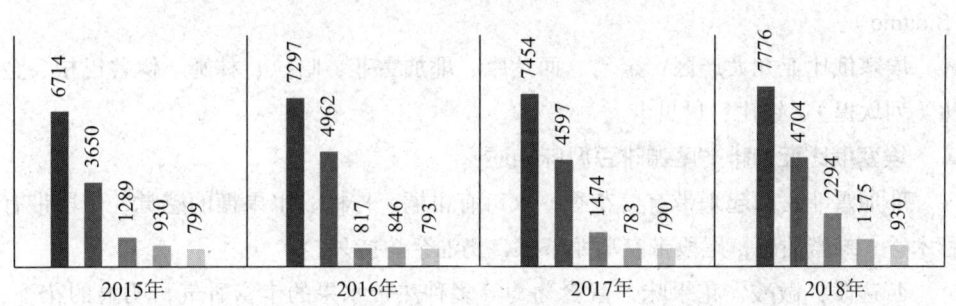

图7 2015~2018年非洲产区主要原产国年产量（单位：1000袋）

2015年，非洲产区总产量为1338.2万袋。埃塞俄比亚产量占非洲产区的50.17%，乌干达产量占非洲产区的27.28%，科特迪瓦产量占非洲产区的9.63%，坦桑尼亚产量占非洲产区的6.95%，肯尼亚产量占非洲产区的5.97%。

2016年，非洲产区总产量为1471.5万袋。埃塞俄比亚产量占非洲产区的49.59%，乌干达产量占非洲产区的33.72%，科特迪瓦产量占非洲产区的5.55%，坦桑尼亚产量占非洲产区的5.75%，肯尼亚产量占非洲产区的5.39%。

2017年，非洲产区总产量为1509.8万袋。埃塞俄比亚产量占非洲产区的49.37%，乌干达产量占非洲产区的30.45%，科特迪瓦产量占非洲产区的9.76%，坦桑尼亚产量占非洲产区的5.19%，肯尼亚产量占非洲产区的5.23%。

2018年，非洲产区总产量为1687.9万袋。埃塞俄比亚产量占非洲产区的46.07%，乌干达产量占非洲产区的27.87%，科特迪瓦产量占非洲产区的13.59%，坦桑尼亚产量占非洲产区的 6.96%，肯尼亚产量占非洲产区的 5.51%。

对比 2015~2018 年各原产国产量占当年产区总产量情况，占比略有不同，埃塞俄比亚产量占当年非洲总产量占比基本稳定，约 49%，2018 年与前 3 年相比产量略有下降。乌干达产量占当年非洲总产量占比略有起伏，2015~2016 年产量增幅约 6.44%，2016~2018 年产量逐年下降，每年约有 3% 的降幅。科特迪瓦产量占当年非洲总产量起伏较大，2015~2016 年产量大幅下降近 4 成，2016~2018 年产量增速连续 2 年保持在 4% 左右。坦桑尼亚产量占当年非洲总产量占比基本保持稳定，约 6% 左右。肯尼亚产量占当年非洲总产量占比保持稳定，约 5.5%。

（二）非洲产区主要原产国

1. 埃塞俄比亚

知名代表性咖啡：摩卡哈拉（Mocha Harra）、耶加雪菲（Yirgacheffe）、西达摩（Sidamo）。

埃塞俄比亚九大产区：金玛、西达摩、耶加雪菲、哈拉、林姆、伊鲁巴柏、金比（列坎提）、铁比、贝贝卡。

埃塞俄比亚咖啡产区咖啡豆风味描述：

耶加雪菲：闻起来带有姜花香，入口有柑橘、柠檬、水果糖的感觉，中段带有杉木香、蜂蜜甜感，尾段带有乌龙茶感，奶油余韵持久。

西达摩：微酸，花果味，富含葡萄等多种热带水果的丰富香气，明显的花香、柠檬和柑橘调性，青柠般的酸质，冷下来后有桃子的香气。

古吉：清新的花果感。

哈拉尔：花魁咖啡有草莓奶油香。

利姆产区咖啡：黏稠度会明显降低，花朵与柑橘味的表现也逊色于耶加雪菲和西达莫，却多了一股青草香与黑糖香气，果酸味明显。

金玛产区咖啡：金玛比巴西大宗商用豆桑多士的风味更优，不错的中低价位配方豆，水洗处理的吉玛酸度低。

铁比大宗商用豆产区咖啡：西部铁比豆粒明显较大，野味较重但果酸味较低。

贝贝卡商用豆产区咖啡：贝贝卡接近铁比，因此两地咖啡风味差距不大。

哈拉精品咖啡产区：略带令人愉悦的发酵杂香味，带有浓郁的茉莉花香。

伊鲁巴柏咖啡产区：咖啡果酸味偏低，醇厚度、黏稠度佳，风味平衡，整体干净度佳。

金比、列砍提咖啡产区：明显的果酸与水果味，是美国精品咖啡界常见的日晒豆。

金比卡：淡雅果香。

吉玛：也译为季马，甜坚果与水果调。

瑰夏村庄园：戈里森林为瑰夏品种发源地。

2. 肯尼亚

知名代表性咖啡：肯尼亚AA。

肯尼亚位于东非，恰好位于赤道上，东边就是印度洋，北边是埃塞俄比亚，南边则接着坦桑尼亚。咖啡多栽种于西南部及东部的高原区，品种都是水洗阿拉比卡种，常见的有波旁（Bourbon）、提比加（Typica）、肯特（Kents）、卢里11（Riuri 11）这四个品种。

肯尼亚咖啡风味描述：

肯尼亚咖啡：明显的水果香和果酸，带有柠檬、柑橘酸香味，与埃塞俄比亚的轻酸相比，肯尼亚的酸会显得更浓郁一些，浓郁的口感中还有一点点酒香。

祈安布：厚实的酸（相对埃塞俄比亚来说）。

冽里：黑莓，花果香。

奇林阿尬：明显果酸，甜感。

马恰柯斯：清爽果酸。

班构玛：中等的甜感。

克林亚加咖啡产区：强烈的柠檬与梅子的香气，浅焙时啜饮有着花香、柠檬等多种令人惊艳的香气，还有着像是葡萄柚、绿茶、柑橘汁的酸甜多汁，稍稍加深焙度随即有着蜂蜜、覆盆黑李的各种风味，余韵则是多多绿茶的讨喜酸甜滋味。

3. 津巴布韦

知名代表性咖啡：津巴布韦（Zimbabwe）。

津巴布韦位于非洲南部，是个不临海的内陆国家，右接莫桑比克。津巴布韦的咖啡种植主要集中在东部高地临近莫桑比克的地区，高地主要是由奇马尼马尼（Chimanimani）山脉和往北的尼扬加（Nyanga）山脉构成，而尼扬加山脉又受到伊尼扬加尼（Inyangani）山的遮挡，最好的咖啡产自奇平（Chipinge）这个地方。

津巴布韦咖啡风味描述：

津巴布韦咖啡：咖啡中所含的酸味、果味等味道与肯尼亚咖啡相似，不过浓度比肯尼亚咖啡高，且葡萄酒味和香味更重，带有一种类似胡椒的味道。

4. 马拉维

马拉维是非洲东南部一个面积不大的国家，也是个不临海的内陆国家，其咖啡多栽种在北部高原区,但产量并不大。不过虽然不临海,由地图上可看到在它的东北边有一个非常大的湖,那是马拉维湖,也是马拉维与邻国分隔的天然疆界。比起肯尼亚而言,马拉维的咖啡也有相当的甘甜度和香气,而在酸味的表现上则属较低沉的另一种风格。

马拉维(Malawi)咖啡风味描述:

马拉维咖啡:柑橘、花香、熟果、莓果、哈密瓜、蜂蜜、玫瑰水蜜桃、野姜花、尾韵花香、柔软果酸。

5. 卢旺达

卢旺达一些出色的咖啡大都出自南部和西部,南部的Huye山区、Nyamagabe地区由于海拔较高,咖啡具有花香和柑橘的一些风味;而西部的Kivu湖畔的Nyamasheke地区,盛产口感丰富、芳香、多汁的优质咖啡。

卢旺达(Rwanda)咖啡风味描述:

卢旺达咖啡:口味被描述为"青草香气",带有热带气候特色。

基伍湖(Lake Kivu):樱桃味,花香和草本香调风味。

马拉巴区咖啡:花香、蜂蜜。

6. 布隆迪

布隆迪的地理环境很是适合咖啡的种植,北部与卢旺达接壤,东、南部与坦桑尼亚交界,西部则与刚果(金)为邻,西南部濒坦噶尼喀湖。境内多高原和山地,大部分是由东非大裂谷东侧高原构成,全国平均海拔1600米,有"山国"之称,而超过一半是坐落在著名的坦噶尼喀湖(Lake Tanganyika)湖面上。产区包括:布雍吉、奇闻度、布耶鲁、吉贴尬、布邦萨。

布隆迪咖啡:柑橘酸感、柠檬、橘子、杏仁香气、陈皮气息,干净圆润平衡而余韵悠长。

7. 也门

知名代表性咖啡:摩卡马塔里(Mocha Mattari)。

也门位于阿拉伯半岛西南端,与沙特、阿曼相邻,濒红海、亚丁湾和阿拉伯海。也门摩卡咖啡是世界上最古老的咖啡,也门则是世界上最早种植咖啡的国家之一。

也门咖啡风味描述:

也门咖啡:风味神似埃塞俄比亚哈拉、日晒耶加雪菲,但也门咖啡风味更神秘,带有若有似无的野味,一般呈现坚果巧克力味,近几年因战争原因很少在市场上出售。

摩卡马塔里咖啡:马塔里尝起来较浓郁,有较强的果酸而且有可可的味道。

摩卡山纳妮（Sanani）咖啡：口感较马塔里薄，酸性较低，但果香味良好，时常具有比马塔里更好的熟果味与狂野味。

摩卡依诗玛莉（Mokha Ismaili）：具有很好的红酒香、干燥水果味，口感厚实，深焙时常展现巧克力苦甜味。

摩卡瑞米（Mokha Rimi）：摩卡瑞米发酵味通常稍重，偶尔出现惊人浓郁的葡萄干甜香，烘焙妥当的话，咖啡豆闻起来就像打开一瓶浓郁的果酱。

摩卡雅菲（Mokha Yafeh）：产于也门南部 Yafeh（又名 Yaffe）省，属于不常见的叶门摩卡，是也门唯一的"南部口味"，产量也不多，几乎都销往邻近的阿拉伯联合大公国，在国际精品咖啡市场已经很少见到踪影。

阿拉伯莫卡：一种来自阿拉伯半岛西南端与红海接壤的在也门山区的单一起源的咖啡。世界上最好的栽培咖啡，以它的高黏度和特殊的丰富酒的酸度而出名。

8. 科特迪瓦

科特迪瓦是西非的一个国家，也是非洲咖啡的主要生产国，在几内亚和利比里亚旁边。科特迪瓦的咖啡几乎全都是罗布斯塔种，仅有少数实验性质的阿拉比卡种咖啡。

科特迪瓦咖啡风味描述：

如前所述，罗布斯塔种的咖啡由于其特殊的味道及特性，大多是用于调和的即溶咖啡或罐装咖啡等用途，很少以精品咖啡的形式直接饮用，因此就不常出现在我们常提的咖啡生产国家之列了。

9. 坦桑尼亚

知名代表性咖啡：克里曼佳罗（Kilimanjaro）。坦桑尼亚是典型的东非国家，北临肯尼亚、乌干达，南接马拉维、莫桑比克和赞比亚，西面是卢旺达、布隆迪。咖啡在坦桑尼亚来说并非最主要的农业，大多是小规模经营。咖啡多种植在坦桑尼亚北边邻近肯尼亚的乞力马扎罗火山山坡，约有七成是阿拉比卡种，采用水洗法处理，而其余三成的罗布斯塔种则采用日晒法处理。

坦桑尼亚咖啡风味描述：

坦桑尼亚咖啡：少了点明亮的酸气，更显柔和温顺的美，多了份甜香，红酒气息浓厚也是坦桑尼亚的一个特点。

乞力马扎罗山咖啡：乌梅、梅子、红醋栗、红酒质感酸、带柠檬香，水果香浓郁且持久，整体风味均衡。酸性柔顺、厚实度高，麦芽巧克力、花香味层次完整，后段焦糖甜感浓醇，随着温度降低果酸味转柔顺，更明显感受甘甜味及焦糖香醇度均衡、酸性柔顺温和。

三、亚洲及大洋洲产区

任务描述

亚洲及大洋洲产区拥有越南、印度尼西亚、印度、夏威夷等咖啡的原产国，通过文献收集资料等方式，分析亚洲产区主要的原产国及年产量情况，介绍各原产国咖啡庄园的主要咖啡品种及风味描述。

任务内容

1. 学习形式：分小组进行。
2. 获取资料：文献收集资料、产业发展报告、行业白皮书等。
3. 成果展示：各小组汇报结果，在课堂上展示。
4. 提交研究报告及汇报演讲稿。

亚洲咖啡的种植文化是由神话与历史塑造而成的。传说中来自也门的朝圣者将罗布斯塔咖啡偷渡带入印度。16世纪，荷兰东印度公司开始将印度咖啡豆大量外销。亚洲在当今的商业咖啡生产中具有举足轻重的市场地位。

（一）亚洲及大洋洲产区产量

亚洲产区主要原产国有越南、印度尼西亚和印度（图8）。

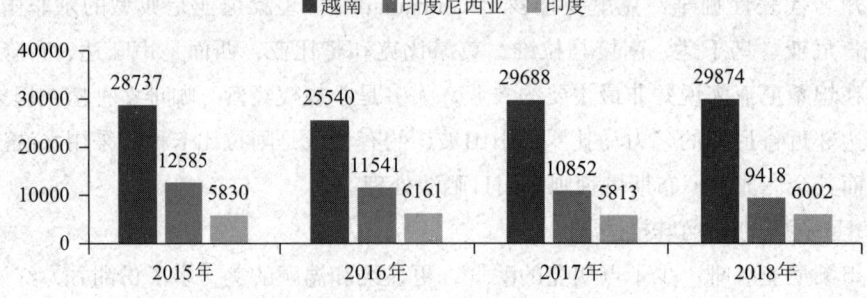

图8　2015~2018年亚洲及大洋洲产区主要原产国产量（单位：1000袋）

2015年亚洲及大洋洲产区总产量为4715.2万袋。越南占产区总产量60.95%，印度尼西亚占产区总产量26.69%，印度占产区总产量12.36%。

2016年亚洲及大洋洲产区总产量为4324.2万袋。越南占产区总产量59.06%，印度尼西亚占产区总产量 26.69%，印度占产区总产量 14.25%。

2017 年亚洲及大洋洲产区总产量为 4635.3 万袋。越南占产区总产量 64.05%，印度尼西亚占产区总产量 23.41%，印度占产区总产量 12.54%。

2018 年亚洲及大洋洲产区总产量为 4529.4 万袋。越南占产区总产量 65.96%，印度尼西亚占产区总产量 20.79%，印度占产区总产量 13.25%。

对比 2015~2018 年各原产国产量占当年产区总产量情况，各原产国情况不一。越南产量占当年产区总产量 2015~2016 年基本稳定，2017 年产量上涨约 5%，2018 年与 2017 年相比基本稳定。印度尼西亚产区占产区当年总产量总体呈减产趋势，2015 年与 2016 年产量占比一致，2016~2018 年产量下降，年减幅约 3%。印度占产区总产量基本稳定，为 13% 左右。

（二）亚洲及大洋洲产区主要原产国

1. 越南

越南绝大多数的咖啡树都是罗布斯塔（Robusta）种，由于萃取比例较高，这种咖啡豆常被用来制作即溶咖啡、罐装咖啡或用来掺和在三合一咖啡中。最常见的做法是以厚重的越南豆、炼奶以及冰混合而成，作为饮料来说是不错的选择。

越南咖啡风味描述：

越南咖啡：独特的香味和苦味。

鼬鼠咖啡：咖啡呈棕色，口感轻淡。

中原咖啡：口感香醇且不带酸味、涩味、苦味。

高地咖啡：口感优雅温醇。

摩氏咖啡：浓郁醇厚，香甜中带着微苦，口感饱满而顺滑。

西贡咖啡：相对香醇，咖啡色泽略清，口感香滑醇厚。

2. 印度尼西亚

知名代表性咖啡：爪哇（Java）、苏门答腊曼特宁（Sumatra Mandheling）。

印度尼西亚生产咖啡豆的区域主要在爪哇、苏门答腊、苏拉维西这三个岛，皆属火山地形。

印度尼西亚咖啡风味描述：

印尼咖啡：香味浓厚而酸度低，略带一点似中药及泥土的味道。

爪哇咖啡：产于印度尼西亚的爪哇岛，属于阿拉比卡种咖啡，有独特的气味，因油脂丰富而常被用来作为意式浓缩咖啡的配方之一。

苏门答腊曼特宁咖啡：酸味适度，带有极重的浓香味。

黄金曼特宁：是由PWN所筛选的18目以上的曼特宁生豆，因为生豆来自同一产区以及大小统一，因此风味上较一般曼特宁会更为干净。

老虎曼特宁：质地圆润，口感浓郁，药草、黑巧克力味突出，伴随焦糖甜感也突出。

苏拉维西咖啡：颗粒饱满、香味浓郁。占总产量90%的是罗布斯塔种咖啡，品质号称世界第一。

麝香猫咖啡：味道香醇浓郁，丰富圆润的香甜风味及滑顺的口感中带有天然惊艳的水果香气味。

3. 印度

知名代表性咖啡：季风马拉巴（Monsooned Malabar）。

印度咖啡栽种的区域主要在印度南部的西高止山到阿拉伯海间的区域，较知名的有以麦索及马拉巴等为名称销售的咖啡。

印度咖啡风味描述：

印度咖啡：温和，均衡，低酸度和辛辣味。

季风马拉巴咖啡：滑腻可口，味浓，有辛辣味，颗粒饱满。

4. 巴布亚新几内亚

巴布亚新几内亚是大洋洲上的一个岛国，在马来语中"巴布亚"有"卷发"之意。据说1545年，探险家雷特斯到达该岛，并发现岛上人的头发大部分为卷发，即称该岛为"卷发人的岛屿"，故有此称，这个名称就此流传下来。巴布亚新几内亚在印度尼西亚东边，是标准的海岛型气候，位于赤道与南纬10度之间，有热带雨林火山岩和高原地形，海拔介于1200~2500米，是种植咖啡的天堂。

新几内亚咖啡：虽然巴布亚新几内亚临近印度尼西亚，但是咖啡口味却完全不同于印度尼西亚的曼特宁，巴布亚新几内亚的豆子口感干净，充满花香和回韵。

奇迈尔庄园的圆豆咖啡：口感上会有些许辛香料气息，入口后带有坚果、甘蔗的香甜爽口，如奶油般的乳脂滑顺感，圆豆的口感更加扎实，整体表现均衡、平顺。风味浓郁，香气悦人，没有药草味或是土质味，它的质感如同凡高的画一般浓烈醇厚。

5. 澳大利亚

澳大利亚大约于1900年前后开始种植咖啡，兼有罗布斯塔种及阿拉比卡种，主要在澳大利亚东部，大致分布于新南威尔斯（New South Wales）北方、昆士兰（Queensland）周边以及诺福克岛（Norfolk Island）这几个区域。

澳大利亚（Australia）咖啡：澳大利亚的咖啡豆品质相当不错，带有岛屿豆的特性，香醇而带着温和的酸，有别于中美洲通常带着明亮酸的咖啡豆，其香味略带巧克力味，单品喝或用于调和都不错。

6. 夏威夷

知名代表性咖啡：可娜（Kona）。

夏威夷（Hawaii）跨越在 19~22 度纬线，夏威夷群岛是一个天成的完美咖啡种植区，这个美国第五十个州，离美国本土西岸 2400 英里（约 3862 公里）远，是美国唯一生产咖啡的州，夏威夷出产的咖啡也享誉国际，被誉为全世界最好的咖啡之一。

夏威夷可娜（Kona）咖啡：刚成熟的苹果果香气，香草，优雅的花香，核桃、炒栗子、坚果类的香气，奶油、焦糖香。并随着烘焙度不同，以上的香气也会有所差异。在美国还可找到另外一种不错的夏威夷咖啡——夏威夷卡伊农场咖啡。

四、墨西哥及中美洲产区

任务描述

墨西哥及中美洲产区有着诸多知名的咖啡原产国，通过文献收集资料等方式，分析墨西哥与中美洲产区主要的原产国及年产量情况，介绍各原产国咖啡庄园的主要咖啡品种及风味描述。

任务内容

1. 学习形式：分小组进行。
2. 获取资料：文献收集资料、产业发展报告、行业白皮书等。
3. 成果展示：各小组汇报结果，在课堂上展示。
4. 提交研究报告及汇报讲演稿。

（一）墨西哥及中美洲产区产量

墨西哥及中美洲产区主要原产国有洪都拉斯、危地马拉、墨西哥、尼加拉瓜、哥斯达黎加，如图 9 所示。

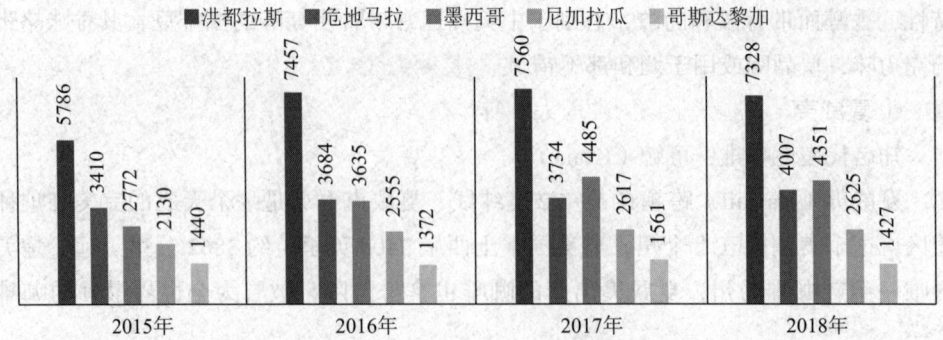

图9 2015~2018年墨西哥及中美洲主要原产国年产量（单位：1000袋）

2015年墨西哥及中美洲产区总产量为1553.8万袋。洪都拉斯占产区总产量37.24%，危地马拉占产区总产量21.95%，墨西哥占产区总产量17.84%，尼加拉瓜占产区总产量13.71%，哥斯达黎加占产区总产量9.27%。

2016年墨西哥及中美洲产区总产量为1870.3万袋。洪都拉斯占产区总产量39.87%，危地马拉占产区总产量19.70%，墨西哥占产区总产量19.43%，尼加拉瓜占产区总产量13.66%，哥斯达黎加占产区总产量7.34%。

2017年墨西哥及中美洲产区总产量为1995.7万袋。洪都拉斯占产区总产量37.89%，危地马拉占产区总产量18.71%，墨西哥占产区总产量22.47%，尼加拉瓜占产区总产量13.11%，哥斯达黎加占产区总产量7.82%。

2018年墨西哥及中美洲产区总产量为1973.8万袋。洪都拉斯占产区总产量37.13%，危地马拉占产区总产量20.30%，墨西哥占产区总产量22.04%，尼加拉瓜占产区总产量13.30%，哥斯达黎加占产区总产量7.23%。

对比2015~2018年各原产国产量占当年产区总产量情况，各原产国情况不一。洪都拉斯产量基本稳定，占比约39%。危地马拉产量2015~2016年减产超过3%，2016~2017年产量稳定在19%左右，2017~2018年产量增加2%。墨西哥产量2015~2017年连续3年保持增长，2018年产量相比2017年略有下降。尼加拉瓜产量基本稳定，产量占当年产量总产量约13%。哥斯达黎加2015~2016年产量下降约2%，2016~2018年产量基本稳定，占当年产区总产量约7%。

（二）墨西哥及中美洲产区主要原产国

1. 危地马拉

知名代表性咖啡：安提瓜（Antigua）、薇薇特楠果（Huehuetenango）。

危地马拉的纬度在 15 度左右，左邻太平洋，右为加勒比海。靠太平洋这一边的谢拉（Sierra）山脉是危地马拉咖啡的主要种植区。因为山脉绵延甚长，地区性气候变化很大，因此造就了该国的七大咖啡产区。

危地马拉咖啡风味描述：

安提瓜咖啡产区：特有的烟草味和牛奶巧克力的甜，危地马拉高山豆的特色是浅烘焙时散出令人惊艳的热带花卉香。

柯班咖啡产区：咖啡豆以优雅活泼酸、洁净无杂味、层次分明以及青苹果酸香、莓果香、茉莉花香、橘皮香、青椒香、水果酸甜感、巧克力甜香等，甚至尾韵有烟熏味著称。

阿蒂特兰咖啡产区：香气沁人心脾，并且酸度明亮，咖啡醇厚度饱满。

韦韦特南戈咖啡产区：苦而香浓、口感佳。

弗赖哈内斯咖啡产区：酸度明亮、一致，香气足，醇厚度细腻。

东方咖啡产区：咖啡口感均衡，醇厚度丰满，带有巧克力韵味，风味为百香果、草莓夹心饼、蓝莓。

圣马可咖啡产区：咖啡风味主要是焦糖核果调、加州李子明亮酸值、草本植物气息。

2.哥斯达黎加

知名代表性咖啡：塔拉苏（Tarrazu）。

哥斯达黎加如同其他中美洲国家一样，普遍种植的是阿拉比卡种的咖啡。其咖啡主要栽种在两个高地区：一个是首都圣荷西（San Jose）附近的高地区，另一个则是圣荷西东南方的塔拉苏（Tarrazu）山区。

哥斯达黎加咖啡风味描述：

哥斯达黎加咖啡：咖啡品种波旁、卡杜拉、卡杜艾、薇拉萨奇、Villalobos 等。

塔拉苏产区咖啡：咖啡风味颗粒饱满、酸度理想、清淡纯正、香气怡人，并且带有水果味及一些巧克力味或核果味的特殊风味，因此也是咖啡品尝者非常喜爱的咖啡之一。

拉米妮塔咖啡产区：风味上有浓郁的巧克力香气，适当的酸味让口感变得更为活泼丰富，厚实的口感让人感觉余味无穷。

中央山谷咖啡产区：均衡的水果味道，巧妙的巧克力味，香气中有微量蜂蜜味道。

西方山谷咖啡产区：西谷种植咖啡的风味多种多样，从简单的经典巧克力到更加细致入微的风味，包括桃子、橙子等水果和香草、蜂蜜的味道。

其他产区还有三河区、布伦卡、奥罗西。

音乐家系列咖啡：包括莫扎特咖啡、贝多芬咖啡、巴哈咖啡。2019年批次的甘甜度和莓果香气绝对会让人惊艳不已！甜度、稠度、厚度相当良好，有着类似香蕉干的熟果甜味；2018年批次则是明显的广式腊肠的味道。

贝多芬咖啡：甜蜜缤纷的各式水果，草莓、苹果、柠檬、葡萄、柑橘的滋味多样展现，蜜糖和太妃糖的滋味令人难忘。丝滑奶油般的细致醇感，一如顶级印度大吉岭红茶的悠长余韵。

巨石庄园咖啡：发酵香气、果香、红酒、葡萄干、草莓、菠萝、坚果、榛果、焦糖。

3. 尼加拉瓜

尼加拉瓜的咖啡主要产于该国的中部和北部，遮阴栽种为其特色，咖啡豆则以水洗处理，日晒烘干。

尼加拉瓜咖啡风味描述：

尼加拉瓜咖啡：深沉的香气，入口类似于木瓜干和柠檬干的香质，中段展现杏仁、焦糖与可可风味，回甘较强，并有悠长的甘草和梅子干余韵。整体来说这款咖啡有着比较特殊的口感。

西诺特加咖啡：其地理位置位于一个长形山谷中，因被山脉包围，故气候凉爽，并距离尼加拉瓜首都马拿瓜向北142公里处。此处生产尼加拉瓜80%的咖啡，主要出口美国、俄罗斯、加拿大和欧洲地区。

玛拉果吉佩Maragogipe咖啡：口味较为均衡，有着清澈的口感以及绝佳的香醇度。

新塞哥维亚咖啡：这里年降水量约1460毫米，平均温度22℃，属于优质产区。

米耶瑞谒庄园咖啡：风味具有丰富的醇度及清香的味道，口感厚实、强劲饱满的酒香与丰富水果风味令人陶醉，国际咖啡行家的评价极高。

玛玛米娜庄园咖啡：一入口即可感受到浓郁的酒香、莓果、黑莓、哈密瓜等香甜多汁的风味，中后段是威士忌巧克力与葡萄干风味，口感厚实、强劲饱满的酒香与丰富水果风味令人陶醉。

4. 洪都拉斯

洪都拉斯位于中美洲北部，北临加勒比海，南濒太平洋的丰塞卡湾，东、南同尼加拉瓜和萨尔瓦多交界，西与危地马拉接壤，多为山地和高原。面积112492平方公里，海岸线长约1033公里。全境除沿海平原外均为山地，西北部最高海拔3000米，南部也达2400米以上。

洪都拉斯咖啡风味描述：

洪都拉斯咖啡：口味上酸性较弱，而焦糖的甘甜味较重。

马尔卡拉 Marcala 咖啡：花香气有如出水芙蓉般干净清澈，口感不厚重不浓郁，咖啡质地坚硬清楚，中美洲咖啡常有的坚果杏仁味也不在了，取代的是细致的水果香。

蒙德西犹斯咖啡：柠檬与水果香气是其重要的特色，尤其是桃子与柳橙，酸度活泼明亮，有着如天鹅绒般的质感，余韵持久。

欧巴拉卡咖啡：整体表现平衡，口感具有热带水果像是葡萄、桑葚等，余韵酸甜，展现出强烈的柠檬风味，使用蜂蜜与焦糖的甜味来中和，带着明显的水果风味。

科班区咖啡：巧克力风味，融合蜂蜜和焦糖的甜味，相比于其他的咖啡品种，水果风味比较淡。

巩玛阿瓜咖啡：以柠檬风味为主，明显有甜甜的水果香气，口感更如奶油般浓醇，同时亦带有柑橘的甜味，并散发出甜味和巧克力气息。

阿卡塔咖啡：柑橘味并且有微妙而明显的酸度。

帕拉索咖啡：以温柔的果酸味为主，焦糖香味，口感均衡。

5. 巴拿马

巴拿马西邻哥斯达黎加，东接南美洲的哥伦比亚，其咖啡多种植于靠西侧邻近哥斯达黎加的山区。

巴拿马咖啡风味描述：

巴拿马咖啡：口感干净澄澈，明亮温顺的口感，中等的醇度表现令人惊艳，颇有类似蓝山的气质。

巴拿马·情圣庄园咖啡：入口时舌尖感觉果酸明显，在口腔中则温和圆润，果甜味和回甘强烈，甘澈心扉。温度越低，酸质越细腻。

艾利达庄园咖啡：热带水果、香料、坚果、牛奶巧克力。

恺撒路易斯庄园咖啡：干净清新的水果风味，淡雅迷人花香芬芳，柑橘微酸，口感明亮细致，饱满水果甜香。

巴拿马·翡翠庄园瑰夏咖啡：乌龙茶香、水蜜桃香、蜂蜜香，清新舒服，明亮又均衡，香气的层次感极强，整个香气和焦糖甜感包裹在一起，入口时舌尖感觉果酸明显，在口腔中则温和圆润，果甜味和回甘强烈，像吞了一口新鲜的水果茶水，甘澈心扉。

希望庄园咖啡：干湿香中带有坚果和莓果类香气，酸度不高、柔和，甜度很高，细腻醇厚，留口时间非常长，总体感觉有点类似瑰夏和甜瑰夏。

哈特曼庄园咖啡：黑巧克力、深色水果香气、明亮的柑橘酸、圆润的果汁口感、核果调性、蜂蜜、柑橘、苹果，带有精致花香。

卡门庄园咖啡：甜瓜、红糖香气，轻微的酸度，类似果汁的黏稠度，柑橘调性，核果，梨。

6. 萨尔瓦多

萨尔瓦多位于洪都拉斯与危地马拉之间，南面是太平洋，地形以山地和高原为主，火山地带富含矿物质，此外，萨尔瓦多咖啡园多采用遮阴栽种。

萨尔瓦多咖啡风味描述：

萨尔瓦多咖啡：均衡度极好，具有酸、苦、甜相等味道特征。

萨尔瓦多匹普咖啡：这是阿兹特克——玛雅人（Aztec—Mayan）对咖啡的称呼，它已经得到了美国有机物证明学会（Organic Certified Institute of America）的认可。

萨尔瓦多帕克马拉咖啡：铁比卡变种象豆与波旁变种帕卡斯的杂交变种，萨尔瓦多生产的帕克马拉品质最佳，其品种最大特色是酸味明显。

7. 墨西哥

墨西哥北边紧临美国，其咖啡产量高居世界第四，主要产地在东南部邻接危地马拉薇薇特楠果高地的地区。

墨西哥咖啡风味描述：

墨西哥咖啡：俱酸性，芳香滑口，味醇厚，酸甜有劲、味香浓。

柯特佩（coatepec）咖啡：口感甜香，略带青草香，微酸，油脂感的黏稠度中等。

华图司科（Huatusco）咖啡：口感上似李子轻微的酸度，浓厚的焦糖甜香，尾韵似黑巧克力般醇厚。

恰巴斯咖啡：有着中度的浓稠度，口感温和但带着鲜甜的风味，干香气中带有点香蕉及可可亚坚果的气息，湿香气中有着明显如蜜糖般的香甜味以及胡桃、杏仁糖的香气，口感上最明显的就是如蔗糖般的风味。

五、南美洲产区

任务描述

南美洲产区在咖啡种植与消费市场保持着诸多世界第一，通过文献收集资料等方式，分析南美洲产区主要的原产国及年产量情况，介绍各原产国咖啡庄园的主要咖啡品种及风味描述。

> **任务内容**

1. 学习形式：分小组进行。
2. 获取资料：文献收集资料、产业发展报告、行业白皮书等。
3. 成果展示：各小组汇报结果，在课堂上展示。
4. 提交研究报告及汇报讲演稿。

（一）南美洲产区产量

如图10所示，南美洲产区主要原产国有巴西、哥伦比亚、秘鲁。其中，2018年南美洲产区总产量为8304.6万袋。巴西6492.5万袋，占产区总产量的78.19%，哥伦比亚1385.8万袋，占产区总产量的16.69%，秘鲁426.5万袋，占产区总产量的5.13%。

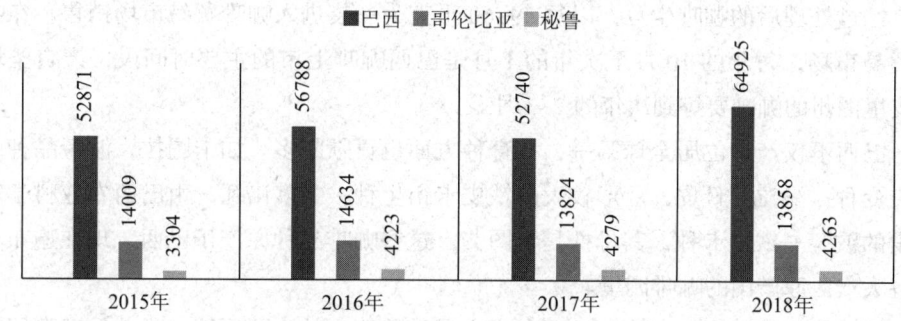

图10　2015~2018年南美洲产区主要原产国年产量（单位：1000袋）

2015年南美洲产区总产量为7018.4万袋。巴西占产区总产量75.33%。哥伦比亚占产区总产量19.96%。秘鲁占产区总产量4.71%。

2016年南美洲产区总产量为7564.5万袋。巴西占产区总产量75.07%。哥伦比亚占产区总产量19.35%。秘鲁占产区总产量5.59%。

2017年南美洲产区总产量为7084.3万袋。巴西占产区总产量74.45%。哥伦比亚占产区总产量19.51%。秘鲁占产区总产量6.04%。

对比2015~2018年各原产国占当年产区总产量情况，各产区情况不一。巴西产区2015~2017年产量占产区总产量基本稳定在75%左右，2018年增长近4%。哥伦比亚产区 2015~2017 年产量基本稳定在约 19%，2018 年产量下降，降幅约 3%。秘鲁产区年产量占产区总产量基本稳定在 5% 左右。

（二）南美洲产区主要原产国

1. 巴西

巴西的咖啡产量位居全球之首，约占全球总产量的三分之一。咖啡种植农户约 36 万人，由于地理优势，这里的咖啡田是典型的农场规模，农场大小在 0.5 公顷到 1 万公顷之间不等。

种植地区主要集中在中部及南部省份，有七个州产量最高，分布在巴伊亚州、圣埃斯皮里图州、米纳斯吉拉斯州，包括卡尔莫德米纳斯、赛拉多米内罗、南米纳斯、南布科、巴拉那、圣杰内罗、圣保罗包括莫吉亚纳。

常见的咖啡品种有波旁种，包括黄波旁种、卡迪默尔、卡图艾、卡图拉、马拉戈日皮等。通常采用蜜处理、日晒等处理法处理咖啡，也有部分地区采用水洗处理法，但不太常见。

巴西产区的采收期在每年的 4~9 月，圣埃斯皮里图州的采收期在每年的 10~12 月。经过处理后的咖啡生豆，以每 59~60 千克为一袋进入咖啡贸易市场销售。在咖啡贸易市场，每年的 10 月至次年的 1 月是巴西咖啡上市的主要时间段，产自圣埃斯皮里图州的咖啡要等到次年的 2~3 月。

巴西不仅产量位居全球第一，在育种方面也贡献颇多。如卡图拉，波旁品种的矮突变种；马拉戈日皮，豆形较大的铁皮卡衍生种；蒙多诺瓦，由巴西农业科学家开发的波旁—铁皮卡种，其母株是卡图艾。这些咖啡品种原产于巴西，现在遍布全球各大产区原产国的咖啡园里。

规模化种植、农场经济是巴西咖啡产量世界第一的主要原因。为此，巴西国家农业部采取了很多政策上的创新举措，以最高效的方式采摘和加工。每个咖啡农场或庄园在规划之初，均以最大限度地提高每公顷产量为目标。

不同规模的咖啡农场采用不同的采摘方式提升效率，主要以机械采摘和手工速剥法采摘为主。与南美洲其他产区典型的大规模人工采摘不同，巴西咖啡在采摘时会将成熟果与未熟果一起采摘，再通过筛选设备将成熟果与未熟果分类。采用手工速剥法的咖啡农会用毛巾、防水布或厚手套包住枝条上的咖啡果实，全部撸下来，收集在篮子、桶或布麻袋中。在大型农场里，机械采摘更为常见，咖啡农驾驶专业的咖啡采摘农机，通过摇晃咖啡树，将枝条上的咖啡果实全部摇晃下来并自动收集在货仓里，集中采摘后再按照成熟度进行分类、加工处理。

将成熟果与未熟果一同采摘的做法使得巴西咖啡的年产量长年位居全球第一位，但也遭到精品咖啡界的批评，他们认为这种做法直接影响了巴西咖啡的品质。典型的巴西咖啡风味特征有巧克力、坚果、咖啡果肉以及樱桃香气。

巴西咖啡风味描述：

巴西咖啡：咖啡豆性属中性，可单品来品尝（虽较单调一点），或和其他种类的咖啡豆相混成综合咖啡，一般被认为是混合调配时不可缺少的咖啡豆，此产区的风味为苦咖啡味。

玻利维亚咖啡：高海拔的玻利维亚咖啡会有柑橘的味道。

山多士/圣多斯咖啡：巴西各品种中以 Santos 较著名，是以其出口港山多士/圣多斯为名，山多士/圣多斯适合普通程度的烘焙，适合用最大众化的方法冲泡，是制作意大利浓缩咖啡和各种花式咖啡的最好原料。

2. 秘鲁

秘鲁咖啡，以有机咖啡出名。秘鲁是一个盛产咖啡的国度——只有 10% 的阿拉比卡咖啡可以被称为精品咖啡。

秘鲁咖啡风味描述：

秘鲁咖啡：优质均衡，酸度适口，可用于混合咖啡。

秘鲁北部咖啡：拥有较高的酸度，味道浓郁，芳香四溢，醇度和韵味适中。

中部地区咖啡：恰如其分的酸度，轻盈而温和的香气，顺滑又不过分厚重的醇度，悄然唤醒你的味蕾。

秘鲁南部咖啡：醇度极佳的咖啡出产地，独特的口味略有一丝回甘。

3. 哥伦比亚

哥伦比亚为世界第二大咖啡输出国，约占全球产量的 15%，其咖啡树多种植于纵贯南北的三座山脉中，仅有阿拉比卡种。

哥伦比亚咖啡风味描述：

哥伦比亚考卡咖啡：带有莓果、蜂蜜、香草风味，果汁甜香。

哥伦比亚波帕扬咖啡：原特有的果酸质丰富，各方面相当均衡与饱满，有"类蓝山"风味的美称。

马尼札雷斯咖啡：味道相当浓郁、厚重，香味很纯，酸甜适中。

慧兰咖啡：干香有柑橘及焦糖香气。啜饮时即能感受到柑橘类水果像是柠檬、橘皮、葡萄柚、香橙的清新香气，并带有莱姆及柑橘果汁的酸甜感，中段可以感受到明显的绿茶调性及细致的咖啡花气息，酸质转为柔和的苹果酸，整体风味圆润、细致平衡。

麦德林咖啡（也译为曼德林咖啡）：颗粒饱满、营养丰富、香味浓郁、酸度适中。

亚美尼亚咖啡：风味平衡，有较顺滑的口感。

娜玲珑咖啡：滋味鲜美，品质甚佳。

圣奥古斯丁咖啡：带有明朗的优质酸性，高均衡度，有时具有坚果味，令人回味无穷。

薇拉咖啡：咖啡香气十足，干香气为莓子、牧草与坚果清香，啜吸入口，榛果风味浓郁，带点油脂滑顺，口感温润平顺，蔗糖回甘甜度高。

纳里尼奥咖啡：此产区白天炎热、夜间寒冷的温差，循环能够减缓咖啡豆生长的速度，从而让天然糖充分发育，形成了复杂且优雅的味道。

4. 厄瓜多尔

知名代表性咖啡：加拉帕哥（Galapagos）。厄瓜多尔是南美洲既出产阿拉比卡咖啡又出产罗布斯塔咖啡的少数国家之一，位于南美洲哥伦比亚和秘鲁中间的厄瓜多尔，咖啡栽种的历史可是相当悠久了。

厄瓜多尔咖啡风味描述：

Intag 山谷咖啡：瓜亚基尔以南的安第斯山脉西部山麓以及马纳比省沿海的丘陵地区，这里以种植阿拉比卡咖啡豆而闻名，咖啡豆具有酸度、甜度和苦味的完美平衡。

皮钦查省咖啡：位于厄瓜多尔的西北地区，主要种植罗布斯塔咖啡豆。

洛哈地区咖啡：世界上栽种咖啡最高的地区之一。

加拉巴哥群岛咖啡：口感丰富，酸中带甜。

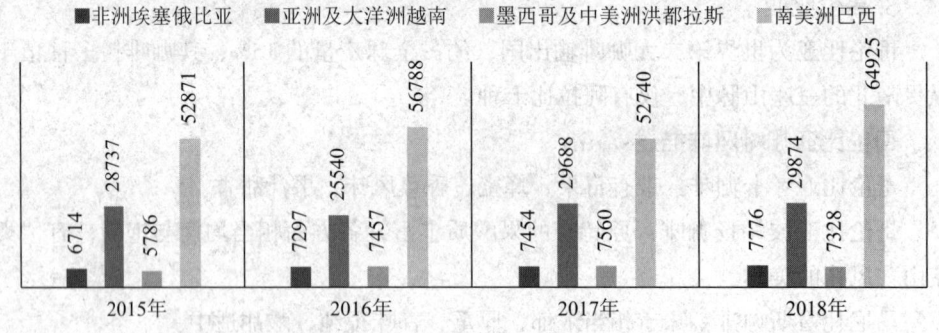

图11 2015~2018年各产区产量最大国年产量对比图（单位：1000袋）

通过对图11中4个产区2015~2018年主要原产国咖啡豆产量进行梳理，我们不难发现，非洲产区产量最高的原产国为埃塞俄比亚，亚洲及大洋洲产区产量最高的国家为越南，墨西哥及中美洲产区产量最高的国家为洪都拉斯，南美洲产区产量最高的国家为巴西。但是，4个主要原产国的年总产量相差巨大。通过年产量对比图可以发现，全球范围来看，产量最高的国家为巴西，其2018年的产量是埃塞俄比亚的8倍、越南的2倍、洪都拉斯的近9倍。

咖啡原产国与消费市场

六、咖啡消费市场

任务描述

全球咖啡消费市场风起云涌，新兴消费市场层出不穷。通过文献收集资料，学习全球咖啡消费市场概况，分析各消费市场的消费现状、特点及未来趋势，研究全球消费量最高的市场是哪里，分析原因。

任务内容

1. 学习形式：分小组进行。
2. 获取资料：文献收集资料、产业发展报告、行业白皮书等。
3. 成果展示：各小组汇报结果，在课堂上展示。
4. 提交研究报告及汇报讲演稿。

案例：

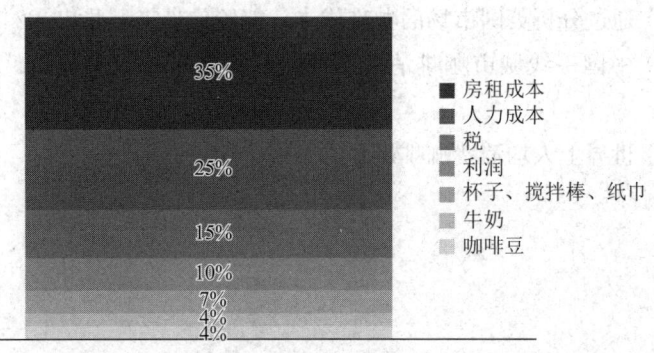

图12　中杯拿铁咖啡成本分析图

图 12 为英国一杯 21 元人民币的中杯拿铁咖啡（8 盎司）成本分析。数据来源于 2019 年国际咖啡组织网站。其中，咖啡豆成本为 0.84 元，占比 4%；牛奶成本为 0.84 元，占比 4%；外带杯、搅拌棒以及纸巾成本为 1.51 元，占比 7%；利润为 2.1 元，占比 10%；税为 3.19 元，占比 15.2%；人力成本为 5.29 元，占比为 25.2%；房租成本为 7.39 元，占比为 35.2%。

一杯价格为 21 元人民币的咖啡，咖啡豆的成本只需要 0.84 元。这里的咖啡豆指的是烘焙过的咖啡熟豆。

图 13 为 0.84 元的咖啡豆成本分析，其中，咖啡生豆种植的成本为 0.084 元，占比 10%；咖啡生豆处理的成本为 0.034 元，占比 4%；咖啡生豆运输的成本为 0.025 元，占比 3%；咖啡生豆出口贸易成本为 0.017 元，占比 2%；烘焙成本与利润为 0.672 元，占比 80%。

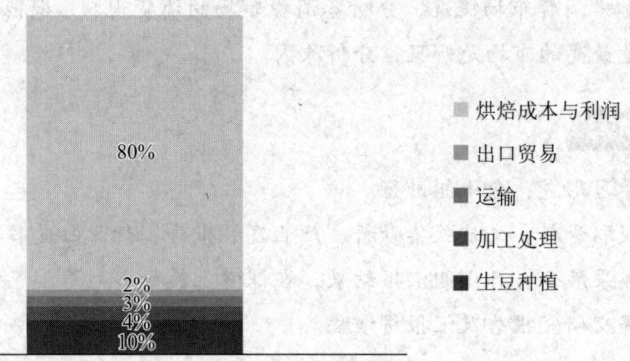

图 13 咖啡豆成本分析

通过上述分析请回答下列问题：

（1）通过分析英国市场的咖啡成本，能给你带来哪些启示？

（2）中国一线城市咖啡消费市场，一杯咖啡的成本分析，你认为应该是怎样的？

（3）世界上人均消费咖啡最多的是哪个国家？

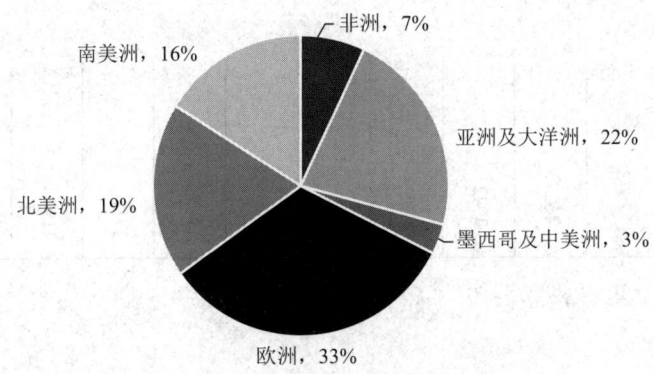

图 14　2019~2020 年全球咖啡消费量分布

从图 14 可以看到，欧洲消费量占全年总消费量的 33%，排在第二位的是亚洲及大洋洲，达到 22%。北美洲和南美洲占比相当，其中北美洲占 19%，南美洲占 16%，占比较少的是非洲 7%、墨西哥及中美洲 3%。

结合咖啡原产国的数据，我们发现，消费量占全球总消费量最多的欧洲，是不种植咖啡树的，产量为零，但其消费量居全球榜首。

占全球咖啡产量约 20% 的非洲产区、墨西哥及中美洲产区，总消费量仅为 10%。这说明，其种植的咖啡一般出口给其他咖啡消费市场。

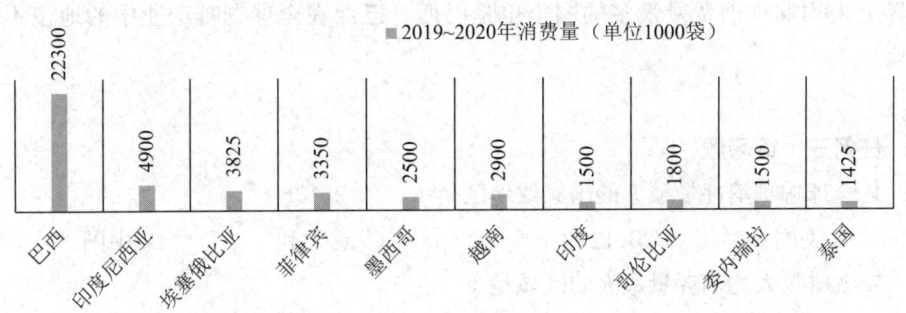

图 15　2019~2020 年咖啡出口国家消费量（单位：1000 袋）

从图 15 2019~2020 年咖啡出口国家消费量中可以看到，巴西作为全球最大的咖啡原产国，其咖啡消费量同样惊人，约 2230 万袋，约占其年产量的 35%，其余 65% 的产量均出口其他消费市场。

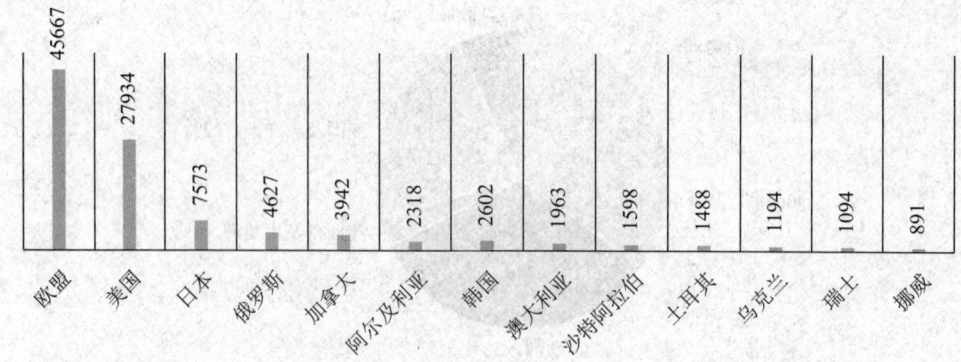

图16　2019~2020年咖啡进口国家消费量（单位：1000袋）

从图16 2019~2020年咖啡进口国家消费量中可以看到，与咖啡原产国和咖啡进口国相比，欧盟的消费量居全球首位，达到4566.7万袋，消费量居全球首位。

小结：通过对全球主要咖啡消费市场的消费量进行梳理，我们可以得到以下数据，按2019~2020年消费量及当年该区域人口数量计算，主要地区和国家的人均消费量，欧盟年人均5.37千克、巴西年人均6.37千克、美国年人均5.08千克、日本年人均3.66千克。巴西人均年消费量居全球首位，达到年人均6.37千克。

回顾一开始提出的几个问题，不难发现，咖啡豆年产量最多的国家是巴西，世界上人均咖啡消费量最多的国家也是巴西。巴西在全球咖啡产业中的地位不言而喻。

任务三　练习题

1. 全球咖啡消耗量最大的国家或地区是（　　　）。
   A. 美国　　　　　B. 巴西　　　　　C. 意大利　　　　　D. 中国
2. 咖啡年人均消耗量最大的区域是（　　　）。
   A. 意大利　　　　B. 北欧　　　　　C. 北美　　　　　D. 巴西
3. 中国大陆地区年人均咖啡消耗量最大的城市是（　　　）。
   A. 杭州　　　　　B. 厦门　　　　　C. 广州　　　　　D. 上海
4. 中国最大的咖啡种植产区是（　　　）。
   A. 海南　　　　　B. 广西　　　　　C. 广东　　　　　D. 云南
5. 亚洲的咖啡种植业发展速度迅猛，其咖啡种植产量最大的国家是（　　　）。
   A. 印度　　　　　B. 印度尼西亚　　　C. 越南　　　　　D. 中国
6. 咖啡种植业越来越重视提升咖啡豆的品质，下列不属于改善咖啡种植措施的是（　　）。
　　A. 改善咖啡树种植环境　　　　　　B. 改善咖啡生豆品种
　　C. 改用有机肥料　　　　　　　　　D. 尽量多地使用除虫农药

7. 国际咖啡组织 ICO 将全球咖啡产区划分为（　　）个。
　　A. 3　　　　　B. 4　　　　　C. 5　　　　　D. 6

8. 全球咖啡年产量最多的产区是（　　）。
　　A. 非洲产区　　　　　　　　　　　B. 亚洲及大洋洲产区
　　C. 南美洲产区　　　　　　　　　　D. 墨西哥及中美洲产区

9. 南美洲产区的咖啡年产量约占全球总产量的（　　）。
　　A. 10%　　　　B. 30%　　　　C. 50%　　　　D. 70%

10. 下列关于咖啡质量学会（CQI）的使命说法错误的是（　　）。
　　A. 致力于在全球提高咖啡品质
　　B. 改善咖啡种植者的生活水平
　　C. 为咖啡从业者或消费者提供技术培训
　　D. 为增加咖啡贸易利润，可以剥削咖啡生产者

11. 咖啡质量学会（CQI）成立于哪一年？（　　）
　　A. 1986　　　　B. 1996　　　　C. 1998　　　　D. 2002

12. 咖啡种植带指的是下列（　　）区域。
　　A. 北回归线以北　　　　　　　　　B. 南回归线以南
　　C. 赤道以北　　　　　　　　　　　D. 赤道附近，南北回归线以内

13. 下列选项中不种植咖啡树的区域是（　　）。
　　A. 非洲　　　　B. 亚洲　　　　C. 大洋州　　　　D. 欧洲

14. 非洲最大的咖啡原产国是（　　）。
　　A. 埃塞俄比亚　　B. 乌干达　　　C. 肯尼亚　　　D. 坦桑尼亚

15. 亚洲最大的咖啡原产国是（　　）。
　　A. 越南　　　　B. 印度　　　　C. 印度尼西亚　　D. 中国

16. 亚洲著名的咖啡豆"曼特宁"产自于（　　）。
　　A. 越南　　　　B. 印度　　　　C. 印度尼西亚　　D. 中国

17. 墨西哥及中美洲产区最大的咖啡原产国是（　　）。
　　A. 哥伦比亚　　B. 危地马拉　　C. 哥斯达黎加　　D. 萨尔瓦多

18. 南美洲最大的咖啡原产国是（　　）。
　　A. 哥伦比亚　　B. 危地马拉　　C. 哥斯达黎加　　D. 巴西

答案：

1~5. ABDDC　6~10. DBCCD　11~15. ADDAA　16~18. CAD

任务四　中国云南省咖啡产区概况

云南咖啡产业经过多年发展，已基本形成完整的产业链，种植面积、产量、农业产值均占全国的98%以上，面积和产量分别占全球0.82%和1.08%，在国内具有独一无二的优势。2021年咖啡全产业链产值316.72亿元，同比增长1.72%，其中，农业产值26.43亿元，加工产值173.62亿元，批发零售增加值116.67亿元，创历史新高。

2021年全省咖啡种植面积139.29万亩，比上年减少6.7%，产量10.87万吨，比上年减少17%，农业产值26.43亿元，比上年增加22.8%（见图17）。

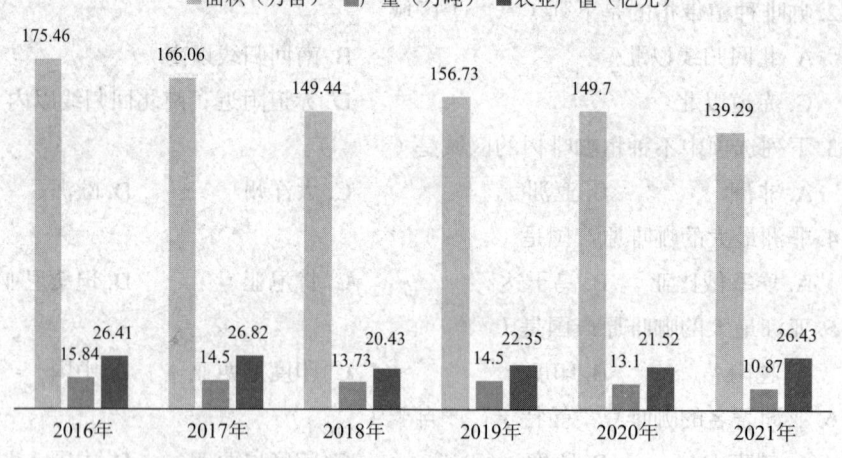

图17　2016~2021年云南省咖啡产业面积、产量与农业产值情况

2021年，全省6家咖啡企业28个产品获得绿色食品认证，基地面积3.76万亩，产量6700吨。19家咖啡企业获得有机产品证书31张，65个产品获得有机产品认证，

基地规模2.59万亩。雀巢4C认证20万亩；星巴克CP认证约30万亩。咖啡鲜果加工配套污水处理设施设备且正常运转的初加工厂还很好，咖啡鲜果绿色加工处于起步阶段。

2021年，全省咖啡加工业产值173.62亿元，其中，加工业产值超过10亿元的有德宏、普洱、保山、临沧和昆明5个州市；全省拥有速溶原粉加工企业2家，冷萃冻干粉加工企业4家且有2家在建；咖啡深加工产品销售额1亿元以上企业3家。

在进出口贸易方面，2021年，云南省咖啡及制品出口储量1.10万吨，同比下降69.75%，出口金额4636.59万美元，同比下降57.40%，进口数量1680.81万吨，同比增长208.3%；进口金额427.28万元，同比增长266.14%。

一、德宏咖啡产区

任务描述

"德宏咖啡"具有国家地理标志，被誉为"中国咖啡之乡"的荣誉称号。通过学习本节任务，分析德宏咖啡产区发展的优势与劣势，梳理德宏咖啡产区存在的问题，对未来发展提出意见与建议。

任务内容

1. 学习形式：分小组进行。
2. 获取资料：文献收集资料。
3. 成果展示：各小组汇报结果，在课堂上展示。
4. 提交研究报告及汇报演讲稿。

● 相关链接

据《宾川县志》记载，云南咖啡种植历史，始于法国传教士田德能来到大理宾川县朱苦拉村传教。由于受法国咖啡文化传统的影响，他酷爱喝咖啡。在途经越南时，他的法国同乡送给他一棵咖啡苗，1904年，在朱苦拉教堂外种植下中国大陆第一棵咖啡树，开辟了云南种植咖啡的先河。朱苦拉村现有古咖啡树13亩，其中100年以上的咖啡树24株，是中国咖啡的"活化石"。同一时期，英国传教士在缅甸种植咖啡自饮，之后由跨境而居的景颇族边境居民将咖啡树带回来，在德宏州瑞丽市种植自饮。

（一）德宏咖啡产区基本情况

德宏傣族景颇族自治州地处中国西南边陲，位于云南省西部，向东、东北方向分别与保山地区的龙陵、腾冲两县相邻，向南、西和西北方向与缅甸联邦接壤，是中国向西南开放的重要窗口，是云南省"桥头堡"建设的"黄金口岸"。全州自然环境优美，区位优势突出，自然资源丰富，素有"中国咖啡之乡"的美誉。

在云南省发布建设高原特色农业重大决策以来，德宏以咖啡为代表的高原特色农业快速发展，在基地建设、企业培育、产业增效及农户带动上取得了显著成效，成为农业产业结构调整，加快现代农业发展步伐，促进区域经济发展的优势特色产业。截至2017年，全州咖啡种植面积1.8万公顷，投产面积1.62万公顷，咖啡鲜果产量25.2万吨，实现农业产值8.8亿元，咖啡产品销售收入56.9亿元。拥有咖啡行业国家级农业产业化龙头企业，成功注册"德宏咖啡"地理标志，德宏州被授予"中国咖啡之乡"荣誉称号。全州种植咖啡666.7公顷以上的乡镇有2个，建成200公顷以上的咖啡基地1个、133.3公顷以上的基地5个、66.7公顷以上的基地6个、33.3公顷以上的基地8个，基本形成了区域化布局和基地化生产的咖啡产业发展新格局。

（二）德宏咖啡头部企业概况

德宏后谷咖啡是德宏州发展咖啡产业的龙头企业，是全国咖啡行业中唯一的国家重点咖啡企业。公司成立于1994年，是一家集咖啡种植、深加工、产品研发、国际贸易为一体的咖啡集团公司。

通过"合作社+"的模式，建立了1.8万公顷的咖啡标准化种植基地，平均每公顷生豆产量2.2吨，带动6.5万户咖啡农，近30万人脱贫致富。后谷咖啡具有8万吨初加工能力，精深加工方面已建成目前中国最大、年产量能达1.3万吨的速溶咖啡粉生产厂两座，占中国咖啡深加工产业总产能的85%，并建有国内唯一咖啡冷冻干燥粉专用生产线。

截至2019年，后谷咖啡总资产97.28亿元，实现销售收入32.71亿元，进出口额3298亿美元。为当地农民就业、政府增加税收、社会经济发展做出了贡献。

二、保山咖啡产区

任务描述

保山是小粒咖啡的主要产区,在云南省咖啡产业拥有十分重要的地位。但保山小粒咖啡产业在质量、品牌、销售等方面也同样存在问题。通过学习本节任务,分析保山咖啡产区发展的优势与劣势,梳理保山咖啡产区存在的问题,特别是咖啡产品销路受限、产品积压明显等问题,对加快保山小粒咖啡产业发展提出意见与建议。

任务内容

1. 学习形式:分小组进行。
2. 获取资料:文献收集资料。
3. 成果展示:各小组汇报结果,在课堂上展示。
4. 提交研究报告及汇报演讲稿。

(一)保山咖啡产区基本情况

保山市作为中国种植和加工咖啡的先驱,至今已有60多年历史。截至2017年,保山市种植咖啡面积达20万亩,产量3.28万吨,农业产值4.76亿元。其中隆阳区是保山小粒咖啡的主产地,海拔高度在920~1500米。该区域年平均气温在21.3℃,年平均降水量接近750毫米,日照时间长,长年无霜,自然条件优越,适合小粒咖啡种植。种植的品种以"卡蒂姆7963""铁皮卡"以及"抗锈288"等小粒咖啡优良品种为主。

保山咖啡产业带动了保山市近2万农户参与咖啡种植,是他们增收致富的主要渠道。特别是在隆阳区主产区,咖农年收入在10万元以上。例如芒宽乡的白花林村主要以种植咖啡为主,全村种植咖啡1.5万亩,超过可耕种面积的99%。特别是被誉为"中国咖啡第一村"之称的新寨,咖啡种植面积居全国之首。

保山小粒咖啡主要种植地位于潞江坝地区,这里属于干热河谷气候,非常适合小粒咖啡种植。潞江坝地区位于高黎贡山脉东侧,海拔落差大,跨度从640米到3510米。小粒咖啡适宜种植在海拔800~1400米的山地,如果种植地太高,会导致咖啡味道过酸,如果太低味道会过苦。潞江坝地区年降水量在700~1000毫米,昼夜温差较小。全年光照时间约为2600小时。保山已被列为小粒咖啡最适宜种植区。在这样的自然条件下，保山小粒咖啡年亩产量在 0.2~0.6 吨，亩产量最高可达 0.8 吨[①]。

● **相关链接**

"云豆入沪，精准扶贫"对口项目启动签约仪式在上海举行

签约仪式由上海市人民政府合作交流办公室、上海市商务委员会、上海市质量技术监督局、云南省扶贫开发办公室、云南省商务厅、云南省农业厅指导；由上海市闵行区人民政府、上海市黄浦区人民政府、云南省保山市人民政府、云南省普洱市人民政府支持；由云南农垦集团主办；由长三角咖啡行业协会、云南农垦咖啡有限公司、上海来饮智能科技有限公司、上海自贸区咖啡交易中心有限公司、云南保山市高黎贡山旅游度假区管委会承办。

上海市商务委员会处长刘炜，长三角咖啡行业协会秘书长刘希伦，保山市人民政府高黎贡山旅游度假区管理委员会党工委副书记/管委会主任李廷金，中宣部原秘书长、全国政策科学研究会副会长官景辉，云南农垦集团责任有限公司党委委员、董事、副总经理雷瑞等领导出席签约仪式并依次发言。《经济日报》华东记者站站长吴凯、上海市质量技术监督局副处长孟凯、上海市人民政府合作交流办公室代表、普洱市驻沪办主任李晖、云南保山市驻沪办、上海云咖股权投资基金管理有限公司董事长颜祖旺等领导出席并见证了签约仪式。出席仪式的还有相关企业及相关媒体单位等。

此项目以扶贫开发战略思想和"六个精准"即扶贫对象精准、项目安排精准、资金使用精准、措施到户精准、因村派人精准、脱贫成效精准为指导思想，坚持"政府主导，行业协调"的实施原则，依据上海、云南两省市签署的《关于贯彻落实中央决策部署进一步加强对口扶贫协作的协议》及上海市商务委与云南省商务厅所签署的《"云品入沪"产销对接精准扶贫专项行动计划（2017—2020）》协议内容，围绕云南省 2020 年实现脱贫攻坚目标，按照创新、协调、绿色、开放、共享的发展理念，充分发挥沪滇对口帮扶合作机制平台作用，进一步加大精准脱贫力度，进一步帮助云南高原特色农产

---

① 罗林芬.关于云南省保山市小粒咖啡种植成本控制的思考［J］.中国集体经济，2014（22）：40-41.

品拓展上海市场，进一步深化经贸合作，进一步动员社会力量参与扶贫，做好沪企入滇、云品入沪工作，助推云南实现精准脱贫。

近年来中国咖啡消费的发展越来越为世界瞩目，伴随着咖啡文化的发展，各类咖啡馆及智能现磨咖啡售卖机如雨后春笋般出现。45秒制作一杯现磨咖啡、占地不足1平方米、强大的智能物联网管理后台等优势使其可以无限布局到城市的每一个角落，如地铁站、火车站、高铁站、飞机场、医院、高校、商场、写字楼、办公室、社区等任何有需求的空间，独特的"互联网＋咖啡"优势也使智能现磨咖啡机被越来越多的人认知接受，为国内带来越来越多的咖啡销量。

本着"上海所能，云南所需"的扶贫原则，充分发挥上海巨大的市场资源优势、云南优质的咖啡资源优势，利用互联网＋、大数据以及人工智能科技手段，以咖啡定价机制为支点、以智能现磨咖啡机为杠杆，彻底拔除云南咖啡种植区农民贫困的根基。产业扶贫是该项目助推脱贫攻坚的重要力量，也是扶贫工作由输血功能向造血功能的转变。

据了解，此项目终端落地智能现磨咖啡机由签约方之一上海来饮智能科技有限公司提供，该公司计划在未来三年向市场投放10万台智能现磨咖啡机用于该项目落地，结合项目所引入的咖啡定价机制为支点，直接助推云南咖啡豆的销售，真真实实地践行产业扶贫的理念。同时该公司会对每台智能咖啡机建档立卡，并利用其强大的智能物联网管理后台与贫困户信息进行数据对接，一台机器对应一个贫困户，机器每销售出一杯饮品即拿出2元钱作为该贫困户的扶贫资金直接支付到该贫困户账户，让贫困户直接从销售终端获益。另外，该公司会优先招聘云南外来务工人员进行终端咖啡机的运维，又助推一部分云南人口实现脱贫。

为政府分忧，替百姓解难，是企业的社会责任。该项目顺利落地实施后，预估将带来可观的经济效益和良好的社会效益。精准扶贫，让当地农民得到实实在在的经济收入和生活改善，最终实现"共同致富，齐奔小康"的伟大目标。①

---

① 资料来源：姜煜，"云豆入沪　精准扶贫"对口项目合作签约仪式在上海自贸区举行.中新网上海，2018年1月29日。"云豆入沪　精准扶贫"对口项目合作签约仪式在上海自贸区举行 - 中新社上海（chinanews.com.cn）。

（二）保山咖啡头部企业概况

保山小粒咖啡产业自发展以来，在各级政府的大力支持下，经过企业、咖农的努力，保山小粒咖啡产业持续发展。以新寨咖啡为代表的咖啡种植区域，以公司、合作社为引领，走统一化道路。

以合美咖啡、云潞咖啡、景兰咖啡为代表的头部企业，已经成为产销一体化公司。其中，保山有云潞等 8 家省级龙头咖啡企业，从事出口贸易的咖啡企业 13 家，保山小粒咖啡产业已经具备良好的基础和规模。

保山小粒咖啡种植区域集中在隆阳区，初加工企业以隆阳区潞江镇和芒宽乡两地为主。保山市注册经营范围包括咖啡种植和加工的企业超过 100 户，仅潞江镇辖区就有咖啡合作社 54 户、加工企业 15 家。保山市主要初加工企业有云潞咖啡产业开发公司、金潞农副产品开发公司、亚通咖啡公司、高老庄农副产品开发公司、新城农场咖啡加工厂、联兴热带作物（云南）开发公司、绿金专业合作社、合美咖啡产业有限公司、富生咖啡公司、景通咖啡公司、陆亿咖啡公司、云南鑫德咖啡公司、邱公馆（云南）食品公司等 30 多家企业，年加工咖啡豆能力达到 2.5 万~3 万吨[①]。

三、普洱咖啡产区

任务描述

普洱咖啡产区资源丰富，适宜咖啡生长，吸引来了雀巢、星巴克等国际知名咖啡企业采购普洱咖啡豆，相继获得了雀巢 4C 认证、星巴克 CP 认证，雨林联盟认证等咖啡产业国际知名认证。请分析普洱吸引国际咖啡企业入驻的核心竞争力是什么？普洱的哪些做法推动了产区获得多项国际产区认证？

任务内容

1. 学习形式：分小组进行。
2. 获取资料：文献收集资料。
3. 成果展示：各小组汇报结果，在课堂上展示。
4. 提交研究报告及汇报演讲稿。

---

① 保山市农业局，《保山市咖啡产业发展简介》. 2015.12.

（一）普洱咖啡产业介绍

作为亚洲最早种植咖啡的地区之一，普洱与咖啡结缘已有100多年的历史。1892年，法国传教士从遥远的阿拉伯把第一粒咖啡种子带到普洱种植，历经百年发展，普洱咖啡完成了从种子到杯子的蜕变。1988年开始产业化、规模化种植，目前是中国种植面积最大、产量最高、品质最优的咖啡主产区和咖啡贸易的主要集散地，被誉为"中国咖啡之都"。普洱市在云南省政府的指导下，定位为将普洱咖啡打造成"世界一流绿色食品牌"，不断稳定咖啡种植面积，不断进行咖啡种植的提质增效。发布新华·云南（普洱）咖啡价格指数，提供国内外咖啡产业市场价格信息和价格趋势走向图，有效增强了咖啡产区市场运行的预警能力，提升了普洱咖啡价格话语权与影响力，扶持培育了爱伲、北归、漫崖等一批知名品牌。在全国首创试点实施政策性咖啡价格保险，保障咖农的收入。建设了"以交易为核心、金融服务为支撑、产业上下游为重点"的咖啡产业服务平台推动线上线下交易，为普洱市、云南省乃至中国咖农、咖企提供全方位服务。

普洱把咖啡产业作为打造全国知名大健康食品供应基地与世界一流"绿色食品品牌"的目标，标准、品牌、融资、庄园、整合、"互联网+"等为主要抓手，搭建了全链条的咖啡产业服务体系。每年在普洱交易的咖啡超过10万吨，出口30多个国家和地区，普洱已成为中国种植面积最大、产量最高、品质最优的咖啡主产区和贸易集散地，成为世界咖啡产业新版图的中国重镇。在普洱，咖啡是大生态、大产业、大民生、大健康，不仅产业体量大、产业链条长，而且标准体系健全、交易方式完备。良好的产业基础和完备的产业服务体系，吸引了雀巢、星巴克、麦氏、伊卡姆、路易达夫等全球咖啡巨头纷纷闻香而来，世界咖啡组织（International Coffee Organization，ICO）、咖啡品质学院（Coffee Quality Institute，CQI）、精品咖啡协会（Special Coffee of Association，SCA）、国际妇女咖啡联盟（International Women's Coffee Alliance，IWCA）等国际咖啡组织将全球优质资源导入产区，与普洱开展战略合作，建立生产基地、全球推广中心、仓储中心或采购中心。①

---

① 卫星.让普洱咖啡香飘世界［J］.新西部.2019.05（上旬）.

● 相关链接

雀巢与Torch炬点咖啡实验室共同打造"云南咖啡风味地图"

由雀巢与Torch炬点咖啡实验室共同精打细磨的"云南咖啡风味地图"项目于2021年12月宣布完成。与此同时,雀巢旗下专属中国本土的高端咖啡品牌——感CAFE,也选择了云南当地9种不同风味的精品咖啡推出云南咖啡风味盒,免费提供给热爱云南咖啡的消费者。

中国云南咖啡产区跨越北纬21~24度,是咖啡种植的黄金地带。但长期以来,受限于交通、信息等因素,其不同地域的咖啡风味特征被藏匿在云贵高原深山中。2021年年初,Torch炬点咖啡实验室发起了"云南咖啡风味地图"项目,旨在用客观和精准的方法寻找云南咖啡的风味,建立属于云南咖啡的风味地图,进而帮助咖啡从业者及消费者了解、交流、品鉴并采购云南咖啡,从而助力云南咖农增收。这一项目与雀巢长期致力于推广云南咖啡的初衷不谋而合,雀巢随后加入项目,与Torch炬点咖啡实验室共同推进"云南咖啡风味地图"的绘制。

该项目通过位于云南普洱的雀巢咖啡中心,共采集了319个咖啡样品,经Torch炬点咖啡实验室完成样品烘焙。在2021年5月,项目组织了90位咖啡品质鉴定师齐聚云南进行专业杯测,遴选出最具质感的咖啡风味。经过11803次杯测,最终绘制成《云南咖啡风味地图》。此次项目的所有数据也已整理发布,在Torch炬点咖啡实验室网站(torchcoffee.cn)上公开分享给咖啡从业者和消费者。①

(二)普洱咖啡产区种植情况

普洱,因茶得名,位于中国西南边陲,地理位置独特,生态环境优越,是北回归线上最大的生态绿洲,素有"天赐普洱、世界茶源""生物种质基因宝库""云南动植物王国的王宫"等美誉。这里名胜古迹甚多,民俗风情多彩,旅游文化丰富。电影《一点就到家》以普洱咖啡为背景拍摄,起到了良好的宣传作用。中国第

---

① 资料来源:北京青年报北青网官方账号,2021年12月17日。

一本咖啡专业性杂志《普洱咖啡》，以独特的角度构建了普洱咖啡的文化内涵，系统介绍了普洱咖啡产业和咖啡文化的发展。普洱还将咖啡产业与文旅产业融合，打造并拓宽咖啡产业链，探索形成可复制的精品庄园建设和运营模式，打造出爱伲、漫崖、小凹子等一批具有普洱特色的现代休闲体验观光咖啡庄园，制作普洱咖啡地图、普洱咖啡馆地图分布等。打造原产地精品咖啡文旅路线。

普洱热区资源丰富，热区面积超过2.3万平方公里，年日照时间长，无霜期在315天以上，北回归线横穿中部，与世界著名的咖啡种植地哥伦比亚处于同一纬度区，是世界上最适宜咖啡生长的地方之一，被誉为"阿拉比卡的天堂"。普洱咖啡种植面积达80万亩，产量6万吨，面积和产量均居云南省之首，占到全国的一半以上，每年在普洱交易的咖啡超过10万吨，出口30多个国家和地区，普洱已成为中国咖啡种植面积最大、产量最高、品质最优的咖啡核心主产区和贸易集散地。2017年3月，中国质量认证中心发布，"普洱咖啡"品牌价值达111.4亿元。

● 相关链接

雀巢普洱咖啡采购站获4C单位认证

雀巢公司普洱咖啡采购站获得国际4C组织（Command Code for the Coffee Community，4C，咖啡社区的通用管理规则）认证，成为4C单位。经过雀巢普洱咖啡采购站培训注册的首批46名咖啡供应商也同时获得4C供应链内的供应资质。雀巢希望2015年后，公司在云南采购的咖啡豆全部来自通过4C认证的可持续资源。

4C是目前世界上被广泛接受，涉及咖啡种植、生产、加工等供应链各个环节可持续发展的管理规则，包括三个方面：社会、环境和经济的原则。4C的目的在于促进咖啡生产、加工和贸易的可持续发展。4C单位是通过4C标准咖啡的实体，它可以是咖啡供应链上的任意一部分，如一个农业合作社、一个出口组织或一个收购站等。

近几年来，雀巢公司已陆续为云南咖啡农民和相关人员进行了这方面的培训，帮助他们逐渐达到4C可持续性标准。雀巢普洱采购站还在2012年专门设立4C部门，帮助农户供应者达到4C标准。

作为首批获得雀巢4C认证的咖啡农户，孟连县勐马镇南美咖啡公司扎克表示："通过雀巢组织的4C认证培训，我改正了原来在种植中的一些错误做法，如：原先种植咖啡追求最大咖啡产量，没有种植荫蔽树，使咖啡在产量上每年都有很大的不同，咖啡树寿命也很短。在加工的过程中，为了把果胶清除干净，使用大量的水，加工后直接排放，对周围环境产生了不好的影响。通过雀巢的咖啡种植管理，特别是4C培训之后，我知道了咖啡种植过程中种植荫蔽树可以保护咖啡树，每年产量也很均匀，可帮助避免出现'大小年'的情况。另外，开挖污水处理池不仅可以节约用水、保护环境，还可以收集果胶发酵之后产生的天然有机肥料，节约了成本。这样在保护环境的同时，还可以保护咖啡树（荫蔽树管理）、保护自己（农药施用防护措施），拿到的4C咖啡价格也比普通咖啡价格高，我们种咖啡的积极性也更高了。"

4C协会是咖啡产业链中各利益相关者的全球性组织。4C的宗旨是通过降低成本、提高质量、提供市场情况并确保环境的可持续性，来提高生产者的收入和生活条件。目前在国际市场上，承诺只购买符合4C要求咖啡的公司日益增加。作为全球咖啡行业的领军者，雀巢希望通过这样的培训，为云南咖啡持续顺利地走向国际市场提供保障。

在过去的20多年里，雀巢公司在云南的耕耘已对该地区的咖啡产业和经济发展产生了深刻影响。咖啡种植不仅让当地2万多个农户获益，而且，目前云南已逐步成为一个蓬勃发展，并深受全球咖啡收购商关注的小粒种咖啡豆产地。雀巢公司在云南的咖啡发展项目获得了社会各界的认可，2012年6月，在巴西里约热内卢举行的"联合国可持续发展大会"期间，荣获了"2012世界商业和发展奖"，该奖项由联合国开发计划署、国际商会、国际工商领袖论坛主办。2012年12月，雀巢咖啡发展计划还荣获了亚洲公共事务网络评选的"利益相关方沟通金奖"。①

普洱咖啡以优越的品质受到国际咖啡业界的广泛认可，吸引了雀巢、星巴克、

---

① 资料来源：新浪资讯，雀巢普洱咖啡采购站获4C单位认证。2013年1月17日。雀巢普洱咖啡采购站获4C单位认证_新浪网（sina.com.cn）。

沃尔等国际咖啡公司长期在普洱收购咖啡。目前，全市咖啡园有30余万亩获得雀巢4C认证、10余万亩获得星巴克CP认证、2万余亩获得了雨林联盟认证和UTZ认证。2012年，星巴克在普洱设立星巴克云南种植者支持中心。2014年，雀巢全球首个咖啡中心在云南普洱成立。2018年，星巴克云南普洱咖啡原产地门店开业运营。2019年8月，首批两检一统普洱咖啡生豆出口乌克兰。

> **课堂思考**
>
> 星巴克CP认证具体指的是什么？雨林联盟认证和UTZ认证是什么？

四、临沧咖啡产区

> **任务描述**
>
> 临沧市农民增收的重要支柱产业之一便是咖啡产业，通过对本任务的学习，收集资料，分析临沧咖啡产业发展的现状，找出临沧咖啡产业发展中存在的问题，提出相应的意见和对策。

> **任务内容**
>
> 1. 学习形式：分小组进行。
> 2. 获取资料：文献收集资料。
> 3. 成果展示：各小组汇报结果，在课堂上展示。
> 4. 提交研究报告及汇报讲演稿。

咖啡产业一直以来都是临沧市农民增收的重要支柱产业之一。临沧市咖啡种植面积达4.101万公顷，位居云南省第二位，先后获得"中国临沧精品咖啡豆示范区""中国精品咖啡核心产区"称号。2017/2018咖啡豆产季，临沧咖啡产量2.05万吨，实现综合产值6.3亿元。

（一）临沧咖啡产区基本情况

临沧与缅甸接壤，澜沧江、怒江环抱其境，北回归线穿境而过，境内冬无严寒，夏无酷暑，森林茂盛，山绿水清，森林覆盖率已达65.2%。世界上最好的咖啡产自北纬15°至北回归线之间，临沧市恰好位于该咖啡种植带中，处在世界咖啡生产黄金带上，具有低纬度、高海拔、热带亚热带气候、降水充沛、偏酸性土壤、无霜区域广等地理气候条件，海拔高度在450~3504米，年平均气温18.1℃，日照时间长，降水量在1158.2毫米，土壤pH 4~6。临沧种植的咖啡，两年就能初花出果，是国内较适宜咖啡生长的区域。

20世纪90年代初期，临沧开始大面积种植咖啡，1994年种植面积发展到2666.67公顷。2007年以来，又先后引进临沧后谷咖啡有限公司、临沧凌丰咖啡产业发展有限公司以及镇康县隆昌有限责任公司等企业发展咖啡产业。2012年临沧市政府出台加快推进咖啡产业发展的意见，将咖啡作为当地农业产业结构调整的标志性产业大力培育。

从水平分布来看，临沧市8个县（区）59个乡（镇）均有咖啡种植，种植农户超过5.5万户。从垂直分布来看，海拔500~1500米均有咖啡种植，少量突破海拔1500米以上，以海拔900~1300米区域较为集中。从品种构成情况来看，全市引进国内外咖啡品种70余个，主要栽培品种为卡蒂姆系列品种，铁毕卡、波旁等品种有少量栽植。

（二）临沧咖啡产区头部企业概况

临沧市已经培育出临沧凌丰咖啡产业发展有限公司、临沧祖古纳咖啡股份有限公司、云南国滇咖啡有限公司等龙头企业。临沧祖古纳咖啡股份有限公司现有咖啡基地1.13万公顷，投产面积达5333.33公顷。临沧凌丰咖啡产业发展有限公司是全国最大的咖啡种植加工企业，也是全国最大的澳大利亚坚果种植企业。2017年4月，云南省国有资本运营有限公司子公司云南滇资生物产业有限公司与临沧秋谷农业有限公司（凌丰集团实际控制）合资组建了混合所有制企业——云南国滇咖啡有限公司，专门从事临沧市咖啡产业开发和初加工、精深加工生产线建设。

全市建成和规划的咖啡初加工、精深加工厂共30个，年加工鲜果能力27万吨。临沧后谷咖啡有限公司建成和在建加工厂3个，年加工能力13万吨，其中已建成投产耿马孟定2万吨和镇康南伞10万吨咖啡鲜果初加工工厂各1个，镇康南伞工业园区年产1万吨速溶咖啡粉规模的精深加工厂1个。临沧凌丰咖啡产业发展有限公司累计建成投产咖啡初加工工厂24个，年加工咖啡鲜果能力10万吨，公司自主研发推广的第四代背压式热风辅助穿透干燥咖啡豆湿法加工工艺在世界处于先进水平。

全市已建立市、县、乡、村"四级"咖啡科技服务体系，市级、县（区）、乡镇设立了咖啡产业发展办公室。各龙头企业积极与中国热带农业科学院香料饮料研究所、云南省农业科学院热带亚热带经济作物研究所等科研单位建立长期合作关系。雀巢公司为凌丰咖啡公司提供长期、免费、专业的咖啡技术服务支持，凌丰咖啡公司每年均派出人员到巴西、哥伦比亚、牙买加、越南、泰国等地进行咖啡种植管护、加工等方面的考察学习。

任务五 咖啡栽植与采收

一、咖啡的植物学特征

任务描述

咖啡的植物学特征是学习咖啡生豆知识的基础。通过对本任务的学习，探讨阿拉比卡与罗布斯塔咖啡豆的区别，区分咖啡樱桃的结构。

咖啡栽植

任务内容

1. 学习形式：分小组进行。
2. 获取资料：文献收集资料。
3. 成果展示：各小组汇报结果，在课堂上展示。
4. 提交汇报演讲稿。

咖啡隶属于茜草科（Rubiaceae）咖啡属（Coffea），是重要的多年生常绿经济作物。咖啡作为最重要的多年生经济作物之一，对许多发展中国家来说尤其重要。尽管咖啡属有多个物种，但用于商业生产的咖啡多依赖于其中两个物种，即：阿拉比卡（Coffea arabica）和罗布斯塔（C. canephora）。长期以来，相较于罗布斯塔，阿拉比卡制成的咖啡出品口感更好，所以一直被用作重要的经济作物。阿拉比卡为埃塞俄比亚的本土作物，同时埃塞俄比亚也是该作物的遗传多样性中心，其在埃塞俄比亚不同的农业生态区已经有了长期的种植历史，该国也因此拥有了丰富的野生阿拉比卡种子资源。同时，作为埃塞俄比亚的主要农业商品，阿拉比卡的种植在种植者和政府的收入来源中发挥着重要的作用。

先来认识咖啡果实。不同的品种，咖啡果实的大小也会不同，总的来说咖啡果实的大小就像酿酒葡萄。不同于葡萄的是，咖啡果实中心的种子占了整颗果实的大部分，表皮及其底下的一层果肉果胶占比很低。

所有咖啡浆果一开始都是绿色的，随着日渐成熟，果皮颜色也日益转深，通常成熟果实的果皮颜色是深红色的，不过也有些品种是黄色的，有时黄果皮与红果皮混血后也会产生橘色果皮的品种。黄色果皮咖啡品种，因为辨识成熟度相对较困难，咖农往往避免种植黄果皮咖啡品种。红色果皮的果实会从一开始的绿色变成黄色再转为红色，因此，咖农手工采摘时更容易辨识出成熟的果实。

果实的成熟程度通常与含糖量多少直接相关，而这正是种出美味咖啡的决定性因素。当咖啡果实成熟时，果肉部分令人惊讶的美味，像是十分讨人喜欢的蜜瓜般的香甜，伴随着一点清新宜人的果酸。有些咖农会在不同的果实成熟阶段进行采收，他们认为混合不同成熟度的果实可以增加咖啡风味的复杂度。如果咖啡浆果过熟，未来在萃取时会产生一些令人不愉快的风味。

咖啡的种子，也就是咖啡豆，由许多结构组成。从外到内分别是外果皮、果肉、果胶、银皮、种子。其中大部分都会在生豆处理阶段去除，留下我们拿来研磨及冲煮用的咖啡豆。外果皮是包裹住咖啡浆果外侧的皮。果肉，又称咖啡樱桃，可直接食用，口感微甜。种子的外层具有保护作用，称为果胶或内果皮，富含糖分且黏性大，也被称作"蜜"。银皮是一层包裹着种子的薄皮，大部分会在烘焙时脱落，少量会夹在烘焙后的咖啡豆中缝，咖啡豆研磨后黄白色的碎屑就是银皮。大部分浆果内都有两颗咖啡对生种子，相连的面会随着果实生长呈现平面状态。偶尔会只有一颗种子在浆果中，称为圆豆，它不像平豆有一面是平面，而是呈椭圆形，占总产量的 5% 左右。通常圆豆会特别分离开来，因为有些人相信它具有特别讨喜的特质，也有人认为圆豆必须用不同于平豆的烘焙方式处理。

咖啡品种

二、咖啡的品种

任务描述

咖啡的品种很大程度上决定了咖啡的感官体验。通过对本任务的学习后，检索"世界咖啡研究所（World Coffee Research）"发布的阿拉比卡咖啡豆的种类手册，以小组的形式学习该手册，并翻译该手册。

> **任务内容**
>
> 1. 学习形式：分小组进行。
> 2. 获取资料：文献收集资料。
> 3. 成果展示：各小组汇报结果，在课堂上展示。
> 4. 提交翻译文稿。

（一）阿拉比卡与罗布斯塔

每当人们提到咖啡，通常都是指从一个特定的树种结出的果实，这个树种就是阿拉比卡。阿拉比卡是全球咖啡豆的主力，种植在南北回归线之间的数十个咖啡生产国里。但是，它并非唯一的咖啡树种，目前已经鉴识出来的共有超过 120 个咖啡树种，但仅有一种有近似于阿拉比卡的普及程度：卡内佛拉咖啡树种，Coffea canephore，俗称中粒咖啡，我们常称之为罗布斯塔。

罗布斯塔于 19 世纪末，最先发现于刚果。它的商业价值显而易见，相较于阿拉比卡，罗布斯塔可以在较低的海拔种植并结果，且能适应高温环境，拥有较好的抗病能力。这些特性就是罗布斯塔迄今仍继续种植的主要原因，也因为罗布斯塔的生长环境需求不高，使得生产罗布斯塔咖啡豆的成本相对低得多。但是，罗布斯塔有难以避免的缺点：咖啡不是很美味。

罗布斯塔咖啡的风味里，有着一种木质类、烧橡胶似的质感，通常酸度很低，于口感却有着较高的醇厚度。当然，罗布斯塔也有等级之分，要制作出高质量的罗布斯塔也是有可能的。多年来，罗布斯塔咖啡一直是意式浓缩咖啡文化里的重要构成因素，但是近年来全世界生产的大多数罗布斯塔咖啡最终都走进大型的商业咖啡生产工厂，制作成这个产业里最受鄙视的产品——速溶咖啡。

科学家对咖啡基因进行测序，发现罗布斯塔是阿拉比卡的双亲之一。在苏丹南部，罗布斯塔与另一种咖啡树种尤珍诺底斯 Coffea euginoides 交叉授粉，从而产生了全新的阿拉比卡，之后到了埃塞俄比亚继续繁衍，而埃塞俄比亚因此长期被认为是咖啡的起源地。

（二）咖啡品类

人工栽种的咖啡树起源于埃塞俄比亚，这个称为铁皮卡的品种至今仍被广泛种植；另外还有许多现存的品种，像是一些自然突变以及其他混血品种。有一些品种具有明确的风味特征，有些则是依靠生长环境的微小风土条件、栽种方式或生豆处理法等因素而产生不同的特征。

很少有消费者注意过阿拉比卡咖啡树种下仍然有许多不同的品类存在，主要归因于全球的咖啡交易方式一直以出产国区分。一个批次的咖啡豆可能是由数座不同咖啡庄园的果实组成，出口时没有人能确切知道这批豆子的生产者混合了哪些品种，只知道这批豆子是在某个特定区域种植。现在，这个现象正在逐渐改善。但关于品种对风味的影响程度，目前仍没有公认的研究成果。

铁皮卡　这个品种被认为是所有变种或基因筛选的原型。荷兰是第一个将咖啡传播到世界各地进行商业化种植的国家，铁皮卡就是当时的咖啡品种，铁皮卡的果实通常是红色，杯中风味表现也很突出，不过果实产量较其他品种少。

波旁　这是在留尼汪岛（当时称为波旁岛）由铁皮卡自然突变而来的品种，果实产量比铁皮卡略多。许多从事精品咖啡行业的专业人士认为波旁有一股独特的甜味，因此它常能在比赛中获奖，风味令人愉悦。咖啡果实有几种颜色特征：红果皮、黄果皮，有时还可以看到橘果皮。

蒙多诺沃　铁皮卡及波旁的自然混血品种。20世纪40年代发现于巴西，以当地地名命名。蒙多诺沃因其相对较高的果实产量、较强壮的体质，以及较佳的抗病力而被广泛种植。此外它还能适应巴西常见的1000～1200米的海拔高度。

卡杜拉　1937年发现于巴西的波旁突变种。有较高的果实产量，但如果果实产量超过植物本身能负荷的限度，就会使枝干压垮而枯萎。良好的农园管理方式可以避免这样的情形发生。卡杜拉品种在哥伦比亚及中美洲特别受欢迎，巴西也颇为常见。杯中风味表现普遍认为优秀，但有随海拔上升质量越佳、产量却随之递减的特征。卡杜拉有红色及黄色果皮两种不同的形态，高度属于低矮的，有时被称为"侏儒品种"或"半侏儒品种"，其受欢迎的主要原因是手工采摘较为方便。

卡图艾　20世纪50～60年代，由巴西的农艺研究机构栽培的卡杜拉及蒙多诺沃的混血品种。主要是想兼具卡杜拉的侏儒基因与蒙多诺沃的高产量和抗病性。卡图艾与卡杜拉一样，都有红色及黄色果皮。

马拉戈日皮　是铁皮卡变种中较容易辨认的品种之一，最先发现于巴西。马拉戈日皮十分有名，外形也十分讨喜，主要因为其豆体巨大，树叶也较一般品种宽大，不过果实产量相对较少。因为巨大的豆体而有"象豆"的别名。通常是红色果皮。

SL-28　20世纪30年代，在位于肯尼亚的斯科特实验室由坦桑尼亚的一种耐寒品种选育出来。果实成熟时呈红色，种子较一般品种较大。它被认为可以制作出具有明显水果风味的咖啡，通常以黑醋栗形容。SL-28十分容易感染叶锈病，较适宜在高海拔地区种植。

SL-34　此品种由法国传教士波旁选育，法国传教士波旁自波旁岛（留尼汪岛）带进非洲，一开始出现在坦桑尼亚，后来才引进肯尼亚。具有明显的水果风味，不过一般认为风味略逊于SL-28。对叶锈病的抵抗力也很弱，红色果皮。

瑰夏　今天种植于巴拿马境内的瑰夏从哥斯达黎加引进，但一般认为源头是埃塞俄比亚西部一个名为瑰夏的小镇。这个品种被认为可以制作出带有特别芳香的花朵气息风味咖啡，近年来因为高度的市场需求而价格暴涨。

2004年，巴拿马的翡翠庄园以瑰夏获得咖啡豆竞赛冠军，自此越来越受重视和欢迎。这批咖啡因为风味过于独特，在当时以难以置信的每磅21美元开出创纪录的竞标价格，直到2006年和2007年时才被打破，以每磅130美元作收，比起商业咖啡的成交金额高出近百倍。因此鼓励了许多中美洲及南美洲庄园争相栽种瑰夏。

帕卡斯　是波旁的自然突变种，于1949年在萨尔瓦多被帕卡斯家族发现。帕卡斯品种的果皮是红色的，其较低矮的树丛有利于人工采收。风味普遍认为近似波旁，属于较讨喜的类型。

薇拉·萨尔齐　在哥斯达黎加的小镇发现，因此得名，是波旁的另一个自然突变种，与帕卡斯一样呈现侏儒版的低矮树丛。目前已经培育成具有极高产量的咖啡品种，风味表现也非常优异。红色果皮。

帕卡马拉　于1958年在萨尔瓦多人工选育的混血品种，双亲为帕卡斯和马拉戈日皮。与马拉戈日皮一样具有大叶片、果实及种子，风味也有许多明显、优质的独特性，尝起来类似巧克力和水果的风味，但也可能带有较不讨喜的草本、洋葱瓣的风味。红色果皮。

肯特　得名自20世纪20年代在印度的一项选育计划中一位咖啡农的姓氏，是为了提高抵抗叶锈病能力而培育出的品种，不过要是遇上突变的叶锈病，可能也难以幸免。

S795　也是在印度培育的品种之一，由肯特和S288杂交，是较早被选育、具有抵抗叶锈病能力的品种，在印度和印度尼西亚被广泛种植。

野生阿拉比卡品类　前面介绍的所有品种基因相似度较高，因为几乎都源自单一品种铁皮卡。不过有许多生长在埃塞俄比亚的咖啡树都不是人工选育的品种，而是原生的品类，可能由不同树种或品类间的自然杂交繁衍而出。目前尚未有足够的研究能把所有野生品种分门别类，更别说这些野生品种的基因多元性及风味表现差异了。①

三、从种植到采摘

任务描述

咖啡的栽植和采收是从种子到杯子实践的第一步。学习本任务后，界定咖啡种植带的范围，分析咖啡种植的主要产区国及其咖啡特点。

任务内容

1. 学习形式：分小组进行。
2. 获取资料：文献收集资料。
3. 成果展示：各小组汇报结果，在课堂上展示。
4. 提交研究报告及汇报文本。

（一）咖啡树的种植条件

咖啡树在植物学上，属于茜草科咖啡亚属的常绿树，而一般所称的咖啡豆，是咖啡树所结果实的种子，因为形状像豆子，被称为咖啡豆。

气候是咖啡种植的决定性因素，咖啡树只适合生长在热带或亚热带，所以在南北回归线之间的地带最适合栽植咖啡，这个咖啡生产地带，一般称为"咖啡带"。

但是，并非所有位于此区域内的土地都能培育出优良的咖啡树。咖啡树最理想的种植条件为：温度介于15~25℃的温暖气候，而且全年的降水量必须达到1500~2000毫米，同时其降雨时间要能配合咖啡树的开花周期。当然，除了季节和雨量的配合外，还要有肥沃的土壤。最适合栽培咖啡的土壤，是排水良好、含火山灰质的肥沃土壤。

另外，日照虽然是咖啡成长及结果所不可缺少的因素，但过于强烈的阳光会影响咖啡树的生长，所以各产区通常会配合种植一些遮阳树，一般多种植香蕉、杧果以及豆科植物等树干较高的植物。最理想的海拔高度为500-2000米。因此，生长在海拔800~1200米的牙买加蓝山咖啡品质最佳。

---

① 詹姆斯·霍夫曼.世界咖啡地图［M］.北京：中信出版集团有限公司，2020.

由此可知，栽培高品质咖啡的条件相当严苛，阳光、雨量、土壤、气温，以及咖啡豆采收和制作过程，都会影响咖啡本身的品质。

（二）从播种到成熟

咖啡树应该怎么种植？

第一步：选地。选择交通便利、靠近水源、土壤疏松肥沃、土层深厚、排水良好、距种植园较近、土壤pH5.5~6.5的山坡地作为苗圃，不宜选择在树下直接育苗。

第二步：选种育苗。咖啡选种要求从投产5年以上，生长健壮、高抗，单株产干豆1千克以上，无病虫害的优良母树上采摘的充分成熟、大小一致、果形正常且具有2粒种子的果实，经晒干后备用。切忌阳光直晒，晾1~2天，拣除杂质后即可播种。

第三步：催芽。选好后的种子在经过去皮脱胶和阴干储藏处理后，再进行催芽处理。咖啡催芽通常采用沙床催芽法，即在苗圃地内适当位置建立催芽床，规格为不限长度，宽100厘米，深8厘米，开成低槽，槽内铺满干净的细沙5厘米，沙床做成托盘形，将处理过的种子均匀撒于沙面，播种量每平方米0.5千克，用木板将种子压入沙中，与沙面齐平，盖一层沙，厚度以看不见种子为宜。

第四步：定植。将苗床上已长子叶的幼苗取出移栽于摆好的苗床上或塑料袋中。土床移苗株行距为15厘米×20厘米。起苗前要进行淋水。水量以正常起苗为宜。取苗时用小木棒辅助，以免伤根，带土移栽，防止根部水分流失。移栽时舒展根系，过长的主根及时修剪。栽正苗主根，须根保持原来的自然状态。无论是上床苗还是袋装苗移栽后都必须浇足定根水。

第五步：田间管理。在苗移植后的15天内要及时用同苗龄补齐死苗空缺处，做到苗齐、苗全。同时，要视天气及苗床上土壤温度进行淋水。经常保持水土湿润，且要经常除草。当幼苗长出2~3对真叶时，及时施第一次水肥，方法是用腐熟的人粪尿与清水1：5比例进行淋施，淋湿为止，然后用清水淋1遍，促进子叶吸收水分，每1~2个月进行1次，交替施撒尿素和复合肥后进行淋水。

第六步：及时采收。咖啡果实成熟期一般在11月上旬开始到翌年2月下旬。要做到随熟随采。咖啡果实呈红色即表示成熟，即可分批采收。最后一批采摘时不分红果、绿果全部采摘。

（三）采摘到储存

从采摘到储存咖啡鲜果经历4个阶段后成为咖啡生豆。第一，采摘。第二，脱皮。第三，发酵和水洗。第四，干燥与存储。

第一，采摘。采摘的目的是为了获得成熟的咖啡果实。咖啡果实的状态一般分为三类，未成熟、成熟、过熟。其中，未成熟状态的果实，颜色呈青绿色或青褐色，若此时采摘，咖啡种子还未成熟，咖啡生豆是未熟豆，属于瑕疵豆，冲煮出的咖啡味道酸涩。成熟状态的果实，颜色呈鲜红色、红色或深红色，是采摘果实的最佳阶段，采摘处理后得到的咖啡生豆是最健康的，冲煮出的咖啡芳香四溢、味道甘甜。过熟状态的果实，外观干瘪，处理后得到的咖啡生豆大多为酸豆，是瑕疵豆，冲煮出的咖啡表现出发酵瑕疵风味。

采摘的目标范围是成熟状态的咖啡鲜果。（1）从采收到储存所有阶段，都分批处理每次采摘的咖啡鲜果。（2）熟悉果实成熟状态的特征，未熟果的采收数量尽量小于2.5%。（3）通过剔除漂浮豆来分离出品质较差的果实并对其做单独处理。对于结黄色果实的咖啡品种，熟悉其成熟状态的特征。

目前，主流的采摘方法有机械采摘、速剥采收法、手摘采收法。各原产国依据各自需求选择不同的采摘方法。巴西境内有许多高海拔同时地势较平坦的区域，适合使用大型机械采收。但使用该方法采摘有很多缺点，最大的问题是会采收到未完全成熟的果实。因为大型机械的使用仍然有地形限制，绝大多数的采收工作必须依赖手工。其中一种非常迅速的方式就是速剥采收法，一次将整个枝条上所有果实以熟练的手法快速剥除，就像机械采收般快捷，但也不精确。但不需要昂贵的机械和平坦的地势，采收后的果实仍然需要筛选。为了制作高质量的咖啡，手摘采收法仍然是目前最有效率的采收方式。采收工仅采摘成熟状态的果实这是一种高强度的劳动。由于采收工的工资是称重计价，咖啡庄园需要面对的课题是如何鼓励采收工只采摘成熟的果实。重视质量的庄园主必须格外注意采收工的待遇，高质量的采收给予额外奖励。

第二，脱皮。脱皮的目的是正确使用脱皮机，得到完好的咖啡生豆。在这个阶段，需要了解脱皮机的正确操作方法，防止出现大量的破损豆以及未脱皮咖啡果或半脱皮豆。破损豆也是瑕疵豆。这些不完好的咖啡生豆均会影响咖啡的评级和风味。

（4）在处理开始的前后都要保持脱皮机和发酵池的清洁。（5）检查套筒状态。（6）检查已脱皮生豆的品质并按需调整前挡板位置。

第三，发酵和水洗。目的是确定水洗的最佳时机。一般使用费尔马特试验，利用脱皮豆和脱胶豆的表观密度差来确定最佳水洗时机。首先，取刚脱皮的咖啡豆样品，装满；其次，进入所有咖啡豆中，然后取出，放平；最后，通过观察发酵程度确认最佳水洗时机。

（7）用费尔马特试验来确定开始水洗的时间点。（8）在发酵过程中，检测所有咖啡豆的变化。（9）使用无色、无臭和无味的净水进行水洗。（10）通过触摸来确认水洗过程已将果胶全部去除。

第四，干燥与储存。目的是干燥并保存羊皮纸咖啡豆。（11）在水洗和沥干之后，立即开始干燥。（12）沥干后的咖啡豆在干燥过程中堆积高度不超过2.5厘米。（13）每天至少翻动四次咖啡豆，并检测其在干燥期间的变化。（14）恰当使用重量法来获得含水量在10%~12%之间的咖啡豆。（15）用包装袋保存干燥的羊皮纸咖啡，包装袋需要保证干净，并且之前没有用来装过咖啡豆以外的产品。（16）将咖啡豆恰当存储，避免光照和外界污染。（17）在托盘上存放已包装好的咖啡豆，避免紧贴墙壁，防止咖啡豆再次受潮。

任务五　练习题

1. 阿拉比卡种咖啡占世界咖啡总产量的（　　）。
   A. 5%以下　　　B. 10%~20%　　　C. 30%~40%　　　D. 60%~70%
2. 阿拉比卡种咖啡主要种植在海拔（　　）。
   A. 500米以下　　B. 500~2000米　　C. 2000~3000米　　D. 3000米以上
3. 罗布斯塔种咖啡占世界咖啡总产量的（　　）。
   A. 5%以下　　　B. 10%~20%　　　C. 30%~40%　　　D. 60%~70%
4. 罗布斯塔种咖啡主要种植在海拔（　　）。
   A. 500米以下　　B. 500~2000米　　C. 2000~3000米　　D. 3000米以上
5. 阿拉比卡种咖啡的感官特征主要表现为（　　）。
   A. 醇度比罗布斯塔种咖啡高　　　B. 酸度较高、酸质明亮
   C. 苦味较重　　　　　　　　　　D. 有麦子、稻草的香气
6. 阿拉比卡种咖啡与罗布斯塔种咖啡对比，阿拉比卡种咖啡（　　）。
   A. 酸味更差，酸度更低　　　　　B. 醇度更低
   C. 酸味一样　　　　　　　　　　D. 醇度一样
7. 罗布斯塔种咖啡的感官特征主要表现在（　　）。
   A. 醇度比阿拉比卡种咖啡低　　　B. 酸度较高、酸质明亮
   C. 甜味很低，几乎没有　　　　　D. 有麦子、稻草的香气
8. 罗布斯塔种咖啡与阿拉比卡种咖啡对比，罗布斯塔种咖啡（　　）。
   A. 酸味更明亮，酸度更高　　　　B. 醇度更高
   C. 酸味一样　　　　　　　　　　D. 醇度一样

9. 下列关于阿拉比卡种咖啡豆外观介绍正确的是（   ）。
    A. 阿拉比卡种咖啡豆通常是三角形的
    B. 阿拉比卡种咖啡生豆颜色通常是黑色的
    C. 阿拉比卡种咖啡生豆的颜色通常是褐色的
    D. 阿拉比卡种咖啡豆外形椭圆、细长

10. 下列关于阿拉比卡种咖啡豆外观介绍不准确的是（   ）。
    A. 阿拉比卡种咖啡豆外形偏椭圆、细长
    B. 阿拉比卡种咖啡生豆外形颜色主要偏绿色
    C. 阿拉比卡种咖啡豆普遍比罗布斯塔种咖啡豆更圆、更饱满
    D. 阿拉比卡种咖啡豆通常是对半生的，所以外形普遍为半圆，偶尔也会有整个的圆豆

11. 下列关于罗布斯塔种咖啡豆外观介绍正确的是（   ）。
    A. 罗布斯塔种咖啡豆的外形通常是方形的
    B. 罗布斯塔种咖啡生豆颜色通常是黑色的
    C. 罗布斯塔种咖啡生豆的颜色通常是白色的
    D. 罗布斯塔种咖啡豆外形圆润、饱满

12. 下列关于罗布斯塔种咖啡豆外观介绍不准确的是（   ）。
    A. 罗布斯塔种咖啡生豆颜色普遍偏黄色
    B. 罗布斯塔种咖啡外形椭圆、细长
    C. 罗布斯塔种咖啡体型普遍比阿拉比卡种咖啡豆大
    D. 罗布斯塔种咖啡豆的外形呈圆形，中线平直

13. 阿拉比卡种咖啡最基本的咖啡品种是（   ）。
    A. 铁比卡种咖啡　　　　　　　　B. 卡蒂姆种咖啡
    C. 蒙多·诺沃种咖啡　　　　　　D. 卡杜拉种咖啡

14. 下列对铁皮卡种咖啡描述不正确的是（   ）。
    A. 铁比卡种咖啡是埃塞俄比亚最古老的原生品种之一
    B. 铁比卡种咖啡是阿拉比卡种咖啡最基本的咖啡品种之一
    C. 曼特宁是铁比卡种咖啡的衍生品种
    D. 云南小圆豆不是铁比卡种咖啡的衍生品种

15. 波旁种咖啡最适合的生长地区海拔高度为（   ）。
    A. 200米以下　　B. 200~500米　　C. 1200~2200米　　D. 5000米以上

16. 下列对波旁种咖啡描述正确的是（   ）。

A. 波旁种咖啡属于早熟种

B. 波旁种咖啡是早期铁比卡种咖啡移植到也门后的变种

C. 波旁咖啡豆都来自波本岛

D. 波旁种咖啡与铁皮卡种咖啡都是与原生种差异化最大的咖啡品种

17. 卡杜拉种咖啡最早发现于（　　）。

    A. 英国　　　　B. 美国　　　　C. 中国　　　　D. 巴西

18. 卡杜拉种咖啡是下列哪种咖啡的突变种（　　）。

    A. 铁皮卡种咖啡　B. 波旁种咖啡　　C. 瑰夏种咖啡　　D. 蓝山种咖啡

19. 卡蒂姆种咖啡被发现于（　　）。

    A. 葡萄牙　　　B. 巴拿马　　　C. 中国　　　　D. 巴西

20. 下列属于阿拉比卡种咖啡与罗布斯塔种咖啡杂交品种的是（　　）。

    A. 铁皮卡种咖啡　B. 波旁种咖啡　　C. 瑰夏种咖啡　　D. 卡蒂姆种咖啡

21. 瑰夏种咖啡是在1931年发现于（　　）。

    A. 巴拿马　　　B. 哥斯达黎加　　C. 埃塞俄比亚　　D. 肯尼亚

22. 下列最接近埃塞俄比亚原生种的咖啡品种是（　　）。

    A. 卡蒂姆种咖啡　B. 卡杜拉种咖啡　C. 瑰夏种咖啡　　D. 蓝山种咖啡

23. 蓝山种咖啡是产自于（　　）的咖啡种。

    A. 英国　　　　B. 牙买加　　　C. 中国　　　　D. 巴西

24. 蓝山种咖啡是（　　）的衍生品种。

    A. 铁皮卡种咖啡　　　　　　　　B. 波旁种咖啡

    C. 瑰夏种咖啡　　　　　　　　D. 罗布斯塔种咖啡

答案：

1~5. CBDAB　6~10. BCBDC　11~15. DBACC　16~20. CDACD

21~23. CCB

任务六　咖啡生豆的处理与发酵

> **教学目标**
> 1. 日晒处理法。
> 2. 水洗处理法。
> 3. 巴西去果皮日晒处理法。
> 4. 蜜处理法。
> 5. 湿刨处理法。

咖啡樱桃在采摘后如何处理才能变成咖啡生豆？精制处理对萃取后的咖啡风味有何影响？带着这两个问题，本章将讨论咖啡精致处理的主流方法。

咖啡在采收后进行的精制处理方式，对一杯咖啡的风味具有很大的影响，因此如何描述和推销处理法越来越重要。

采收后，所有的咖啡浆果会送到湿处理厂，进行从剥除外果皮到晒干咖啡豆等系列程序，才能达到适合储存的状态。在处理前，咖啡豆含水量约为60%，理想的生豆含水量是10%~12%，这样的含水量可保证咖啡生豆在储存期间不会腐坏。

湿处理厂主要负责将咖啡浆果制作成晒干后的带壳豆。外层的硬壳为里面的咖啡生豆提供了完善的保护，脱去硬壳前的咖啡生豆通常不会衰化，所以一般的做法是即将出口前才会进行脱壳。

精制处理对于咖啡质量影响很大，越来越多的咖啡生产者开始以操纵精制处理流程的差异，制作出具备特定质量的产品。对大多数咖啡生产者而言，制作出能换取最多利润的咖啡豆是决定使用何种精制技巧的考虑重点。

咖啡生豆精制处理

一、咖啡生豆的处理

任务描述

学习本任务后,完成以下问题:第一,各产区采用不同的咖啡处理法的原因是什么。第二,三种处理法处理后的咖啡豆其感官特点是什么。第三,三种不同处理法的优缺点分析。

任务内容

1. 学习形式:分小组进行。
2. 获取资料:文献收集资料。
3. 成果展示:各小组汇报结果,在课堂上展示。
4. 提交汇报文稿。

(一)日晒处理法

日晒处理法是最古老的生豆处理法。采收后的咖啡浆果直接铺成薄薄一层接受太阳暴晒。把浆果放在特制的架高式日晒专用台上,让浆果有更多的空气对流,干燥效果会更均匀。日晒过程中必须不断翻动浆果,以避免发霉、过度发酵或是腐败。当浆果达到适当的含水量时,就会用机器将外果皮及硬壳脱除,在出口之前会以去壳生豆的状态保存。

日晒处理法本身会为咖啡增加若干风味,偶尔会添加宜人的好味道,但大多时候是令人不舒服的气味。埃塞俄比亚及巴西的某些地区,由于没有水源可以利用,日晒处理法可能就是生产者唯一的选项了。在全世界的产区中,日晒处理法通常被视为用来制作非常低质量或未熟果较多批次的方法。大多数人会以最节省的方式制作,因为这些日晒豆最后多是留在国内市场,较不具备经济价值。如果为了这样相对低的回馈去投资架高式日晒专用桌,显然有违常理。不过部分选择用日晒处理法制作高质量咖啡豆的人会发现,用日晒处理法较昂贵,因为要照顾好这些高级日晒豆,就得付出较高的专注力以及较多的劳力。在某些地方,日晒处理法仍保持着一贯的传统,显然市场上对较仔细处理出来的日晒豆批次也有需求。不论是哪个品种或种在哪个微气候区域,日晒处理法通常都会为咖啡增加水果般的风味。所谓的水果般风味通常指的是蓝莓、草莓或热带水果,但有时也会产生负面的风味,如谷仓旁的土地味、野性风味、过度发酵味及粪便味等。高质量的日晒豆让咖啡工作者走向极致，许多看得见咖啡真价值的人发现，那些尝起来水果风味特别强烈的咖啡，格外适合展示咖啡风味的可能性。另一些人则觉得野性风味令人感到不舒服，或担心这会让越来越多的采购者变相鼓励生产者做出更多的日晒豆。日晒处理法是一种相对难以预测成败的精制处理法，一个经过高质量采收的批次，有可能因这个处理法而做坏，造成难以挽回的失败和生产者重大的经济损失。

日晒处理法最怕遇雨回潮，滋生霉菌，污染豆子。日晒豆颜色偏黄，豆体易出现缺角。成本较低，雨量少的不发达国家倾向于使用这种处理方法。风味描述可能有如下表现：明显的果味或果肉味，通常被描述成"醉醺醺的"或"葡萄酒味"；也可以有强烈的坚果味或巧克力的特点。质感通常更重，糖浆感。

（二）水洗处理法

水洗处理法又称为湿处理法，包含以下步骤：
（1）将浆果大部分的果肉脱除，剥去表皮。
（2）通过发酵或机器除去黏稠的果胶层。
（3）冲洗豆子，除去残留的果胶。
（4）烘干仍包住内果皮的豆子。若是采用机器需要1~2天，以阳光烘干则需要3~16天。

水洗处理法的目标是在干燥程序前，去除咖啡豆上黏糊糊的果肉层，如此可大大降低在干燥程序时可能出现的变量，因此咖啡豆可能有较高的经济价值。不过这个处理法也比其他方法花费更多成本。采收后的浆果，会用去果皮机（DE pulper）将外果皮及大部分果肉从咖啡豆上分离，咖啡豆随后导引至一个干净的水槽里，浸泡在水中进行发酵以去除剩余的果肉层。果肉层含有大量果胶体，牢牢黏附在咖啡豆上，发酵作用会破坏果胶体的黏性，使其容易冲洗下来。不同的生产者会采用不同的水量参与发酵过程。水洗处理法有环保上的疑虑，部分原因是发酵后产生的污水可能带有危害环境的毒性。发酵程序所需时间与许多因素有关，包括海拔高度及周围环境温度，越热的环境发酵作用越快。如果咖啡豆在发酵作用中浸泡太久，负面的风味就会增加。要检测发酵作用是否完成有许多方法，有些生产者会用手抓抓咖啡豆，看看是否会发出果胶脱落时的嘎吱嘎吱声，如果有就表示咖啡豆较干爽而不黏滑；另一些生产者则会在水槽里插入棒子检查，果胶脱落后会让水槽内的液体呈现微微的凝胶状态，因此棒子如果能竖直，发酵程序就算完成了。

发酵程序完成后，将咖啡豆以清水洗去残留物，之后就等待干燥了。干燥程序通常是将咖啡豆平铺在砖造露台上或是架高式日晒专用桌上曝晒。与日晒处理法相同的是，这道工序需要用一个大耙子频繁地翻动咖啡豆，以确保咖啡豆能够缓和又均匀地干燥。在缺乏日照或湿度过高的地区，生产者会使用机械烘干机将咖啡豆的含水量收干至 10%~12%。以咖啡豆质量而论，用机械烘干法的通常被认为味道稍逊于用天然日晒干燥法的。甚至，将咖啡豆置于露台上直接曝晒，干燥程序有可能进行太快，因而无法达到质量最佳化的目标。有许多制作高质量咖啡豆的生产者为了减少瑕疵豆比例而选择水洗处理法，这对杯中风味仍产生冲击。相较于其他处理法，水洗处理法往往呈现酸度稍高、复杂度稍强以及更"干净"的杯中特质。"干净"是个重要的词汇，意指一杯咖啡里完全没有任何负面风味的存在，如瑕疵风味或不寻常的尖锐感（harshness）及涩感（astringency）。风味描述可能有如下表现：干净、清晰；焦糖或含糖的甜味；能够表现出明亮、清脆的酸质。

因为水资源不丰富无法进行水洗，却又想提高日晒豆的质量，巴西去果皮日晒处理法、哥斯达黎加蜜处理法和湿刨法应运而生。

（三）巴西去果皮日晒处理法

采用去果皮日晒处理法时，会将咖啡果实搅烂以除去果皮，接着在果胶层完好的状态下直接干燥。比起传统日晒处理法，这种方式更能产出一杯较甜且口感干净的咖啡。

主要在巴西采用的处理法，由设备制造商 Pinhalense 经过多次实验研发出来的成果，实验的方向就是要用比水洗处理法更少的水制作高质量的咖啡豆。采收之后，咖啡果实用去果皮机剥除外果皮和大部分的果肉层，直接送至露台或架高式日晒床进行干燥程序。保留的果肉层越少，越能降低产生瑕疵豆的风险，但这一小部分的果肉层仍会贡献给咖啡豆更多的甜味与风味厚实度。本处理法仍需格外留意脱除果皮、果肉后的干燥程序。风味描述可能有如下表现：多汁的发酵水果味、浆果、黑巧克力、烤坚果、太妃糖或焦糖、柠檬酸，口感浓郁。

相较于日晒处理法，水洗处理法可制造出较干净、酸度较高、更稳定且通常更昂贵的咖啡。水洗处理后的生豆通常密度较高，且需要更积极的烘焙过程。日晒处理则会花上数周，产出酸度较低、口感较厚实且带有更多大地风味的咖啡。气候较为干旱的地区通常会选择日晒处理法，因为处理过程所需的水分远比水洗处理法少。

> **相关链接**
>
> ### 脱咖啡因处理法
>
> 　　水溶解脱咖啡因处理法、二氯甲烷脱咖啡因处理法和二氧化碳脱咖啡因处理法是目前常见的脱咖啡因处理法。为何会有脱咖啡因处理法，这是由于消费者中有这样一个群体，他们很喜欢咖啡，但是对咖啡因很敏感。这时，低因咖啡就是他们最佳的选择。低因咖啡并非完全不含咖啡因，与正常的咖啡生豆相比，经过处理的低因咖啡生豆中，超过九成以上的咖啡因均被去除。
>
> 　　水溶解脱咖啡因处理法，在处理的过程中会损失部分咖啡的风味，二氧化碳脱咖啡因处理法，对于设备和环境的要求较高，成本高昂。这两种处理法目前并不常用。最常见的脱咖啡因处理法是二氯甲烷处理法。将咖啡生豆浸泡在二氯甲烷溶剂中，咖啡因会溶解出来，由于二氯甲烷熔点很低，在干燥和烘焙后，咖啡熟豆上残留的二氯甲烷会完全挥发掉。

二、特殊发酵与处理

任务描述

　　学习本任务后，完成以下问题：第一，蜜处理和湿刨法的优缺点分析。第二，两种处理法处理后的咖啡豆其感官特点是什么。

任务内容

1. 学习形式：分小组进行。
2. 获取资料：文献收集资料。
3. 成果展示：各小组汇报结果，在课堂上展示。
4. 提交汇报文稿。

（一）蜜处理法

蜜处理主要在哥斯达黎加和萨尔瓦多等为数不少的中美洲国家采用。采收后的咖啡果实一样用去果皮机剥除外果皮，但会比去果皮日晒处理法用更少的水。去果皮机通常可以控制使果肉层保留多少在豆表硬壳上，以此制作的咖啡可能称为100%蜜处理或20%蜜处理等，西班牙文的mic翻译成英文就是honey，指的是咖啡果肉的黏膜层。保留越多的果肉层，进行干燥程序时产生过度发酵的风味瑕疵风险就越高。风味描述可能有如下表现：可以表现出一些水果味，多汁，果酱味，或炖水果味；焦糖或焦糖的甜味，坚果味。

（二）湿刨处理法

印度尼西亚常见的处理法，当地称为gilingbasah。采收后的浆果脱除果皮后，进行短时间的干燥程序。与其他处理法不同之处在于，不是直接将咖啡豆晒到含水量10%~12%的程度，而是先晒到含水量30%~35%时脱去内果皮，让生豆表面直接暴露出来，之后继续晒干直到达到不易腐坏、方便储存的含水量为止，这种二次干燥的方式赋予咖啡豆如沼泽般的深绿色外观。半水洗处理法是在所有处理法中唯一不是在运送出口前才把内果皮脱除的，许多人认为这是造成瑕疵风味的因素之一。但市场上显然已经将此视为印度尼西亚咖啡豆必定会出现的味道，因此不急着让这个处理法消失。半水洗式处理法有着较低沉的酸度，同时有更醇厚的特性，加上这个处理法也制作出来许多不同的风味，如木质味、土壤味、霉味、香料味、烟草味以及皮革味，咖啡业界一直对这些风味是否讨喜存在很大的争议。许多人认为这些味道过于强烈，而掩盖了咖啡本身的味道（就像日晒豆的强烈味道也会盖住咖啡味），也很少有人真正探究印度尼西亚咖啡到底应该尝起来如何。然而，在印度尼西亚也有一些水洗处理法制作的咖啡豆颇值得尝试，这些咖啡豆很容易辨识，因为外包装上大多会标示"水洗处理法"（Washed Fully Washed）。风味描述可能有如下表现：泥土味、香草味、黑巧克力味、坚果味。

● 相关链接

厌氧发酵处理法

厌氧发酵处理法（Anaerobic Fermentation）在近几年的咖啡界中崛起快

速,最早期由 2015 年 WBC 冠军的澳大利亚参赛者 Sasa Sestic 引起这股潮流,到了 2018 年 WBC 大赛时,前六名的参赛者,甚至有五位都采用了厌氧发酵处理法的咖啡豆参赛,厌氧发酵处理法的独到迷人之处可见一斑。

厌氧发酵处理法最早诞生于在咖啡处理法上最具想象力的哥斯达黎加,是由咖啡农 Luis Eduardo Campos 在著名的咖啡公司"Café de Altura"任职时发明,几年后经由 WBC 冠军 Sasa Sestic 发扬光大。

咖啡豆的厌氧发酵处理法,其实参考了葡萄酒的酿造技术。例如上面说到的 Sasa Sestic,就受到博若莱新酒的酿造工艺启发,向不锈钢发酵桶中加入二氧化碳,挤压出空气,让咖啡豆置于无氧环境中发酵,降低咖啡豆果胶中的糖分分解速度和 pH 的下降速度,从而获得更高的甜度和更特别的风味。这就是最广为人知的厌氧发酵方式——二氧化碳浸渍法(Carbonic Maceration),也被称为"红酒处理法"。

双重厌氧发酵,顾名思义分成了两阶段的厌氧发酵过程,但每一阶段的发酵时间长短不同,导致不同的风味。

厌氧日晒,是将整颗咖啡樱桃先做厌氧发酵、再做日晒处理。

基本上,厌氧过程让咖啡更均匀,易于监控;有氧过程则更复杂,更难监控。

在厌氧的环境下,减缓果胶糖分分解的速度,pH 也以更缓慢的速度下降,延长发酵时间,借此发展出更佳的甜味,以及更平衡的风味。

厌氧发酵控制的温度必须低于 10℃,在密闭且干净的不锈钢发酵容器,咖啡豆在无氧的状态下发酵三天,再放到棚架上做日晒处理。

半厌氧浸渍法,让咖啡樱桃在发酵过程中自然释放二氧化碳,同时顶部樱桃的重量会压碎底部樱桃,产生复杂的酸质。这种处理法时间更久,风险也更大。

在广义上,目前所有的咖啡处理法,都会经历一定程度上的厌氧发酵(发酵的概念里本身就包括"无氧"),只是程度和方向不尽相同。例如全水洗处理中,在脱去果皮果肉之后,也会经历一个人为设计的发酵阶段,用露天水池、塑胶桶甚至塑料袋装置进行发酵,用以脱去果胶与黏液;而日晒处理和蜜处理咖啡,虽然全程暴露在氧气之下,但氧气并不会参与所有的发酵过程,氧气会促进某些酵母菌的快速繁殖,然后在无氧或缺乏氧气的时候,这些发酵型的酵母依然会偷偷进行无氧呼吸,将糖类转化成为二氧化碳和乙醇。总的来说，咖啡的处理加工过程都离不开发酵，发酵可以增加咖啡风味，也可以破坏咖啡风味，其中的平衡拿捏非常重要！①

任务六 练习题

1. 日晒处理方法又称为（　　）。
   A. 自然干燥处理方法　　　　　B. 红蜜处理方法
   C. 黑蜜处理方法　　　　　　　D. 湿去壳处理方法

2. 下列关于日晒处理方法描述准确的是（　　）。
   A. 日晒处理方法对天气要求高
   B. 日晒处理方法对场地面积要求低
   C. 日晒处理方法成本较高
   D. 日晒处理方法的咖啡豆干净无杂质

3. 目前世界上咖啡豆加工过程使用方法最广泛的是（　　）。
   A. 日晒处理方法　　　　　　　B. 红蜜处理方法
   C. 水洗处理方法　　　　　　　D. 半日晒处理方法

4. 下列关于水洗处理方法描述准确的是（　　）。
   A. 水洗处理方法对天气要求高
   B. 水洗处理方法对场地面积要求低
   C. 水洗处理方法成本较低
   D. 水洗处理方法的咖啡豆不干净有较多的杂质

5. 下列使用半日晒处理方法加工咖啡豆最多的国家是（　　）。
   A. 哥伦比亚　　B. 巴西　　C. 危地马拉　　D. 印度尼西亚

6. 巴西咖啡豆加工过程中，主要采用（　　）。
   A. 日晒处理方法　　　　　　　B. 水洗处理方法
   C. 半日晒处理方法　　　　　　D. 蜜处理方法

7. 日晒处理方法与水洗处理方法相比，通常日晒处理方法加工的咖啡豆（　　）。
   A. 酸味更高　　B. 酸味一样　　C. 醇度更高　　D. 醇度一样

---

① 资料来源：Ludy，究竟什么是厌氧发酵处理法，双重厌氧、厌氧日晒、厌氧浸渍之间的区别。知乎咖啡攻略。2019年11月24日。究竟什么是厌氧发酵处理法？"双重厌氧""厌氧日晒""厌氧浸渍"之间的区别！

8. 下列关于日晒处理方法描述准确的是（　　）。
   A. 日晒处理方法的咖啡豆比水洗处理方法的酸味比较高
   B. 日晒处理方法的咖啡豆比水洗处理方法的醇度比较低
   C. 日晒处理方法的咖啡豆有红酒、莓果类等香气
   D. 日晒处理方法的咖啡豆没有甜味

9. 水洗处理方法与日晒处理方法相比，通常水洗处理方法加工的咖啡豆（　　）。
   A. 酸味更高　　B. 酸味一样　　C. 醇度更高　　D. 醇度一样

10. 下列关于水洗处理方法描述准确的是（　　）。
    A. 水洗处理方法的咖啡豆比日晒处理方法的酸味比较高
    B. 水洗处理方法的咖啡豆比日晒处理方法的醇度比较高
    C. 水洗处理方法的咖啡豆口感更加浑浊，有异味
    D. 水洗处理方法的咖啡豆没有甜味

11. 半日晒处理方法的咖啡豆，风味特点主要表现为（　　）。
    A. 酸味比水洗处理法的高
    B. 酸味比日晒处理法的低
    C. 醇度比日晒处理法的高
    D. 醇度比水洗处理法的高

12. 下列关于半日晒处理方法描述不准确的是（　　）。
    A. 半日晒处理方法加工的咖啡豆醇度比水洗处理法的高
    B. 半日晒处理方法加工的咖啡豆酸度比水洗处理法的低
    C. 半日晒处理方法加工的咖啡豆醇度比日晒处理法的高
    D. 半日晒处理方法加工的咖啡豆酸度比日晒处理法的高

13. 日晒处理加工方法的咖啡豆含水量为（　　）。
    A. 5%~8%　　B. 10%~13%　　C. 15%~20%　　D. 25%~30%

14. 下列关于日晒处理加工方法介绍不准确的是（　　）。
    A. 日晒处理加工方法需要有合适的日晒场地
    B. 日晒处理加工方法用水量相对较少
    C. 日晒处理加工方法的咖啡豆含水量在20%~25%
    D. 日晒处理加工方法需要经常翻动咖啡豆，防止霉变

15. 水洗处理加工方法的咖啡豆含水量为（　　）。
    A. 6%~8%　　B. 10%~12%　　C. 16%~18%　　D. 20%~24%

16. 下列关于水洗处理方法介绍不准确的是（　　）。

   A. 水洗处理加工方法需要使用大量的水

   B. 水洗处理加工方法的咖啡豆含水量在 10%~12%

   C. 水洗处理加工方法的咖啡豆更加干净

   D. 水洗处理加工方法成本比日晒处理加工方法更低

17. 下列关于半日晒处理加工方法描述准确的是（　　）。

   A. 半日晒处理加工方法省去了水洗式将咖啡果进行发酵的环节

   B. 半日晒处理方法不需要使用水

   C. 半日晒处理加工的咖啡豆含水量比日晒式的高

   D. 半日晒处理加工方法的咖啡豆品质普遍比日晒式的差

18. 半日晒处理加工的咖啡豆含水量为（　　）。

   A. 5%~7%　　　B. 10%~12%　　　C. 18%~20%　　　D. 20%~24%

19. 下列关于蜜处理加工方法介绍不准确的是（　　）。

   A. 蜜处理加工方法是指在加工过程中，给咖啡豆添加蜂蜜的一种方法

   B. 蜜处理加工方法主要在中南美洲的国家使用，如巴拿马和哥斯达黎加

   C. 蜜处理加工方法在去果皮时保留了果胶

   D. 根据蜜处理加工过程中咖啡豆的颜色可以分为：红、黄、黑三种

20. 下列不属于蜜处理加工过程中咖啡豆会产生的颜色是（　　）。

   A. 白色　　　B. 黑色　　　C. 黄色　　　D. 红色

21. 下列哪种处理法处理后的咖啡豆豆子中心线偏黑色（　　）。

   A. 日晒处理加工方法

   B. 水洗处理加工方法

   C. 半日晒处理加工方法

   D. 蜜处理加工方法

22. 识别咖啡豆处理加工方法主要是通过观察豆子中心线的颜色，水洗处理加工方法的颜色偏向（　　）。

   A. 白色　　　B. 黄褐色　　　C. 黑色　　　D. 绿色

23. 下列哪种处理法处理后的咖啡豆豆子中心线偏向白色（　　）。

   A. 日晒处理加工方法

   B. 水洗处理加工方法

   C. 半日晒处理加工方法

   D. 蜜处理加工方法

24. 识别咖啡豆处理加工方法主要是通过观察豆子中心线的颜色,半日晒处理加工方法的颜色偏向(　　)。
   A. 白色　　　　B. 黄褐色　　　　C. 黑色　　　　D. 绿色

25. 下列哪种处理法处理后的咖啡豆豆子中心线偏向黄褐色(　　)。
   A. 日晒处理加工方法
   B. 水洗处理加工方法
   C. 半日晒处理加工方法
   D. 蜜处理加工方法

答案:

1~5. AACBA　6~10. BCCAA　11~15. DCBCB　16~20. DABAA
21~25. DABBC

任务七　咖啡生豆贸易

● 相关链接

咖啡生豆贸易模式

(一) 进口与出口模式

出口商可能是独立的生产商、农民合作社,也可能是第三方的出口商。他们的交易对象是进口商,也会直接卖给烘豆师,但进口商才有人脉与资本购买大量的豆子,所以烘豆师通常须倚赖进口商,才能稳定取得世界各地的优质豆子。进口商买进大量的豆子,列入库存,同时卖给烘豆师。若生豆依循进出口的交易模式买入,进口商就会掌握每个合作对象的丰富资讯,可能包含他们的盛产时节、种植的咖啡种类、当下可交易的咖啡豆量。若这些资讯准确,一来能追溯产品品质,二来能增加产品信用。

为求资讯透明,并巩固烘豆师与生产商的关系,直接贸易已蔚为风潮,但进口商其实也能带给生产商好处。因为进口商是专业的大企业，它们的资源足以处理大规模物流、跨国关税与类似的烦琐过程，这些对打算直接贸易的烘豆师而言，可能都很麻烦。进口商的介入也代表供应链变长，更多人瓜分利润，但角色增加不一定是坏事：单一生产商与烘豆师的直接贸易行为看似理想，但若出现障碍，多方介入就能让商品流动更顺畅。有些进口商也致力于资讯透明，甚至可能将烘豆师引荐给合作的生产商。

（二）直接贸易

若生产商直接将生豆卖给烘豆师（无论是单一烘豆师还是咖啡合作社），就是直接贸易。照理来说，跳过中盘商与进口商，能让资讯更透明，更容易追溯货品。买方能亲访产地，评估商品，与农民建立关系。Arturo Sáenz 分享道："直接贸易应能压低交易金额，让资讯更透明，顺利的话还能建立长久的贸易关系。"但记得，直接贸易也有风险，若没有中介从中调节，买卖双方须更信任彼此才能顺利交易，交易泡汤的风险较高。烘豆师与生产商也要学习了解业务流程、货物进口流程、物流。Ena Galletti 分享道："生产商要确保买方坚持品质与诚信。有时，买方为了与生产商建立长远的关系，除了冒险预先付款别无他法。"在行销术语中，"直接贸易"这个词也有争议。有时候，进口商与出口商在磋商时排除生产商，却仍标榜自己的商品是"直接贸易"。这个标签的使用不受管制，所以"直接贸易"的真正意义有时很暧昧，有时也不易评估生产商是否得到更多利润。按理来说，排除中盘商应代表生产商获利更多，但直接贸易时，咖啡的交易价可议，而且没有管制，交易金额不一定如消费者想象得高。对生产商来说，这种交易方式也可能更耗时、风险更高，尤其是烘豆师只想买少量豆子时。这不代表直接贸易一无是处，还是有许多生产商从中获利。但记得它有利有弊。Marta 说："直接贸易的意义因人而异，我认为我们要着眼于建立互利的关系。它的出发点，是让所有人（特别是生产商）在市场上的地位相当。"

（三）现货采购与远期契约

无论是直接贸易，或进口出口的交易模式，烘豆师主要用两种方式购买生豆：现货采购和远期契约。若烘豆师向进口商买豆子，但事前没有任何约定，就是现货采购。换句话说，这就像买"现场票"。这些豆子通常已列入库存，马上要配送了。用这种方法买咖啡可能很花钱，因为进口商买入、存放生豆时已承担了财务风险，这些成本都会反映在交易金额上。因为交易金额可能牵涉到"美国咖啡期货价"（C-Price），所以也可能波动。若烘豆师预先向特定生产商买下咖啡，就是远期契约，可能有进口商扮演中介，或由烘豆师直接对口生产商。透过这种方式，除了比较容易追溯生豆，烘豆师也能安心拿到新鲜的生豆，对农民也比较有保障。危地马拉"Coffee Bird"的创办人兼执行长 Marta Dalton 说过，远期契约有利于农民，因为这些契约能让他们安心，他们不用烦恼谁会买他们的咖啡。生产商若持有保障自己的远期契约，可能更容易培养商誉，也可以提前规划，投资基础设备与器具，长期下来，可能可以提升他们的咖啡品质。危地马拉"艾茵赫特庄园"的主人 Arturo Aguirre Sáenz 说过，预先下单对买卖双方都很理想，因为生产商知道自己会赚多少，消费者精确知道自己花了多少钱，并在接下来几年都有品质保证的咖啡。

（四）境内买家

英文中有一个词"境内买家"（in-country buyers），代表掮客、中介商或走私客，这些人卡在生产商与买家中间，通常收购品质差的咖啡，再以超低价转手。境内买家的基本工作就是与生产商杀价，所以大家都认为他们只求图利。但咖啡农为了接触烘豆师，必须倚赖他们。若生产商没有必要的人脉，又缺乏物流与法律知识，这些中介在咖啡交易上就不可或缺了。这些中介跟合作的生产商也可能是一伙的。在这个讲求信任、立基于反复交易的产业中，这可说是非常重要的角色。

（五）市场预测

生豆买卖似乎很容易理解，但商人就算完全没有接触生豆，还是可能影响咖啡价格。咖啡是交易品，代表它在受规范的市场中买入、卖出。阿拉比卡豆的成交价，就是 C-Price（美国咖啡期货价），这个数字会影响咖啡的买入价。无论产地或其他因素，咖啡豆都属原料，就连精品咖啡的价钱（当然比较贵）通常也与 C-Price 有关。"投机客"从产品（这里就是咖啡）评估买卖价格，他们预测商人之后开的价码，再以此协商价格。生豆也许永远尘封在收成的仓库里，投机客完全不打算"实际拥有"这些生豆，而是将它们视为交易手段，借之获利。投机客的行为影响了市场运作模式，也是咖啡价格极易波动的原因之一。

（六）竞价

还有一种生豆的贩售管道是公开竞拍，它可吸引世界各地的买家。竞价让生产商有机会推广自己的产品，透过供应链建立人脉，也能巩固产业，让买方追溯产品。在拉丁美洲的咖啡生产国，买家通常能在竞价时挖到最优质的生豆，在这些地方，透过竞价制度能有效分析市场。这种制度让大家知道烘豆师花了多少钱买豆子，还有他们在找哪种豆子，但切记，这些生豆品质高，代表它们的价钱高于平均价格水平。在许多非洲的咖啡生产国，竞价通常是生豆交易的标准渠道。这些国家的生产商通常不会直接接触国际进口商与烘豆师，所以竞价时常是他们卖掉豆子的唯一机会。比如多数的肯尼亚咖啡豆须透过官方拍卖局购买，但竞价时，只有持牌照的业者能出价，小农不会见到买家，也没办法推广自己的咖啡。[①]

一、咖啡生豆的储存与运输

任务描述

学习本任务后，列举市场上不同咖啡品牌的密封储存技术，并通过小组的形式PPT讲演汇报展示。

任务内容

1. 学习形式：分小组进行。
2. 获取资料：文献收集资料。
3. 成果展示：各小组汇报结果，在课堂上展示。
4. 提交汇报文稿。

咖啡豆一般先以黄麻袋包装，装上货柜船海运。在生豆处理完的几个月后，才最终抵达烘豆师的手里。即使烘豆师与进口商在原产地进行过杯测，确认过采购的生豆品质，但还是可能因为生豆暴露在不良的运送及保存环境中，导致最后收到的是已坏掉的咖啡豆。

一些注重生豆品质的烘焙师或咖啡烘豆公司，会直接向原产地咖农购买生豆，并与他们分享杯测与生豆分级的咨询。咖农会按照要求将生豆放进能保持其新鲜品

---

① 资料来源：Vanessa Bocchi，Perfect Daily Grind 译。中国咖啡网。

质的包装，再通过快递运送。由于精品咖啡价格日益增长，这样的方式虽然价格昂贵，但能确保咖啡生豆的品质。

（一）黄麻袋包装

黄麻袋包装是最普遍也是最经济的包装运输选择。黄麻是可再生资源，粗黄麻袋价格低廉。除了干燥处理厂或出口程序基本要求外，不需要其他特殊技巧或另外添购设备。黄麻袋的缺点是无法防潮、无法隔绝异味，因此运送与保存过程中的生豆，时刻处于容易受损的脆弱状态。

（二）真空密封包装

真空密封是现有最佳的生豆包装方式。它可以防潮、阻隔异味、防氧化，显著地减缓呼吸作用，从而达到降低生豆陈化的速度。在真空密封之前，必须小心谨慎地测量豆子的水活性，预防生豆在保存时滋生细菌。真空密封包装需要特殊的设备与技术，成本相对较高。

（三）冷冻包装

冷冻包装是指首先将生豆以真空密封，并在设施零度环境中保存，能够近乎完美地保留风味长达数年。烘焙师通常会将特殊批次的生豆冷冻保存，并在采摘后的数年以后以年份咖啡的方式出售。但是目前此类型的咖啡并未获得太多消费者的需求。能让历时五年的豆子拥有上个月刚采摘生豆的风味是一件让人钦佩的事。冷冻包装不仅成本昂贵而且浪费，但是对于炎热气候地区而言，冷冻包装仍然是最佳解决方案。

二、咖啡生豆的结构与成分

任务描述

学习本任务后，结合咖啡烘焙知识，分析咖啡生豆中的成分是如何通过烘焙加热转变成风味物质的。通过PPT讲演形式汇报展示。

任务内容

1. 学习形式：分小组进行。

2. 获取资料：文献收集资料。
3. 成果展示：各小组汇报结果，在课堂上展示。
4. 提交汇报文稿。

  生豆的密度高，其中约有一半是各种形式的糖类，另一半则是由水、蛋白质、油质、酸和生物碱组成的混合物。生豆的结构是个立体的纤维素，也就是多糖，其基质包含了近百万个的细胞。包裹了部分纤维素的基质拥有上百种化学成分，而烘焙的过程会使这些成分转换为油脂与可溶性物质，并决定了冲煮出的咖啡风味。生豆的纤维素结构占了本身一半的净重。虽然纤维仅贡献了些许的咖啡风味，但它会抓住部分挥发性芳香分子，这些化合物将提供香气、增添咖啡的黏稠度与品尝到的整体质地。

  从植物学意义来讲，咖啡生豆是繁衍后代的咖啡种子，它所含有的物质是为咖啡幼苗生长提供所需的营养成分。它的主要成分有纤维素，这些纤维素会帮助构建起细胞的组织结构。其次是细胞膜，细胞膜内有细胞质和细胞器，细胞质中有很多液体和大小不一的分子，一些细胞会把小的分子合成大的分子。它们利用光合作用产生小分子的葡萄糖，储存在咖啡种子细胞中，并在种子细胞中合成大的糖分子。大的糖分子会被储存在种子细胞中，种子的一项重要工作就是储存越来越多的糖分在细胞中，为未来种子成长、发芽提供能量与保护。了解这些可以更好地在概念上理解未来在烘焙时，如何传递热量到种子的组织结构中，以及如何影响咖啡的风味。

  咖啡的种子是非常独特的，大部分植物的种子细胞只有几种主要的分子类型，而咖啡种子细胞中有上百种分子类型，正是因为咖啡种子具有如此的多样性，所以对这些大分子进行分解时，就不难理解它们为什么可以分解出成百上千种的"黄酮类化合物"，这些大分子物质的拆分方式直接决定了哪种黄酮类化合物会形成。当然，种子细胞自身的大分子类型也决定其可以发展出哪些风味小分子。例如，烘焙师加热咖啡生豆的方式可以直接决定大分子被分解为哪一级黄酮类化合物，从而决定未来咖啡风味的走向。以大麦为例，大麦会在种子细胞内把小分子糖合成为淀粉，淀粉不易溶解，所以细胞液很难把淀粉带出种子细胞，除非有其他情况产生，进而导致淀粉分子储存在细胞中，植物会进行一种水解过程，水分子会通过化学反应最终把淀粉分解成小的糖分子。但是，咖啡就不能使用水解反应，而是使用类似烹饪过程的热解反应。咖啡种子非常独特，包含了如此多样的分子为未来风味的呈现提供了可能。但是这些风味却不是那么容易被展现出来，因此这个过程需要热量（见表3）。

表3 生豆、熟豆、速溶咖啡化学组成（数字代表该成分占干物的百分比）

组成	阿拉比卡生豆	阿拉比卡熟豆	罗布斯塔生豆	罗布斯塔熟豆	速溶咖啡
多糖	43~45	24~39	46.9~48.3	20~35	6.5
单糖	0.2~0.5	0	0.2~0.5	0	0
蔗糖（双糖）	6~9	0	3~5	0	0
脂类	14~18	14.5~20	9~12	11~16	1.5~1.6
蛋白质	11~13	5~8	11~13	5~8	16~21
有机酸	5.5~8	1.2~2.3	7~10	3.9~4.6	5.2~7.4
矿物质	3~4.2	3.5~4.5	4~4.5	4.6~5	9~10
咖啡因	0.9~1.2	1	1.6~2.4	2	4.5~5.1
葫芦巴碱	1~1.8	0.5~1	0.6~1.2	0.3~0.6	1
其他酸性物质	16~17	16~17	15		

糖类 主要为蔗糖，占生豆净重的6%~9%，也是一杯咖啡甜味的来源。蔗糖同时影响了酸度的发展，因为烘豆过程中，蔗糖的焦糖化反应产生了醋酸。

脂类 主要为三酸甘油酯，约占生豆净重的16%。尽管脂质并非水溶性物质，依旧会残留在冲煮出的咖啡中，尤其在冲煮方式未过滤，例如杯测时，或多孔过滤时，例如意式浓缩咖啡、法式滤压、金属滤网或布料过滤时。一杯咖啡中的油脂留住了香味，也带来了咖啡的口感。拥有高脂质含量的生豆常被视为拥有较高的品质。然而不幸的是，油脂也代表了品质的挑战，因为脂质极易在熟豆储存阶段氧化或腐败。

蛋白质 蛋白质与氨基酸占生豆净重的10%~13%。咖啡豆的氨基酸和还原糖会在烘焙过程中相互产生非酵素褐变，也就是俗称的梅纳反应。这些反应会制造出糖苷胺与梅纳汀，为咖啡带来苦中带甜的风味与褐色外表，以及炭烧香、肉香与烤面包香。

咖啡因与葫芦巴碱 咖啡因与葫芦巴碱为两种生物碱，两者各占生豆净重约1%，为咖啡提供了苦味及兴奋剂的特性。在一杯咖啡中，咖啡因提供了约10%的苦味，以及大部分兴奋效果。咖啡树制造出咖啡因，是为了防止昆虫的啃咬。种植于较高海拔的咖啡树，由于昆虫的侵害概率降低，可能产出咖啡因含量较低的咖啡豆。

葫芦巴碱则应该是咖啡苦味的最大贡献者，也能制造出许多芳香化合物，同时在烘焙过程中降低了吡啶和烟碱酸。烟碱酸也成为维生素 B_3，也许是文献记载咖啡拥有抗蛀牙效果的功臣。在一杯将近 200 克的咖啡中，根据烘焙程度的高低，大约含有 20~80 毫升不等的烟碱酸。

含水量　理想情况下，水分应占生豆重量的 10.5%~11.5%。当含水量过低时，咖啡豆的颜色通常较淡，而品饮时会出现干草与麦秆风味。烘焙师面对含水量低的豆子，必须谨慎加热，因为豆子有可能烘焙过快。另外，如果含水量远高于 11%，生豆则极有可能发霉，品饮时可能出现青草味。水分会延缓豆内热能传递速度，必须增加额外的热能让水分蒸发。所以，烘焙过于潮湿的豆子时需要额外的热能，通常会通过增加烘焙时间与增强火力的搭配来完成。

有机酸　有机酸主要指的是绿原酸，占生豆净重的 7%~10%。绿原酸提供了咖啡的酸度、醋酸味、涩味与苦味。罗布斯塔拥有较高的绿原酸，很可能因此带有明显较重的苦味。另外，绿原酸也同时提供咖啡豆与咖啡饮品抗氧化的好处。咖啡含有的其他有机酸，包括柠檬酸、奎宁酸、咖啡酸、苹果酸、醋酸与甲酸。

气体与香气　挥发性芳香化合物提供了咖啡的芬芳香气。生豆中包含 200 多种挥发性物质，但香气微弱。而烘焙过程创造了大量的咖啡芳香化合物。至今，研究人员已经在咖啡熟豆中辨识出超过 800 种挥发性物质。

对于咖啡来讲，决定其风味的因素有很多。比如，咖啡品种，咖啡种子属于哪个品种，是铁皮卡还是波旁种等。地理条件，咖啡树在哪里栽植，光合作用，生长过程中获得的阳光、水和二氧化碳的情况。此外，还有风土因素。

咖啡农照料咖啡树的细致度等都会影响到咖啡的风味。比如，咖啡的采摘方式、咖啡生豆处理法等。去皮、发酵、水洗、日晒的过程会进行很多的酶促反应，例如采用日晒处理法的咖啡水果风味更加明显。这些因素共同影响咖啡的风味，因此在烘焙时，需要咖啡师根据这些影响因素调整咖啡的烘焙。

咖啡的品种和种植环境会直接影响到咖啡种子的硬度。硬度表示单位体积内物质的重量。例如，一颗很小的种子，如果重量很高代表其硬度很高。如果相同体积的两颗大种子，一颗重量比较高，另外一颗重量较低，那么重量高的这颗硬度高，重量低的那颗硬度低。咖啡在生长过程中，硬度较高的咖啡储存在细胞中的糖分越高，越有可能合成难溶解的大分子。如果生长时间过短，细胞中的糖分会不足，就会导致咖啡种子比较轻，其硬度相对较低。

硬度不仅会直接影响咖啡豆的吸热方式、咖啡受热后的变化，还会直接决定咖啡豆中储存了多少潜在的风味物质。烘焙师清楚地了解每支咖啡豆的硬度，在烘焙过程中根据咖啡豆的吸热情况来创建不同的烘焙曲线是非常重要的。

三、瑕疵豆

任务描述

学习本任务后，根据老师提供的100克咖啡生豆，完成咖啡生豆中的瑕疵豆鉴别，并能计算瑕疵豆分数。

任务内容

1. 学习形式：独自完成。
2. 获取资料：课堂学习。
3. 成果展示：瑕疵豆辨别表。
4. 提交瑕疵豆辨别表照片。

健康咖啡树所产的种子取出后，经水洗、日晒、发酵、干燥和去壳，整个后制过程无缺陷，豆色应为蓝绿、浅绿或黄绿色，这是健康咖啡豆的颜色。

2004年，美国精品咖啡协会SCAA首次发布了阿拉比卡咖啡生豆瑕疵豆手册，并于2013年修订。该手册将咖啡生豆瑕疵分为6种一级瑕疵豆、10种二级瑕疵豆，共计16种瑕疵，并且给每种瑕疵豆不同的分值。评定精品咖啡时，随机抽样350克咖啡生豆样品中，不能有一级瑕疵豆出现，允许二级瑕疵豆的分数不超过5分，满足这两个条件的咖啡生豆被称为精品咖啡（见表4）。

表4 瑕疵豆等级表

一级缺陷	每分值颗粒数	二级缺陷	每分值颗粒数
全黑豆	1	部分黑豆	3
全酸豆	1	部分酸豆	3
干果/豆荚	1	带壳豆	5
霉菌豆	1	漂浮豆	5
异物	1	未熟豆	5
严重虫蛀豆	5	萎缩豆	5

续表

一级缺陷	每分值颗粒数	二级缺陷	每分值颗粒数
		贝壳豆	5
		破损豆/切割豆	5
		果皮/果壳	5
		轻微虫蛀豆	10

（一）全黑豆/部分黑豆

全黑豆最为显著的特征是外观看起来全黑。黑豆按照黑的部分所占整颗咖啡豆的比例不同，分为全黑豆和部分黑豆。当黑的区域小于豆体一半时，认定为部分黑豆，否则就算作全黑豆处理。全黑豆是一级缺陷，1颗=1分，或者1颗全黑豆算作1个Ⅰ级缺陷。部分黑豆是二级缺陷，3颗=1分，或者3颗算作1个Ⅱ级缺陷。

对风味的影响：会产生令人难以接受的发酵味或臭味，肮脏，发霉味，腐败的酸味，酚味，入口后有恶心的感觉，难以下咽。

危害：赭曲霉毒素风险。会危害肝脏和肾脏。

产生原因：种植中的不良因素造成，成因复杂。有研究称与微生物有关的色素过度发酵有关。主要的成因是被一种有机病菌感染所致。

为了避免得到黑豆，需要采摘成熟的咖啡樱桃，在初加工过程中应尽量避免过度发酵。此外，去除羊皮纸时，黑豆很容易被发现，应及时剔除。

黑豆通常略小，密度较小。其中一些黑豆可以通过密度筛选机、颜色筛选机剔除。当然，剔除黑豆的最有效途径依然是手工分拣。

（二）全酸豆/部分酸豆

全酸豆是一级缺陷，1颗=1分，或1颗全酸豆算作1个Ⅰ类缺陷。部分酸豆是二级缺陷，3颗=1分，或3颗部分酸豆算作1个Ⅱ类缺陷。外观方面，不论是深棕黄色、棕红色或者浅棕色，都是全酸豆。如果感染时间太短，颜色不够棕，要么算全酸，要么算正常，不可以归为半酸豆一列。

对风味的影响：各不相同。可产生酸味、发酵味，甚至更臭的味道，这取决于豆子发酵的程度。

危害：影响咖啡生豆绿色的外观颜色。

产生的原因：酸豆是在收获和加工过程中，由多点微生物污染所导致的过度发酵。具体原因有采摘过熟的咖啡樱桃、采摘掉落的咖啡樱桃、加工过程中使用污染的水处理咖啡樱桃或者在潮湿环境下仍附着果皮发酵等。

为了避免得到酸豆，应尽量采摘成熟的咖啡樱桃，避免采摘过熟的咖啡樱桃，不采摘掉落的咖啡樱桃，不在湖泊、河流或水坝等环境周围低海拔地区种植咖啡，从而预防酸豆的产生。

在粗加工过程中可以采用下列方法避免酸豆的产生：

（1）咖啡樱桃采摘后，及时去除外果皮，确保去除外果皮的及时性，避免长时间储存咖啡樱桃。

（2）在完全洗净咖啡樱桃后，将咖啡樱桃导入发酵池，控制好发酵池的发酵时间。

（3）在清洗过程中，避免使用污染过的水，或重复使用水清洗咖啡樱桃。

（4）确保干燥过程的及时性，避免过程中断。

（5）通过色选仪等设备剔除酸豆，最好的方式是手工剔除酸豆。

（三）霉菌豆

霉菌豆是一级缺陷，1颗=1分，或1颗霉菌豆算作1个Ⅰ类缺陷。外观方面，必须明显受到霉菌感染才算霉菌豆，如果只有轻微的颜色不均匀，则归为酸豆。

对风味的影响：情况不同。会产生发酵味、霉味、恶臭味、酚味以及呕吐感。

危害：赭曲霉素风险。

产生的原因：种植和后期加工端均会产生。霉菌豆是遭受真菌侵害造成的。引起霉菌豆最常见的真菌有曲霉菌属、青霉菌属、镰刀菌属等。这些真菌可在从收获到储存的各个阶段感染咖啡生豆，主要与储存环境的温度和湿度水平相关，适宜的环境下真菌孢子会产生。只有当真菌孢子存在时，真菌才会在这些条件下生长。

在种植端避免霉菌豆产生需要注意以下几点，由于咖啡必须生长在温带潮湿地区，这也是有利于真菌生长的环境。必须尽量限制能够带来真菌孢子的媒介。在后期加工过程中，良好的湿加工处理技术和干燥技术可以有效避免霉菌豆的产生。在去皮过程中咖啡豆被切割、过度发酵、发酵罐中的剩余豆、干燥过程延迟等，均会造成感染。

干磨羊皮纸，看是否能够去除，以此作为筛选霉菌豆的一种有效途径。此外，色选仪同样可以剔除霉菌豆，但最好的方式还是手工剔除。

（四）异物

异物是一级缺陷。1 颗 =1 分，或 1 颗异物算作 1 个 Ⅰ 类缺陷。

对风味的影响：外来物或异物，对咖啡生豆的影响主要体现在风味上，根据外来物的不同会对咖啡生豆的风味带来各种影响。

危害：影响生豆的外观，没有及时剔除的话，会对烘焙设备造成损害。

产生的原因：外来物可以从咖啡种子到杯子的任何过程中产生。

使用机器采摘时，小心避免树枝和树叶。此外，避免在干燥区域上方放置异物，如石头、木屑、钉子等。使用适当的设备可以及时去除异物，如磁铁、筛选仪等。

（五）干果/豆荚

干果/豆荚是一级缺陷。1 颗 =1 分，或 1 颗干果或豆荚算作 1 个 Ⅰ 类缺陷。目前没有规定外果皮要达到多少面积才算干果，因此，只要有豆子、外果皮、内果皮就算干果。

对风味的影响：发酵味、发霉味或有酚味。

危害：影响咖啡生豆绿色的外观。

产生的原因：在洗过的咖啡樱桃中，不适当的脱壳或筛选过程造成的，可能是由于脱壳机缺乏维护或机器调整不良。

干旱或咖啡树疾病会导致咖啡樱桃干枯，最终掉落在地上。应尽量避免从地里或树上采摘干瘪的咖啡樱桃。加工过程中，如果干果太多，脱壳机就无法正常工作。因此，应确保在咖啡樱桃接收站剔除所有漂浮物，并保持脱壳机良好的日常维护保养，以此减少干果的数量。

（六）严重虫蛀豆/轻微虫蛀豆

严重虫蛀豆是一级瑕疵，5 颗 =1 分，或 5 颗严重虫蛀豆算作 1 个 Ⅰ 类缺陷。轻微虫蛀豆是二级瑕疵，10 颗 =1 分，或 10 颗轻微虫蛀豆算作 1 个 Ⅱ 类缺陷。外观方面，必须有 3 个以上的虫蛀点，才能算作严重虫蛀，否则归为轻微虫蛀豆。有些虫蛀豆会有绿色的颜色，这只是豆子发黑之前的颜色，不能算是霉菌豆。

对风味的影响：各不相同。影响咖啡豆的外观。可能导致不愉悦的酸味产生，或发霉的味道，当存在大量虫蛀豆时，会给咖啡带来难以下咽的呕吐感。

产生的原因：浆果蛀虫是咖啡种植中最主要的害虫之一。蛀虫在咖啡樱桃还挂在树上时就钻入咖啡樱桃内部，在种子上进行繁殖。幼虫经常从另一边冒出来，形成一个有两个孔的豆。一颗咖啡豆有多组虫蛀路径并不罕见。随着海拔的升高，溴卡病呈下降趋势。

避免虫蛀豆最有效的方式是消除有利于蛀虫繁殖的条件。喷洒农药是一种选择，但效果有限，且并不有机环保。农业科技人员研究提升综合虫害管理技术，如特别培养的真菌球孢白僵菌，以及使用非洲黄蜂。

依靠收割机分辨出虫蛀豆显然不现实，良好的种植技术以及田间管理能力是预防虫蛀豆产生的有效途径。如采摘时咖农不要将掉落在地的咖啡樱桃混入豆筐，栽植咖啡树时与其他类型的树木保持一定的距离等。密度分拣仪可以将大部分虫蛀豆筛选出来，最有效的途径还是手工分拣。严重虫蛀感染对咖农来说是毁灭性的打击，它会导致大部分的收成无法出口，辛苦劳作颗粒无收。

（七）破损豆/切割豆

破损豆或切割豆是二级缺陷，5颗=1分，或5颗破损豆算作1个Ⅱ类缺陷。

对风味的影响：会导致泥土味、不愉悦的酸味或发酵味。

危害：影响咖啡生豆或烘焙后咖啡熟豆的外观。

产生的原因：在粗加工阶段，破损豆或切割豆通常发生在脱壳阶段，脱壳设备出现故障或者对咖啡樱桃施加过度的摩擦或压力均会造成破损豆。

只采摘和加工成熟的咖啡樱桃，因为青色咖啡樱桃和成熟咖啡樱桃的果皮硬度不同。良好的设备维护是避免破损豆产生的必要条件。调整脱壳机的经验和技术也是避免切割豆产生的有效方法。用密度筛选仪可以剔除破损豆，较大的咖啡豆必须用色选仪或手工分拣剔除。

（八）未熟豆

未熟豆是二级缺陷，5颗=1分，或5颗未熟豆算作1个Ⅱ类缺陷。

对风味的影响：各不相同。它是咖啡涩味的主要来源。

危害：影响烘焙后咖啡熟豆的外观。

产生的原因：未熟豆是咖啡豆没有完全发育造成的，造成的原因包括高海拔晚熟品种、成熟果实不均匀、咖农采摘不当、未熟咖啡樱桃被采摘。

通过只采摘成熟的咖啡樱桃和在中高海拔培育早熟到中等成熟的品种，可以避免未熟豆的产生。在湿处理和干燥过程中均可去除未熟豆。在去皮阶段，许多未熟豆可以在去皮后用筛网分离。密度筛选仪也可以去除未熟豆，但色选仪无法去除这种缺陷豆。

（九）萎缩豆

萎缩豆是二级瑕疵，5颗=1分，或5颗萎缩豆算作1个Ⅱ类缺陷。

对风味的影响：根据萎缩豆的数量不同，可以带来杂草味、稻草味。

危害：影响咖啡生豆绿色的外观。

产生的原因：萎缩豆是在种植过程中，咖啡樱桃内部的种子在发育过程中缺水造成的。损害程度取决于干旱的强度和持续干旱的时间。如果咖啡树虚弱或健康状况不佳，萎缩豆的比例会很高。

良好的田间管理技术是预防萎缩豆的有效途径，需要适当的施肥，良好的田间维护等。然而，像"厄尔尼诺"这种气候紊乱会给农作物带来灾难性的影响。过多的遮阴树与咖啡树混种，会在旱季与咖啡树争夺地面的水分，从而导致咖啡树缺水干旱，萎缩豆增多。

严重萎缩的豆子密度降低，利用水的浮力筛选时，会漂浮在水面上。在咖啡樱桃清洗过程的早期可以有效地去除它们。

（十）贝壳豆

贝壳豆是二级瑕疵。5颗=1分，或5颗贝壳豆算作1个Ⅱ类缺陷。

对风味的影响：贝壳豆在烘焙时可能会烧焦并产生烧焦的味道。

危害：烘焙时，贝壳豆占比过多会导致不均匀地焙炒。

产生的原因：这是一种自然发生的现象，由遗传造成。

选择最佳的咖啡品种，栽植在最佳的自然条件下是避免贝壳豆产生的方法。密度筛选仪可以有效剔除贝壳豆。

（十一）漂浮豆

漂浮豆是二级缺陷。5颗=1分，或5颗漂浮豆算作1个Ⅱ类缺陷。

对风味的影响：各不相同。发酵味、杂草味、稻草味、泥土味。它会稀释咖啡的味道而不会引起异味。

危害：影响咖啡生豆绿色的外观。

产生的原因：这种缺陷是由于储存或者干燥不当造成的。残留在干燥机或庭院角落里的带壳豆通常会导致褐色，密度降低。带壳豆在过于潮湿的条件下储存也会导致漂浮豆的产生。

为了避免获得漂浮豆，应注意带壳豆必须均匀、逐渐地干燥到合适的湿度。密度筛选机可以去除低密度的漂浮豆，高密度的需要颜色分选或手工分选。

（十二）带壳豆

带壳豆是二级瑕疵。5颗=1分，或5颗带壳豆算作1个Ⅱ类缺陷。

危害：影响咖啡豆的认定等级。

产生的原因：由于脱壳机校准不当引起。

在脱壳阶段，良好地维护脱壳机，保持脱壳机正确的校准。杂散的带壳豆可以通过密度筛选机去除。

（十三）果皮/果壳

果皮/果壳是二级瑕疵。5颗=1分，或5颗果皮或果壳算作1个Ⅱ类缺陷。

对风味的影响：量非常多的情况下，可能导致泥土味、发霉味、发酵或酚味。

危害：影响咖啡生豆绿色外观颜色。

产生的原因：在未经适当处理的天然咖啡中会出现果皮或果壳。去皮机校准不良将导致果皮片最终干造成果壳碎片。

正确地校准去皮机，干燥阶段注意通风扬尘，均能有效降低果皮、果壳的产生。

项目三
咖啡烘焙

本模块将讨论一些咖啡烘焙的关键术语。咖啡烘焙是把咖啡生豆变成咖啡熟豆的一个过程，它是科学与艺术的结合，从科学的角度讲，它是利用热效能激发呈现出咖啡的风味与香气；从艺术的角度讲，它是烘焙师通过对咖啡的全面认知，最大限度地挖掘每款咖啡的最佳烘焙度。

以下将从三个方面来介绍咖啡烘焙的关键术语：咖啡生豆、烘焙机、咖啡烘焙，并尝试探索三者之间是如何相互作用的，咖啡生豆是如何影响最终呈现出的咖啡味道，烘焙机是如何影响咖啡生豆的，以及烘焙和味道的直接关系。

教学目标

1. 识别咖啡生豆与生豆瑕疵。
2. 认识烘焙机。
3. 能够阐述烘焙的流程和烘焙度识别。

咖啡烘焙的基础是咖啡生豆。咖啡生豆的组成成分是什么？烘焙以后它们转化成了哪种物质并给咖啡带来相应的风味？

咖啡树结出樱桃般大小的果实，里面的种子称为咖啡豆。每颗果实通常包含两颗扁平、面朝彼此的种子。一旦浸泡在热水中，生豆便会散发出微微的咖啡味道与香气。

烘焙生豆会产生极大的化学变化，变化过程中不仅制造、也拆解了上千种化合物，而烘豆师期望在烘豆过程中，能发展出在研磨与冲煮之后，散发出优美风味的咖啡豆。在烘焙的诸多效果中，会导致豆子出现以下情形：

（1）颜色由绿色转换为黄色、棕黄色、褐色至黑色。
（2）尺寸增加近乎两倍。
（3）密度近乎减半。
（4）甜味先增后减。
（5）酸度逐渐增加。
（6）能发展出高达 800 种芳香化合物。
（7）释放压力与水蒸发时会发出响亮的爆声。

烘豆的目的在于优化咖啡里可溶性化合物的风味。溶解性固体组成了口中尝到的冲煮味道，而挥发性芳香化合物和油脂的溶解则释放出鼻中嗅到的香气。溶解的固体、油脂、悬浮颗粒及咖啡豆主要的纤维碎片，构成了咖啡的醇厚度。

任务八　烘焙基础知识

一、认识烘焙机

任务描述

学习本任务后，介绍市场上不同类型的咖啡烘焙机，并分析其优缺点，通过PPT形式课堂讲演汇报。

咖啡烘焙
（上）

任务内容

1. 学习形式：分小组进行。
2. 获取资料：文献收集资料。
3. 成果展示：各小组汇报结果，在课堂上展示。
4. 提交汇报文稿。

对于烘焙师来说，最重要的工具就是烘焙机了。烘焙机会有各种不同的颜色、造型、大小、材料等，了解自己使用的烘焙机是非常重要的。

大部分烘焙机都是滚筒结构的，以下主要探讨滚筒结构的烘焙机。简单来说，烘焙机就是一个对流型的烤箱，它的工作原理是把热量传递到滚筒中需要焙炒的咖啡豆上。滚筒内有回转结构，让咖啡豆不断滚动并吸收不同类型的热量。

首先，谈论下热量。热量是一种能量，了解一些基础热力学，认识热量是如何传递的会帮助我们了解咖啡豆是如何吸收热量的。

热传递是指热量的转移，热转移有以下三种主要方式。

第一种是热传导，这是一种简单的传递方式，通过接触高热量的物体把热能传递给低热量的物体，例如，用平底锅煎鸡蛋，鸡蛋接触到高温的平底锅，热量会从高温的平底锅传递给低温的鸡蛋。

第二种是热对流，高温流体将热量传递给温度更低的流体，如热流床式的烘焙机，原理上通过加热空气，用热空气将咖啡豆包围，咖啡豆没有接触加热元件或铁片之类的热源，而是直接从热空气中吸收热量。所以热对流其实也像热传导一样通过接触空气媒介传递热量，只不过接触的方式是通过分子级别的。在热流床式烘焙机烘焙的过程中，咖啡豆会在热空气的包围下不断翻滚，空气分子会携带加热器的热量传递给咖啡豆，而不是让咖啡豆从滚筒壁或是其他媒介上获得热量。

第三种是热辐射，相对而言，热辐射在烘焙上是非常难测量和控制的，因此，烘焙机一般采用的热转移方式是热传导和热对流。

热传导在加热咖啡的过程中扮演着非常重要的角色，首先了解具体是哪种热传导很重要。不同材料的热传导区别很大，不同的金属吸收热量的效率是不一样的，同时，吸收热量的效率也等同丢失热量的效率。例如，铝的吸热和散热的速度非常快，如果拿一块铝板放在火上，它马上就会变热，当你把它从火上移开，它又很快冷却。但如果是铸铁锅，情况就大不相同。它需要更长的时间吸收热量，散热时同样需要更长的时间才能冷却下来。因此，了解烘焙机的滚筒是哪种材质至关重要。

经常有烘焙师谈论哪种金属材质更适合咖啡烘焙，其实这种说法很片面。如果烘焙系统是基于某种金属材质设计的，而烘焙师对这种金属的热传递效率非常了解，通过控制和调节烘焙系统内的热传递，同样可以烘焙出好的咖啡。因此，清楚烘焙滚筒的具体材质，以及这种金属的热传导效率才是最重要的。

另一种热传递方式是热对流。热对流空气携带热量进行加热。但是，空气流动得越快就表示烘焙机内环境温度变化得越快，如果把风门调低就会提高压力，热对流相对较弱，这样就会让加热方式更偏向于热传导。如果提高风门，并且空气有足够的时间被加热，就会让传递的方式偏向于热对流。滚筒式烘焙机可以通过调节来设置成主要用热传导的传递方式或是热对流的传递方式，再或是两种传递方式相结合。

说到热源，热源也分为很多种。燃烧类的有丙烷型和天然气型。此外，还有电加热型。甚至还有用卤素灯加热的烘焙机。了解烘焙机使用的热源，还有加热器的 BTU 是很重要的，BTU 是一种英制的热量单位（British Thermal Unit），衡量的是能向系统内传递多少热量。然后就考虑能传递多少热量到咖啡豆。例如，如果热源可以传递非常多的热量，但是很快就会把热量传递到外部，就要重新思考烘焙的方式。如果热源只能传递出不多的热量，但是烘焙系统会高效地把热量传递给咖啡豆，那就非常好。所以清楚了解烘焙机的 BTU 范围，以及热量传递到咖啡豆的效率就是决定烘焙节奏快慢，还有了解咖啡豆在烘焙过程中变化的基础。

加热器的设计是用来加热滚筒或加热空气或是同时加热，最常见的是同时加热滚筒和空气。有些烘焙机的加热器不足以快速加热大量的空气，所以需要降低风门，让咖啡豆充分受热。否则，把风门开大，会让很多冷空气进入加热器，可能就不会有足够的热量，会导致滚筒的环境温度降低。因此，了解烘焙机加热器的设计，弄清其加热滚筒和空气的原理以及加热的能力至关重要。

除了要了解烘焙机的加热器和滚筒，还需要了解滚筒内发生了什么。绝大多数烘焙机配有温度探测装置，温度探测装置一般有两组，这些探测器有不同的探测范围，有时甚至采用不同的材质，有些是电子显示的，有些是机械式的。了解烘焙机的温度探测器也能帮助观察到滚筒内部发生的状况。粗壮的温度探针一般会有延迟，如果是直接接触咖啡的细小探针，它能够快速地告诉你咖啡豆的吸热情况。探针的功能就像是秤。当你站上一台体重秤时，要等一会儿才能知道准确的体重，会有一些延迟，同时也会有衣服、首饰的影响。烘焙机温度探针的情况相同，它会从周围吸收热量，也会从滚筒内的空气吸收热量，了解这些系统的工作原理，有助于及时了解滚筒内的咖啡是如何变化的，把这些因素放在一起考虑，可以帮助你建立自己的烘焙体系。

二、烘焙中的化学反应

任务描述

学习本任务后，介绍焦糖化反应以及梅纳反应，分析咖啡生豆成分如何经过两个不同的化学反应进行转变，从而带来咖啡风味。通过 PPT 形式课堂讲演汇报。

任务内容

1. 学习形式：分小组进行。
2. 获取资料：文献收集资料。
3. 成果展示：各小组汇报结果，在课堂上展示。
4. 提交汇报文稿。

了解了咖啡生豆的结构和成分，有助于我们理解烘焙过程中发生的焦糖化反应和梅纳反应。

先来看焦糖化反应。

咖啡豆的碳水化合物或糖分，在 170~205 ℃ 进行焦糖化，蔗糖脱水后，释放水汽与二氧化碳，蔗糖颜色由无色结晶转变为褐色，并产生芳香物质二乙酰（奶油的主要成分之一），从而具有奶油糖的香味。

焦糖化还衍生出上百种重要的芳香物质，包括呋喃类（具有焦糖香味）的 HMF 以及 HAF 和麦芽醇（俗称糖味香料）。

呋喃化合物是构成咖啡香味最重要的成分，其中 HMF 也是蜂蜜、果汁和香烟的芳香成分，而 HAF 也有迷人的甜香。

焦糖约占咖啡熟豆重量的 17%，味道苦中带甘，是咖啡重要的滋味。

其次是梅纳反应。

蛋白质占生豆重量的 11%~13%，组成蛋白质的氨基酸也在咖啡烘焙中发生重要的梅纳反应（又称美拉德反应）。

梅纳反应并非单一的化学反应，而是氨基酸与葡萄糖、果糖、乳糖、麦芽糖等还原糖，在持续加热过程中，相互进行的一连串复杂的降解与聚合作用。

生成的芳香物与化合物，又在持续加热与水分变化下，再度降解、聚合，产生更多芳香化合物，并使颜色更深。

目前已知的咖啡生豆含有 300 种前驱芳香成分。咖啡生豆在烘焙过程中产生大量二氧化碳和水汽，豆体细胞急速脱水失重，密度减低，体积膨胀，经过复杂的降解与聚合反应，最后衍生成 850 种化学成分，其中有三分之一是芳香物。目前已知的咖啡芳香物远超葡萄酒、香草、芝麻、花生、黄豆、腰果、杏仁和可可。

三、烘焙的流程

咖啡烘焙（下）

任务描述

学习本任务后，分析烘焙的五大阶段咖啡生豆相应的变化以及对于风味的影响，通过 PPT 形式课堂讲演汇报。

任务内容

1. 学习形式：分小组进行。
2. 获取资料：文献收集资料。
3. 成果展示：各小组汇报结果，在课堂上展示。
4. 提交汇报文稿。

烘焙时有许多关键阶段，一份咖啡豆用多快的速度经历各个阶段，即是一般所称的烘焙模式。整个烘焙的时长在几分钟至十几分钟不等。

第一阶段：去除水分。

咖啡生豆含有 10%~12% 的水分，均匀分布于整颗咖啡豆的紧密结构中，水分较多时咖啡豆不会变成褐色。将咖啡生豆倒入烘焙机后，需要一些时间让咖啡豆吸收足够的热量以蒸发多余的水分，因此这个阶段需要大量的热能。开始的几分钟内，咖啡豆的外观以及气味没有什么显著的变化。

第二阶段：转黄。

多余的水分被带出咖啡豆后，梅纳反应的第一阶段就开始了。这个阶段的咖啡豆结构仍然非常紧实且带有类似印度香米及烤面包似的香气。接下来咖啡豆开始膨胀，表层的银皮开始脱落，被烘豆机的抽风装置排到银皮收集桶中，桶内的银皮会搜集到别处，以防火灾。

前面两个阶段非常重要，加入咖啡生豆的水分没有恰当地去除，后面的烘焙阶段就无法达到均匀的烘焙。即使咖啡豆的外表看起来没事，内部可能没熟透，冲煮后的风味十分令人不悦，会有咖啡豆表面的苦味，以及豆芯未发展完全的尖锐酸味及青草味。过了这个阶段之后，即使放慢烘焙的速度也难以挽救，因为同一颗豆子不同部分的发展速率会不同。

第三阶段：一爆。

当梅纳反应开始加速，咖啡豆内开始产生大量的气体，少部分是二氧化碳及水蒸气。当内部压力增加太多时，咖啡豆开始爆裂，发出清脆的响声，同时体积膨胀将近两倍。从此时起，我们熟知的咖啡风味开始发展，烘焙师可以自行选择何时结束烘焙。

烘焙师会发现，如果给予相同的火力，温度上升的速度会减缓，如果热能过低，可能导致烘焙温度停滞，造成咖啡风味呆滞，俗称焙烤风味。

第四阶段：风味发展阶段。

第一爆结束之后，咖啡豆表面会看起来非常平滑，但仍有少许褶皱。这个阶段决定了最终咖啡上色的深度，烘焙师拿捏最后熟豆产品要呈现的酸味与苦味，烘得越久，酸味越弱，苦味越重。

第五阶段：二爆。

到这个阶段，咖啡豆再次出现爆裂声，不过声音较细且更密集。咖啡豆一旦烘焙到第二爆，内部的油脂更容易被带到豆表，大部分的酸味会消退并产生另一种新的风味，通常称为"烘焙味"。这种风味不会因为豆子种类不同而有差异，因为其成因是来自碳化或焦糖化的作用,而非内部固有的风味成分。

将咖啡豆烘得比第二爆阶段更深的程度是非常危险的,有时可能导致火灾,特别是在使用大型商用烘豆机时更要注意。

烘焙结束后,需要及时降温,滚筒式烘焙机一般采用的方法是风冷降温。烘焙师选择豆子降温的阶段也至关重要。假如不及时降温,咖啡豆表彼此的余温会继续烘焙豆子,产生不愉悦的风味。

四、烘焙度界定标准

任务描述

学习本任务后,使用烘焙度界定仪检测咖啡豆的烘焙度。

任务内容

1. 学习形式:分小组进行。
2. 获取资料:收集资料。
3. 成果展示:各小组汇报结果,在课堂上展示。
4. 提交样品烘焙度表示卡片。

通常会听到的咖啡烘焙度有浅度烘焙、中度烘焙、深度烘焙等,但是国内外咖啡界至今尚未取得共识遵循统一的烘焙度标准。美国精品咖啡协会与美国食品科技先锋艾格壮公司(Agtron Inc.)于1996年发布一组烘焙度数据,试图统一烘焙深浅度的标准。一台艾格壮咖啡烘焙度分析仪至少需要2万美元,造价昂贵。

烘焙度分析仪是以近红外线照射烘焙好的咖啡豆表或咖啡粉,原理简单:烘焙度越深,焦糖化就越深,豆表越黑则反射的光线就越弱,所测数据就越低。反之,烘焙度越浅则表示碳化越低,豆表越不黑,反射的光线就越强,测得的数值就越高。

艾格壮数值(Agtron Number)(见表5)与烘焙度成反比,数值越高代表烘焙度越浅,数值越低表示烘焙度越深。

表5　艾格壮数值

艾格壮数值	烘焙度	失重比	烘焙进程与位置
#80-#95	极浅焙	11%~13.5%	第一爆初至密集爆，酸味尖锐，消费者不易接受
#65-#79	浅焙	11%~14.5%	一爆结束，硬豆的豆表仍有些许黑褶皱，但巴西等软豆则无，酸香味重，嗜酸族可接受
#60-#64	浅中焙	13%~15.5%	一爆结束30~40秒，豆表褶皱渐拉平，豆表更为均匀光滑，可谓拉皮成功，酸味稍温和
#55-#59	中焙	14%~16%	一爆结束接近二爆，豆体从放热改为吸热，豆表仍无油光，但尖酸转为柔酸，此时出炉易喝到咖啡的酸甜本质。二爆约在#54-#50，视豆子软硬度而定
#44-#54	中深焙	16%~19%	二爆开始20~40秒的初爆放热阶段，炉温聚升，有焦香味浮现，油质尚未大量溢出豆表，呈点状出油。即北意烘焙。
#36-#43	深焙	17%~19%	二爆后40~100秒出现密集爆裂声，出油状更明显，进入深焙世界，烟量大增。意大利中部地区常见的烘焙度
#30-#35	南意深焙	19%~21%	二爆约100秒后进入尾爆，油质呈片状溢出豆表，油光明显。这是南意重焙风格
#35以下	法式重焙	21%~23%	二爆结束，豆表油滋滋，白烟转为蓝烟。需小心火灾

从表5中会发现，利用烘焙度分析仪测量出来的准确数值，即艾格壮数值，有与其一一对应的烘焙度界定，并描述了此阶段的失重比以及相应的烘焙进程与位置。

艾格壮咖啡烘焙度分析仪的出现，为烘焙师准确界定烘焙度提供了依据。

任务八　练习题

1. 下列不属于咖啡生豆组成成分的是（　　）。
   A. 多糖　　　　　　B. 蛋白质　　　　　C. 脂类　　　　　D. 维生素
2. 决定咖啡风味的因素有很多，除下列哪项以外（　　）。
   A. 咖啡品种　　　　　　　　B. 地理条件
   C. 咖啡农照料作物的细致度　　D. 烘焙机
3. 下列不属于影响咖啡风味因素的一项是（　　）。
   A. 咖啡采摘的方式　　　　　B. 咖啡生豆处理法
   C. 咖啡豆的大小　　　　　　D. 瑕疵豆的占比
4. 咖啡烘焙过程中，碳水化合物或糖分的主要反应类型是（　　）。
   A. 焦糖化反应　　B. 梅纳反应　　C. 氧化还原反应　　D. 酶促反应
5. 构成咖啡香味的最重要成分是（　　）。

A. 多糖　　　　B. 蛋白质　　　　C. 呋喃类化合物　　D. 酚类

6. 下列哪项味道苦中带甘，约占咖啡熟豆重量17%，是咖啡重要的滋味（　　）。

A. 蜂蜜　　　　B. 焦糖　　　　C. 碳水化合物　　　D. 脂类

7. 在咖啡烘焙中，蛋白质的主要反应类型是（　　）。

A. 焦糖化反应　　B. 酶促反应　　C. 梅纳反应　　　D. 氧化反应

8. 通过接触高热量的物体把热能传递给低热量的物体属于下列哪项热转移方式（　　）。

A. 热传导　　　　B. 热对流　　　C. 热辐射　　　　D. 热感应

9. 咖啡生豆的含水量为（　　）。

A. 8%~10%　　　B. 11%~12%　　C. 13%~15%　　　D. 16%~18%

10. 咖啡风味开始发展的烘焙阶段为（　　）。

A. 去除水分　　　B. 转黄　　　　C. 一爆　　　　　D. 二爆

答案：

1~5.　DDCAC　　6~10.　BCABB

项目四
咖啡品鉴

任务九 咖啡感官

一、咖啡品鉴之味道

> **任务描述**

准备3大瓶水,在瓶身上贴上数字标签,其分别为酸味、甜味、咸味,每位同学均需盲品出味道。将瓶身上的数字填写在答题卡片相应的位置。

另准备9大瓶水,在瓶身上贴上数字标签,其分别为酸味、甜味、咸味的强、中、弱三种程度的味道,每位同学均需盲品出3种味道各自的3种不同强度。将瓶身上的数字填写在答题卡片相应的位置。

再另准备9大瓶水,在瓶身上贴上标签,其分别为强酸、中酸、弱酸,强甜、中甜、弱甜,强咸、中咸、弱咸,将上述9种味道两两或三三混合,灌装在新的瓶子里,重新贴上数字标签,学生需盲品出味道及强度。将瓶身上的数字填写在答题卡片相应的位置。

> **任务内容**

1. 学习形式:个人。
2. 获取资料:感官训练。
3. 成果展示:个人完成测试。
4. 提交答题卡片。

咖啡令人愉悦的风味,通常从香气、味道和口感三个方面呈现。咖啡中的香气由多种挥发性物质构成,品鉴时通过嗅觉辨识;咖啡中的味道源于多种水溶性成分,喝咖啡时靠味觉品鉴;滑顺的口感靠舌头和上颚触觉来感受。

（一）口腔味觉

饮食的滋味在口腔中被感受到，滋味指的是饮食中水溶性的风味分子，在口腔中被味蕾吸收，经神经元传到大脑，从而感受到酸、甜、苦、咸、鲜的味道。与其他食物相比，咖啡只有酸、甜、苦、咸四种味道，没有鲜味。

1901年，德国科学家研究发现人类舌头上的味蕾能够分辨出酸、甜、苦、咸四种味道，舌头的不同部位对四种味道的感知敏感度有差异。舌尖对甜味最敏感，舌根对苦味最敏锐，舌头两侧的前半段对咸味最灵敏，舌头两侧中后半段对酸味最敏感。舌尖也能分辨出苦味，只是敏感度不如舌根。舌尖两侧也能分辨出甜味，但对甜味的敏感度不如舌尖。

1908年，日本化学家首次提出第五种味道，鲜味。它来自蛋白质里的谷氨酸钠，日本人因此发明了味精。

2002年，科学家在舌头的味觉细胞中找到了谷氨酸钠的受体，从而在世界范围内证实了鲜味为第五种味道。

味觉受体分布在舌头上的味蕾细胞里，少部分在上颚、软腭和咽喉部位。科学家研究发现，常人的味蕾数量约为1万个，每个味蕾里含有50~100个味觉细胞。味蕾平均每两周更新一次，但随着年龄增长，更新速度将会变慢，老年人的活跃味蕾大约有5000个。有些人天生味觉灵敏，这与遗传有关。他们的味蕾数量和味觉细胞数量远多于常人。

科学家将味觉灵敏度分为三大类，在相同的年龄层里，最灵敏者其舌头味蕾数量平均每平方厘米多达425个，约占总人口的25%；正常灵敏者的味蕾数量平均每平方厘米有180个，约占总人口的50%；味觉迟钝者的味蕾数量平均每平方厘米只有96个，约占总人口的25%。此外，味蕾数量因性别、年龄与种族等因素相关。一般来讲，女性的味蕾数量多于男性，少年多于老年，亚洲人、欧洲人与南美洲人多于欧美人。

（二）咖啡中的味道

咖啡中的味道源于咖啡生豆中的具体成分，在烘焙过程中，通过加热生豆中的各种成分发生化学变化，产生出上千种物质，这些物质赋予咖啡香气、味道，并影响品鉴时的口感。

酸味由水溶性物质绿原酸、奎宁酸、柠檬酸、苹果酸、葡萄酸、醋酸、甲酸、乳酸以及甘醇酸等30多种有机酸组成，此外还有无机酸磷酸。有机酸受热易分解，在烘焙后大部分有机酸被裂解，只有少量残余。深烘焙的咖啡豆相比浅烘焙的咖啡豆其有机酸残余量较少，因此深烘焙的豆子酸味低于浅烘焙的豆子。

甜味主要来自烘焙过程中"焦糖化反应"与"梅纳反应"生成的水溶性甘甜物质，糖水化合物的褐变反应，以及碳水化合物与氨基酸的结合均生成带来甜味的物质。

苦味是水溶性的绿原酸降解物、酚类以及蛋白质的碳化物导致的。

咸味则来自水溶性的钠、锂、钾、溴和碘的化合物。

课堂思考

很多人认为"辣"也是味觉的一种，因为在口腔中的感受十分明显。你同意这种观点吗？

二、咖啡品鉴之风味

任务描述

准备咖啡 36 味香气品鉴瓶，分为四组，每组 9 种味道。每位同学均需通过嗅觉识别出相应的味道，并将味道编码和名称写在答题卡片上。

任务内容

1. 学习形式：个人。
2. 获取资料：感官训练。
3. 成果展示：个人完成测试。
4. 提交答题卡片。

● **相关链接**

咖啡品质研究会（Coffee Quality Institute，CQI）执行理事长泰德·林格在《咖啡杯测员手册》一书中提到，杯测师从三杯咖啡中辨识出其中不同的一杯，靠鼻子判定香气的不同，成功率高达 80%，其次是靠舌头判定滋味的不同，成功率在 50%，最后是靠上颚和舌头分辨口感的不同，成功率在 20%。

> 嗅觉辨识的准确度和宽广度超过味觉和口感，这是由于嗅觉是唯一具有双向功能的感官。鼻子可以嗅出外部环境的气味，称之为"鼻前嗅觉"。口腔内可以"嗅出"吃进嘴里食物的气味，称之为"鼻后嗅觉"。咖啡杯测师或者品酒师在品鉴咖啡或酒时，除了使用鼻前嗅觉之外，更擅长运用鼻后嗅觉。
>
> 在2005年由美国耶鲁大学和德国德勒斯登大学等研究机构联合发布的研究报告《人类鼻前与鼻后嗅觉诱发的不同神经反应》中指出，鼻前与鼻后嗅觉对香气的反应不同。鼻前嗅觉比鼻后嗅觉更灵敏，且对气味的感受强度更高。
>
> 鼻后嗅觉在辨识食物的气味时有优势，而且诱发的感官兴奋度也明显高于鼻前嗅觉，特别是甜香。研究人员以巧克力、焦糖和薰衣草气味进行测试，一组置于鼻前，另一组导入鼻咽部，测试鼻前和鼻后嗅觉所引发的神经兴奋度反应，结果发觉鼻后嗅觉引发的愉悦感明显高于鼻前嗅觉。
>
> 鼻后嗅觉是从口腔吸入的气化物经鼻腔呼出，从而感受体内也就是口腔中食物的气味。食物入口后，经过唾液催化，藏在油脂里的气化分子被释放出来，通过口腔后面的鼻咽管道逆向进鼻腔，也就是走后门入鼻腔所呈现的气味模式。①

咖啡品鉴里的风味，指的是香气。由鼻腔里的嗅觉细胞感受到。香气是由挥发性芳香物呈现。它是咖啡中的气化成分，以及储存在油脂里的挥发性芳香物，在常温或加入热水后，挥发到空气中，由鼻腔的嗅觉细胞接收，经神经元传递到大脑所呈现出的气味。人类鼻腔约有1亿个气味接收器，通常能捕捉到2000~4000种不同气味。咖啡中约有1000多种气化物，构成了咖啡的风味。

闻咖啡比喝咖啡更过瘾，这是由于咖啡中的芳香物大部分具有挥发性，可由嗅觉感受到；另有一部分具有挥发性与水溶性，可同时由嗅觉和味觉感受到；小部分具有水溶性，只能由味觉感受到。有些酸甜味的风味分子具有挥发性和水溶性，嗅觉和味觉均能感受到。但是不讨喜的苦味和咸味，是由水溶性物质带来的，不具有挥发性，只有味觉能感受得到。因此，嗅觉中没有苦味和咸味，与味觉相比，嗅觉

---

① 资料来源：韩怀宗. 精品咖啡学［M］. 北京：中国戏剧出版社，2018.

感受到的咖啡风味更加丰富，令人愉悦。

咖啡品鉴需要靠嗅觉、味觉与口感各司其职、相辅相成，才能构建完整的感官世界。品鉴咖啡时，先嗅觉，再味觉，最后口感的顺序。

第一，干香与湿香。

在常温下，咖啡豆或研磨后的咖啡粉在未与热水接触时即可气化的成分可由鼻子吸入，呈现的气化风味被称为"干香"。

新鲜烘焙后的咖啡豆，在研磨时有一部分高挥发性的芳香物被释放出来，包括酸香、花香、柑橘香、草本香等。接着是中度挥发性的芳香物飘散出来，有焦糖香、巧克力香、奶油香以及谷物香等。最后是低挥发性的芳香物，有辛香、树脂、杉木、呛香以及焦味等。

"湿香"是指在常温下无法气化的芳香物，需要在高温下挥发。即咖啡粉与热水接触时，会催发出其他气化物，从而呈现出另一个层次的气化味谱。主要有酸甜香、太妃糖香、水果香、麦芽香、木屑味、酸败味、焦油味等（见图18）。

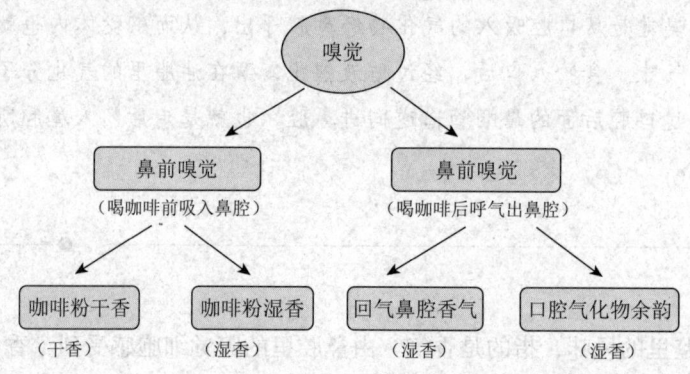

图18　鼻前与鼻后嗅觉比较表

感受鼻腔吸入"干香"与"湿香"的气化物主要靠鼻前嗅觉辨识。咖啡的焦糖香、巧克力香、辛香、莓果香、土腥味与木头味可由鼻后嗅觉鲜明呈现，是湿香的一种。①

---

① 韩怀宗.世界咖啡学［M］.北京：中信出版集团有限公司，2017.

> **● 相关链接**
>
> 你知道如何体验鼻后嗅觉吗？很多人在喝咖啡时不善于使用鼻后嗅觉，要知道口腔里的气化物从鼻咽部绕道上扬到鼻腔的距离较远，不像鼻前嗅觉那样容易直接进入鼻腔。因此，嘴里的气化物会在开口讲话时消失，导致体验不到鼻后嗅觉。正确的做法是咖啡入口后，切忌开口讲话，待到咖啡咽下后，闭嘴后徐徐呼气出鼻腔，这种方法很容易体验到鼻后嗅觉带来的喜悦感。

第二，风味。

学习香气识别是一个渐进的过程，最好的方式是在很小的时候就开始练习，提高分辨它们的能力。专业的品鉴师和香水师用相似物作为参照来对香气进行描述，例如干牧草、苹果或梨、榛子或核桃的味道等。这种与简单的、我们熟悉的事物关联的方法为人们建立了一个共有而客观的词汇库，并给所有人提供了信息参考。

Jean Lenoir 携手 David Guermonprez 于 1997 年研发出咖啡香气品鉴（Le Nez du Café）36 味香瓶，参与研发的还有哥伦比亚咖啡生产者协会、雀巢研究中心、天然物质化学研究所香气研究室、法国国际协作与农业研究中心等组织。

香瓶共计 10 大类 36 种味道。哥伦比亚咖啡生产者协会将 36 味香瓶分为四大组别，花果组、焦糖组、干馏组、其他组。

（一）花果组

也称为酵素群组，共有 9 种常见的咖啡香气，分别为马铃薯、豌豆、黄瓜、红醋栗酱或茶玫瑰或香水月季、咖啡花、柠檬、杏子、苹果、蜂蜜（见表 6）。

表 6 咖啡中的 36 味香气

酵素群组（花果组）		焦糖群组（褐色组）		干馏群组		其他群组（瑕疵组）	
2	马铃薯	10	香草	6	雪松	1	泥土
3	豌豆	18	鲜奶油	7	类丁香	5	干牧草
4	黄瓜	22	烤面包	8	胡椒	13	咖啡果皮
11	红醋栗酱	25	焦糖	9	香菜籽	20	皮革

续表

酶素群组（花果组）		焦糖群组（褐色组）		干馏群组		其他群组（瑕疵组）	
12	咖啡花	26	黑巧克力	14	类黑醋栗	21	印度香米
15	柠檬	27	烤杏仁	23	麦芽	31	煮牛肉
16	杏子	28	烤花生	24	甘草	32	烟熏味
17	苹果	29	烤榛果	33	烤烟叶	35	药味
19	蜂蜜甜香	30	核桃	34	咖啡熟豆	36	橡胶

#2 马铃薯

香气类型：土壤，硫黄。

香气特点：煮熟马铃薯散发出的味道，跟其他香气混合很诱人。它来自烘焙中产生的甲硫基丙醛（methional）。

咖啡中的"马铃薯味"：这是咖啡中一种常见的香气，但一般不占主导地位。如果"马铃薯味"过重，这也许意味着咖啡豆分拣处理不够细致。对咖啡中正常量的"马铃薯味"而言，这与众不同的香气足以赋予咖啡独一无二的特质。

咖啡品评记录：这种香味出现在迷人细致的哥斯达黎加咖啡，哥伦比亚Tolimas咖啡，或是香气浓郁、带有干牧草香气的洪都拉斯咖啡中。在东非，尤其是津巴布韦咖啡中经常发现此味。

#3 豌豆

香气类型：绿色植物。

香气特点：这是新鲜剥荚的嫩豌豆与它的豆荚香。这种细致的香气与罐装豌豆里出现的甜腻和金属味不同。这种在豌豆和咖啡生豆中出现的味道是由2-异丙基-3-甲氧基吡嗪（2-Methoxy-3-isopropylpyrazine）产生的。这种香气很强烈，在奥林匹克比赛大小的游泳池中只需几滴就能闻出。

咖啡中的"豌豆味"：这种香气经常出现在咖啡生豆或浅烘焙咖啡中。烘焙时间越长，此种香气越不明显。在磨粉后的干香中出现多于冲泡好的咖啡湿香。在阿拉比卡豆中比罗布斯塔豆更常见。这种香气中的生气活力和力量对咖啡香的整体平衡感起着重大作用。

咖啡品评记录：这种香气在巴西布罗斯塔中表现得非常莽撞。在乌干达的阿拉比卡和罗布斯塔豆中表现得很明显。在危地马拉的阿拉比卡中也很好辨别。

#4 黄瓜

香气类型：绿色植物。

香气特点：这种新鲜脆黄瓜的优质香气是由反-2-壬烯醛（Trans-2-Nonenal）带来的。其他同类的相似化合物让人联想到瓜、西瓜和新鲜的太平洋生蚝。

咖啡中的"黄瓜味"：虽然此味在咖啡中不占主导地位，但它非常有特色。它活泼而新鲜，生豆收获储存养熟小段时间后还存在，再久就转化为木质香气。

咖啡品评记录：这是最有趣的香调之一。在委内瑞拉的塔奇拉（Tachira）中表现最佳。在许多其他咖啡里这种香味以不同强度呈现，无论是巴西日晒阿拉比卡，或是哥伦比亚精致Excelso Valledupar豆。在一些非洲咖啡中也有发现，例如埃塞俄比亚摩卡的Limu豆、细致的Zaire豆、风味更强烈的肯尼亚豆。品鉴咖啡时如果不能立即分辨出此味，可以在余韵中找到它。

#11 红醋栗酱/茶玫瑰

香气类型：花卉类、水果类。

香气特点：这是生长在土耳其和保加利亚著名的大马士革玫瑰的芬芳。这种香气与南法香水之都格拉斯的玫瑰香不同，它来源于大马烯酮（β Damascenone），这在保加利亚玫瑰精油和烘焙后的咖啡中都有发现。这种香气也让人联想到红醋栗酱（redcurrant jelly）。

咖啡中的"茶玫瑰味"：这种卓越的令人着迷的香气在很大程度上体现了咖啡的新鲜度。它在阿拉比卡中表现得比罗布斯塔更明显，在冲泡好的咖啡中比咖啡粉更容易辨识。

咖啡品评记录：这种微妙而复杂的香气是咖啡卓越品质的保证，但不要期望它骤然呈现。这种气味在帕卡马拉（Pacamara）和萨尔瓦多的maragogype豆中都很突出，在最优质的危地马拉咖啡中与茉莉香味搭配得尤其协调。

#12 咖啡花

香气类型：花卉类。

香气特点：这种甜香来自咖啡树上可爱的白色花朵。因为跟茉莉相似，在17世纪曾被叫作阿拉伯茉莉。有人认为它跟橙花近似。每年在同一棵树上有超过6000的花朵盛开并散发出迷人的香气。一般而言，咖啡花在果实侧面生长，这在自然界中是非常罕有的现象。这种Jasminum grandiflorum精油，果味和芳香度远远超过阿拉伯茉莉花精油，也正是它带给咖啡令人愉悦的香调。

咖啡中的"咖啡花味"：要从咖啡中侦测出这种细致优雅的香气对最有耐心、最专注的品尝者来说都是一项极大的挑战，它是文雅与感官享受的标志。

咖啡品评记录：这种微妙的香气在很多不同产地的咖啡中都有表现。在哥伦比亚和委内瑞拉咖啡中表现得内敛而芳醇；在危地马拉咖啡中特别协调；也在非洲大陆埃塞俄比亚哈拉尔摩卡中出现；其他地方，在诱人的印度尼西亚爪哇咖啡或是巴布亚新几内亚西格里（Sigri）咖啡中都有表现。

#15 柠檬

香气类型：柑橘类。

香气特点：这是柠檬皮那种新鲜、活泼，让人精神振奋的香气，通常与水果的酸度相关联。在咖啡香气品鉴组合里，用冷压或蒸馏的方法提取柠檬香精，它由碳氢化合物和萜烯乙醛（terpenic aldehydes）组成。

咖啡中的"柠檬味"：这是种主调由1·1·3-三甲基色氨酸、环己胺·2-乙烯基-3·4-二氰基比拉明（1·1·3-triethyl cyclohexane 或者 2-vinyl-3·4-dihydro pyrane）等化合物组成的"柠檬味"。这种香气给咖啡增添活泼、新鲜、优雅与细腻的质感。

咖啡品评记录：这是非常出色的水果香气。它给予一些稀有的、名贵的咖啡以清新提神的火力。它在味觉上比在鼻腔中表现得更为明显。在肯尼亚AA上表现杰出。相比之下，在哥伦比亚 Excelsos de Caldas 中表现得更为内敛，它与黄瓜味、咖啡果肉、烤菠萝味和谐共存着。在危地马拉一些咖啡中也能发现此香气。在巴布亚新几内亚的 Sigri 豆中也有出现，但不明显，它通常与巧克力、香草和咖啡花香一起呈现。

#16 杏子

香气类型：水果类。

香气特点：这是新鲜杏桃与杏桃果酱那精致、浓郁的香气。这真是一款优质非凡的果香，它微妙感的来源包括新鲜采摘的带有绒毛的杏桃、饱满熟透的日晒杏桃，甚至杏干那馥郁的香气。苯甲醛（benzaldehyde）、芳樟醇（linalool）、alpha-松油醇（alpha-terpineo）和 gamma-内酯（gamma-lactone）这些物质在杏桃和咖啡中都很常见。

咖啡中的"杏桃味"：拥有这种细致香气的咖啡一直以来都被冠以优雅的光环。毫无疑问它当属最优质的香气之一，绝对令人耳目一新。

咖啡品评记录：别抱有太大期望，这种香气不会贸然出现。它是比较内敛的，并作为享负盛名的埃塞俄比亚西达摩的标志性香气。

#17 苹果

香气类型：水果类。

香气特点：这是刚削好皮的苹果果香与发酵香。它即刻给味觉带来清新的感受，同时也带来些许甜感。苹果和咖啡有很多共同的组成物：乙醛（acetaldehyde）、己醛 hexanal、乙酸（hexanoic acid）和一些脂类物。

咖啡中的"苹果味"：这种最基本的"宜人的果香"，通常作为背景香氛与"咖啡果肉"香气一起，见于中美洲哥伦比亚咖啡中。苹果香也出现在新收成的咖啡中，如海地咖啡。

咖啡品评记录：把这种新鲜带甜的香味纳入"咖啡香气品鉴组合"中很有必要。它有时会被误认为刚修葺好草坪的清新味。苹果香跟青草香一样，都给咖啡增添一种"绿"的韵味。如果不过度的话，这种"绿"韵是令人愉快的。

#19 蜂蜜甜香

香气类型：花卉类、蜡。

香气特点：比起蜡或动物味来，这种气味更让人联想到百花蜜。也让人想到蜂蜡、姜饼、牛轧糖和某类烟草。这是苯乙醛（phenylacetaldehyde）在咖啡中引起的香气。

咖啡中的"蜂蜜甜香"：同样作为一种优质香气，虽然比不上雪松、杏子、鲜奶油香气，但它仍然只存在于最好的咖啡中。更常见于研磨的咖啡粉中而非冲泡好的咖啡中，阿拉比卡而非罗布斯塔中。

咖啡品评记录：它能在美味的巴布亚新几内亚 Sigri 咖啡豆中找到，尽管不是每次都能出现。在享有盛名的墨西哥 maragogype Liquidamabar 豆中也有出现。

● 相关链接

哥伦比亚咖啡生产者协会

哥伦比亚咖啡生产者协会（西班牙语：Federación Nacional de Cafeteros de Colombia，英语：Colombian Coffee Growers Federation，FNC），成立于 1927 年 6 月 27 日，是一个服务于哥伦比亚咖啡农的组织，同时是哥伦比亚最大的咖啡生豆出口商，代表咖啡农在国家和国际上维护自己的权利，并通过不同的方法提高哥伦比亚咖啡种植者的生活质量。哥伦比亚咖啡的三角标也闻名于耳，它将 100% 的哥伦比亚咖啡和其他国家的咖啡区别开来。这个形象于 1983 年首次出现在电视上，是一个叫作 Juan Valdez 的哥伦比亚咖啡农和他的名为 Conchita 的骡子的形象，身后是代表着种植哥伦比咖啡的山脉。哥伦比亚国家咖啡生产者协会在哥伦比亚咖啡种植地区设有省级和市级咖啡委员会，总部位于首都波哥大。在全球设有四个代表处，分别位于阿姆斯特丹、美国纽约、日本东京和中国上海。

哥伦比亚国家咖啡生产者协会是哥伦比亚唯一的官方咖啡专业行会，自成立以来，已经成为世界上最大的农业非政府组织之一。协会代表了超过 54 万咖啡农家庭，促进协作和联合决策，保障咖啡种植者及其家庭的利益。协会帮助哥伦比亚的咖啡种植者达成了必要的共识，为咖啡农谋取适当的福祉。

FNC 同时还支持咖啡生产的不同领域，如技术研发，优化生产成本，提高咖啡质量，通过推广服务为咖啡种植者提供技术援助及种植质量保证，确保哥伦比亚咖啡种植者获取更好利益。作为哥伦比亚最大的生豆出口商，协会还承担出口质量控制的责任，以确保所有从哥伦比亚出口的咖啡生豆都符合出口质量标准。[①]

（二）焦糖组

也称为褐色组，共有 9 种常见的咖啡香气，分别为香草、鲜奶油、烤面包、焦糖、黑巧克力、烤杏仁、烤花生、烤榛果、核桃。

#10 香草

香气类型：香脂类（balsamic）甜香。

香气特点：这是兰科植物香草豆荚那温暖、令人愉悦且带有黄油般的浓郁香味。它似乎在久闻后没有起初来得浓烈。人人都爱香草香，它最主要的物质构成是香兰素（vanillin），一种常见于香草豆荚表面的结晶体。

咖啡中的"香草味"：这是咖啡香气平衡感的关键要素。它能维系和强化其他香味成分，带来良好的醇厚度，尤其阿拉比卡。

咖啡品评记录：香草是愉悦、温和，异域风情的同义词。毋庸置疑，几乎在所有咖啡中，你会发现不同程度的香草味。它给最好的巴西咖啡增添优雅和柔顺度，也让肯尼亚罗布斯塔更加精致细腻。在萨尔瓦多优质象豆（maragogypes）和巴布亚

---

① 资料来源：哥伦比亚咖啡生产者协会官方网站。

新几内亚的 Sigri 豆中可感受到此味。

#18 新鲜奶油（黄油）

香气类型：奶（黄）油（buttery）

香气特点：这种温和、带有奶油的香气特点会根据产区的不同而有差异。牛奶味在其中尤其显著，鲜奶油也正是由牛奶制成的。鲜奶油与鲜榛子有着某种相似性。丁二酮（butanedione）是产生这种香气的重要物质，它同样在咖啡中出现。

咖啡中的"新鲜奶油"味：这种香调就像化掉的黄油，它是优质阿拉比卡中一种常见的香气，因此可以作为咖啡品质绝对的保证。在哥伦比亚咖啡中，它带来一种感官享受和温和感，在很大程度上起到增广味谱的作用。"鲜黄油味"在冲泡好的咖啡中比在咖啡粉中要强烈两倍，在阿拉比卡中比在罗布斯塔中也要表现出两倍。

咖啡品评记录：这是国际性的香气，在品质最好的中美洲咖啡，尤其哥斯达黎加咖啡中闻到，也常见于哥伦比亚的 Supremo 中。它在稀有而名贵的波多黎各咖啡中达到了卓越超群的程度。有些巴西豆中也出现好的"鲜黄油"味，但程度不同。在非洲咖啡中品味到不同程度的"鲜奶油"味，这是产区不同而带来的差异。它在最好的肯尼亚咖啡中表现得最明显，"鲜奶油"味能使浓烈的乌干达咖啡变得柔和。

#22 烤面包

香气类型：烘焙类

香气特点：麦麸那强劲的香味在烤面包香气中起到了关键作用，且与咖啡的香气完美结合。在咖啡中存在的 2-乙烯吡嗪（2-Acetylpyrazine）正是这种香气的来源。

咖啡中的"烤面包味"：这种香气是烘焙师所重视的"烘焙"中细微处理之一，也是衡量烘焙技艺的一个指标。假若烘焙时间过长，这种醇厚精致的气味将丧失，使得咖啡变得更加浓郁甚至更加强劲。这种烤面包的香气与哥伦比亚咖啡的黄油香融合得很好，虽然并非只在哥伦比亚咖啡中有此香气。

咖啡品评记录："这种温和的香气是几款美味咖啡的标志。恰到好处时，它是那拥有浓郁花香、令人难以忘怀的最丰美埃塞俄比亚咖啡的主要特征之一。有些人可能喜欢它出现在稳健的乌干达 Drugar 咖啡，或是那远离闷热非洲大陆的哥伦比亚 Santader 和 Huila 地区的咖啡中。一些最优质的巴西咖啡也有这令人迷醉的烤面包香。"

#25 焦糖

香气类型：烘焙类。

香气特点：这种美妙的香气让人联想到焦糖、烤菠萝和草莓。因为这三种食物中均含有呋喃酮（furaneol）。所以往往亚洲人闻到咖啡这种物质就认为是菠萝味，而西方人可能觉得它像草莓或棉花糖（注：是那种现烤的大团棉花糖）。

咖啡中的"焦糖味"：这是一种显著的能强化嗅觉感受的香气，也是咖啡中很重要的一部分。它在冲泡好的阿拉比卡咖啡中最为明显。

咖啡品评记录：咖啡中最让人喜爱的香气之一。若你尝过烤乳猪配菠萝，定能轻易分辨出这种极具个性的风味。哥伦比亚人就更不用说，他们绝对明白这香气对他们大多数优质咖啡的重要性。若你需要些证据，请试一下 Antioquia 的 Excelsos 或超级传统的 Huila San Agustin。焦糖化的菠萝味在哥伦比亚咖啡里是明显而常见的，但它也可在一款风味很强的津巴布韦咖啡中品味到。

#26 黑巧克力

香气类型：烘焙类。

香气特点：这种"巧克力"是咖啡豆发酵、经烘焙、研磨后与糖混合在一起的香气。在咖啡与巧克力中共同存在的物质，比如噻唑（thiazoles）或吡嗪（pyrazines），是构成这种香气的主要成分。

咖啡中的"黑巧克力"味：这是香气的主要特征之一。我们甚至会说，咖啡香气中有很多黑巧克力成分。它们确实有很多共同点：果实中都有豆，都生长在热带有遮阴的地区，它们的香气经烘焙后渐次释放出来，且都被认为是兴奋剂。研磨后的咖啡粉和巧克力粉，其关联度尤为显著，比冲煮后的液体更强两倍。

咖啡品评记录：在几个主要大洲产区的咖啡里都有这种撩人的香气，但它貌似仅在几个特定的产区出现。这种香气在夏威夷可娜中表现得尤其优雅。它在非洲 Zaire、乌干达和津巴布韦咖啡中都有出现，但一到肯尼亚和埃塞俄比亚，这种香气就奇异地缺失了。在中美洲和南美洲地区，墨西哥的象豆（maragogype）中必然出现此味，然而哥伦比亚咖啡中却很少见。我们可以说，咖啡的香气，就好比那些好产区的葡萄酒，会因气候、地理环境、日照量、土质和人为干预等因素而各不相同。

#27 烤杏仁

香气类型：烘焙类（干果）。

香气特点：这种美妙的烤杏仁香气让人联想到裹糖杏仁或裹巧克力杏仁（果仁糖）。

咖啡中的"烤杏仁"味：这是咖啡中最吸引人的香气之一，与巧克力香气搭配得异常完美。

咖啡品评记录：千万别指望这种微妙、温暖而带有果味的香气会直接跳出来找你，它可只在你慢慢品尝的过程中才出现呢。在巴西南部米纳斯地区的美味咖啡、哥伦比亚巴耶杜帕尔和博雅卡那像极牛轧糖的特级咖啡中，你能细细品赏出它的香气和味道。它给上等乌干达咖啡增添了几分优雅，也混合在令人迷醉的埃塞俄比亚以利马（Limu）咖啡里，同时也给奢华的牙买加蓝山咖啡带来额外的甜美与柔度。

#28 烤花生

香气类型：烘焙类

香气特点：这是浅烤花生和花生油那浓郁而精致的香味。所有人都曾抓上一把这种吃了还想吃的坚果来咀嚼吧。它的独特风味相对来说不是特别复杂，但趣味浓厚，绝对值得美食家的注意。

咖啡中的"烤花生"味：当这种香气不是很强烈的时候，它是优雅风味的标志，有时被称为"希腊之味"。因为有些品种的咖啡生豆本身就会释放出烤花生味，而希腊人经常把生花生混在咖啡生豆中来强化这种味道。

咖啡品评记录：当你在肯尼亚 Kitale、津巴布韦咖啡，或是活泼带有柠檬味的扎伊尔咖啡中感受过此味，你就会认识到"烤花生味"在咖啡中的美妙，就不会甘心于它仅仅用来榨花生油或者喂鸟。

#29 烤榛果

香气类型：烘焙类（干果）

香气特点：这种不寻常的微妙香气是烤榛果那芳醇、新鲜奶油味的香气，它是如此的精致而吸引人。

咖啡中的"烤榛果"味：不管是柔嫩的榛子幼果或是烤过的榛子，这种香气总是给咖啡味谱带来一种甜度，这也正是浅烘的一种标志。

这种香气在研磨后的咖啡粉中比在冲煮后的咖啡中更为突出。在阿拉比卡豆中也很明显，但在罗布斯塔豆中要更为浓郁。

咖啡品评记录：在咖啡中感知的这种香气与榛子油相似，它是榛子味的强化版。咖啡中能声称在味谱里拥有这种诱人香调的是非常稀有的。它那一贯的精致和内敛，给哥伦比亚咖啡，尤其那生长在内华达山脉 Santa Marta 的咖啡，和它的邻国委内瑞拉著名的 Tachira 咖啡增添了几分优雅。也强化了罗布斯塔豆的咖啡味。

#30 核桃

香气类型：烘焙类（干果）。

香气特点：这是核桃以及新鲜核桃油特有的显著香气。它是高浓缩的，让人想到咖喱块或浓汤宝。这种香味主要来源于 sotolon，有时是乙醛，两种物质都能在咖啡中找到。这些化合物也大量存在于红酒中，赋予一些酿造独特的知名红酒以特质香气，如 Jura 的 Yellow Wine，或是西班牙闻名世界的雪莉酒。

咖啡中的"核桃"味：这种香气在冲煮后的咖啡中比在磨粉后的咖啡中更明显。它甚至在一杯冲泡好的哥伦比亚咖啡中占主导地位。主要由味觉帮我们把它甄别出来，持久性特别强，即使咖啡其他香气消失，它也依然弥留口腔。

咖啡品评记录：这种香气是如此的特别，所以你能很轻易就把它找出来。虽然在咖啡中不大常见，但学习在不同的巴西咖啡里甄别出它还是挺重要的，因为它给鼻腔和味觉带来某种程度的刺激。在巴布亚新几内亚那香气浓郁的 Sigri 咖啡中你也能很容易找到它，与皮革、香草、雪松甚至橡胶味一同出现。

● 相关链接

从《Nez du Vin》到《Nez du Café》

1997年，哥伦比亚国家咖啡管理协会（La Fedaracion Nacional de Cafeteros de Colombia，FNC）成立70周年之际，Le Nez Du Café 咖啡香气品鉴组合成为一款理想的庆贺礼物。那一刻开始，正如诗人 Guillevic 诗中描述的："对未知的探索成为我们的心之所向。"

这款香瓶套装组合是迎接第三个千禧年到来的庆祝方式。在咖啡历经漫漫4个世纪后的今天，我们终于找到探索其香气的密匙。

David Guermonprez 的才华和究极的科研精深为我们呈现了从咖啡精魂里摄取出的36味香气。尽管遇到极大的困难，在这个切实的挑战中我们最终赢取了胜利！

如果把咖啡释放的浓香比作音乐会，那么这来自五大洲的36种香气好似36种音符般为这场音乐会谱出了优美的乐曲。的确，咖啡毕竟是从我们星球那香气满溢的咖啡地带而来！他们皆需精细地调试才能完美地呈现，因此咖啡世界里的另一位行家里手 Eric Verdier 对世上数百种咖啡进行研究、杯测、分析和归类，他为我们提炼出的知识精华就汇编在咖啡香气品鉴手册中。因此，咖啡品评研究的根基就奠定和依靠在世界级专家的专业知识上。

在丰饶的风味知识海洋里，感官即将被唤醒，一个新时代即将开启。世界各地无数的咖啡爱好者现在拥有了一套学习工具，让他们得以确认每一种咖啡香气名称，并且使用恰当的语言词汇对咖啡进行描述。

Jean Lenoir

1997 年 7 月 18 日于 Abbaye N.D. d`Orval

（三）干馏组

共有 9 种常见的咖啡香气，分别为雪松、类丁香、胡椒、香菜籽、类黑醋栗、麦芽、甘草、烤烟叶以及咖啡熟豆。

#6 雪松

香气类型：木质类。

香气特点：这种令人愉悦、清新带有森林气息的未加工木头味，近乎刚削完铅笔的木屑味。此支咖啡鼻子样品所选取的是北非阿特拉斯雪松（Atlas cedar）的天然精油。

咖啡中的"雪松"香：这种精致的香气是一些原生种咖啡的独特标志。它从不主导其他气味，而通常以一种微妙的方式与其他香气融合，即我们通常所说的"酒香"。这种香气在成熟后才采摘烘焙的咖啡中更为显著。

咖啡品评记录：这种香气在品质极佳的法国波亚克（Pauillac）拉菲庄园葡萄酒中也会出现。一些咖啡中出现的雪松香气强度和精准度绝不亚于这款顶级红酒。在一些高醇厚度的咖啡中也有雪松香气，如乌干达 Drugar 和 Bugisu 咖啡，还有埃塞俄比亚利姆（Limu）咖啡。在最好的危地马拉咖啡中，这种香气很微妙；而洪都拉斯咖啡，它常在底韵里隐约出现。在传奇的蓝山咖啡里，雪松香气绝对是它惊艳风格的组成要素。在醇厚度、顺滑度极佳的夏威夷可娜咖啡中，雪松味才表现得淋漓尽致。

#7 类丁香

香气类型：香料甜（Spicy-Sweet）

香气特点：这种芬芳而复杂的香气让人想起丁香、美洲石竹、药柜、香草和烟熏类的产品。香气瓶中的类丁香味选用 4-乙基愈创木酚（4-ethylguaiacol）作为香气参考，因为它在咖啡中特别强劲，甚至比我们所更熟悉的丁香酚（eugenol）香气更强劲。后者为经常在餐厅厨房及牙科诊所闻到的香气，有抗菌、麻醉作用。

咖啡中的"类丁香"味：这是种迷人且相当不常见的香气。它因为细致的质感和香料般的复杂性给咖啡增添了深度。

咖啡品评记录：在布隆迪及墨西哥、危地马拉的高品质阿拉比卡豆中不难发现这种香气，但在埃塞俄比亚奢华的哈拉尔摩卡（Harrar mocha）中一定能发现这种香气。

#8 胡椒

香气类型：萜烯类香料

香气特点：这是浓烈的香气，近乎胡椒的辛辣刺激，且带有金属味。这支咖啡香气品鉴组合里的香瓶，其香精成分是从新鲜研磨的黑胡椒蒸馏后提取的萜烯碳氢化合物。其中一些成分在咖啡中也能找到。

咖啡中的"胡椒"味：它那"金属"般的特质赋予咖啡强劲的力度。

咖啡品评记录：显然，此味存在于很多咖啡之中，但更多存在于巴西咖啡中，给它们带来活泼的生气。在非洲津巴布韦高品质的咖啡中也能找到此味。

#9 香菜籽

香气类型：花卉类＋香料类。

香气特点：这是干燥后芫荽籽的香味，是由花香调构成的，它能在麝香葡萄和玫瑰木/紫檀木的气味中找到。这种香气与新鲜香菜有很大的不同，此支咖啡香气品鉴组合的香瓶中使用的香精成分是芫荽油醇、芳香醇、里那醇，这种香气在香菜籽和咖啡中都很显著。

咖啡中的"香菜籽"味：这是种主导性的香气，只略微弱于其他几种主要香气成分。

咖啡品评记录："我发觉在浓郁醇厚的埃塞俄比亚西达摩咖啡中，这种炫目的香在味觉和嗅觉上都表现得很明显。在珍稀的萨尔瓦多帕卡马拉豆（译者注：Pacamara 为 Pacas 和 Maragogype 象豆两个品种的嫁接产物）中香菜籽味通常与烘焙类香气结合"。

#14 类黑醋栗

香气类型：水果类，硫黄。

香气特点：这种奇妙绝伦又不寻常的香气是黑醋栗树丛及其香气馥郁的枝叶散发出来的。它让你想起黄杨树（box tree）或缬草（valerian）。它有着香水师盛赞的布枯叶精油（buchu oil）香气特性，也为赤霞珠（sauvignon）所酿制的葡萄酒带来活力。咖啡中黑醋栗香气是由 3-mercapto-3-methylbutyl 产生的。

咖啡种的"黑醋栗"香：这种香气给世上一些卓越的咖啡带来了活泼与生机。无论阿拉比卡抑或罗布斯塔，其磨好的咖啡粉干香中"黑醋栗"都很明显。冲泡后的阿拉比卡咖啡中，此味更是经常出现，甚至占主导地位。

咖啡品评记录：这种香气可在顶级夏威夷可纳中感受到。在一些哥斯达黎加咖啡中均衡度极佳，但最初品尝时可能不会特别明显。然而在肯尼亚 Kitale 咖啡里，"黑醋栗"香气是极易分辨出的。若你想要更多证据来表明"黑醋栗"香气毋庸置疑的地位，可以在奢华的牙买加蓝山咖啡中找到答案，并深深为它与其他香气，如甘草、雪茄、烤杏仁和雪松香气的巧妙融合而得到的极致感官享受所折服。

#23 麦芽

香气类型：烘焙类，纤维质植物类。

香气特点：这是烘烤麦芽的香气，这与它的来源"谷物"大麦（barley）的香气大不相同。带有焦糖香气的麦芽酚（maltol）和异丁醛（isobutyraldehyde）是麦芽和咖啡共有的化合物。

咖啡中的"麦芽"味：这种香气是浅烘的标志性香气，甚至可能意味着烘焙不足。这种持久香气是根据麦芽的烘焙程度而变化，且与其他香气融合在一起，所以不好分辨出来。最好的方法是把这支咖啡香气品鉴组合的香精味道深深烙印在脑海里以后就能很好地参考啦！

咖啡品评记录：如果麦芽香气比例适当，它将作为优质埃塞俄比亚 Djimah 咖啡，哥伦比亚 Huila San Agustin 和 Cauca 咖啡，还有优雅的洪都拉斯咖啡的正面评价因素。

#24 甘草

香气类型：木质类＋香料类。

香气特点：这芳醇却又高度刺激的气味让人想起松软的红糖以及枫糖浆。这般甜味来自 cycloten，可为名贵咖啡提升品质。

咖啡中的"甘草"味：这是种具有风味强化作用的出众香气，因为它对其他香气产生很强的影响。它是咖啡烘焙度的一项重要指标。

咖啡品评记录：鼻子的嗅觉并不能轻易察觉这种香气的存在。相较而言，在味觉的余韵上更容易发现这种香气。它通常出现在品质最出色的咖啡中，为其增添魅力与柔和度。与植物性香气混合时最为明显。在夏威夷可娜中尤为显著，也对哥斯达黎加 caracolis 咖啡柔酸又丰润的质感起到强化作用。它为优雅的哥伦比亚 Tolimas 咖啡增添了醇厚度和力度，为肯尼亚咖啡的芳香提升了强度与持久度。对哪些喜爱意式浓缩咖啡的人来说，发现它没有任何困难，因为它是那么伸手可及。

#33 烤烟叶

香气类型：烘焙类。

香气特点：有着烟草叶燃烧的香气，也让人想到秋日枯叶堆的噼里啪啦燃烧。

咖啡中的"烤烟叶"味：几乎能肯定这香气来自烘焙过程本身，在巴西阿拉比卡咖啡冲煮后尤为典型。它通常是干植物香气和烘焙香气的混合。

咖啡品评记录：在肯尼亚 AA 中发现这种优雅的特质香气，味觉上的第一印象类似雪茄。这种香气在 Zairian Kiwu 咖啡中更内敛一些，而在海地咖啡中更是融合了海洋气息。事实上它覆盖了整个风味谱；如牙买加蓝山散发着微微的烤烟叶香气，而夏威夷可娜却有着更强的雪茄香气。

#34 咖啡熟豆

香气类型：烘焙类，硫黄。

香气特点：这是新鲜烘焙的咖啡熟豆那尤其诱人且极具渗透力的标志香气。带来这种香气的是一种叫作糠基硫醇（furfuryl mercaptan）的硫化物，它亦是咖啡熟豆气味的重要组成部分。这种强大的化合物在咖啡中所占比例极少，相当于两个世纪的一分钟！咖啡烘焙储存一段时间后这种香气越发明显。

咖啡中的"咖啡熟豆"味：这种诱人的香气是烘焙过程的标志性香气，给咖啡增添芳醇与圆润感。仅仅因为它，你就被咖啡吸引了。

咖啡品评记录：它使萨尔瓦多和巴西的阿拉比卡咖啡风味更强，给强劲原始的埃塞俄比亚咖啡增添几分柔和，也赋予那稀少带有花香的爪哇岛美味咖啡几分活泼气息。

（四）其他组

也有人称为瑕疵组。共有 9 种常见的咖啡香气，分别为泥土、干牧草、咖啡果皮、皮革、印度香米、煮牛肉、烟熏味、药味、橡胶。

#1 泥土

香气类型：土质类。

香气特点：这是暴雨后新鲜挖掘的土壤气息，类似于甜菜根（beetroot）的香气。地气（geos mine，源于希腊语 ge= 土壤 / 大地和 osme= 气味）无所不在，充盈着整个空间。

咖啡中的"泥土"味：这是采用日晒处理法咖啡的主要特征，当咖啡樱桃被摊开日晒时，吸收了泥土中的地气（geosmine）。罗布斯塔豆通常都这样处理，因此在所有的罗布斯塔豆中你几乎都能发现泥土气息。马达加斯加和中非共和国通常会把咖啡豆羊皮纸去掉，以减少这种香气的存在。这种香气也可能在储存运输过程中产生。埃塞俄比亚咖啡有三种泥土味：黑土、红土、灰土（按从优至劣排序）。在埃塞俄比亚的哈拉尔、印度尼西亚或海地，阿拉比卡豆常在处理过程中被有意挤压、打湿、再干燥，以此增加土质味道。

咖啡品评记录：你会对越南和印度最好的罗布斯塔中的潮湿泥土味感到惊讶。也请允许自己被埃塞俄比亚的哈拉尔（Harrar）和西达摩（Sid-amo）咖啡香气虏获吧。而在萨尔瓦多象豆（maragogype）和巴布亚新几内亚西格里（Sigri）咖啡中泥土味却稍逊一筹。

#5 干牧草

香气类型：植物的、干燥的。

香气特点：这是谷物收获后留在土地里茎秆的穿透性气味。这种温暖的、田野韵味的香气如同刀割过后的干草气息。此支咖啡品鉴香瓶精华即是从干草中萃取出的。

咖啡中的"干牧草"香：有些印度咖啡豆被称为"季风豆/风渍豆"。当雨季季风携着潮湿的空气到达印度半岛时，咖啡豆被精心放置于专门制作的存储仓库，在其中豆体体积增大，略带金黄色也增添了干牧草的甜香。当这种香气均匀地分布在咖啡豆中，它被认为是一种独特有魅力的特质。

咖啡品评记录：这是最容易辨认出的香气之一。在大多数很好的巴西配比咖啡中都有发现这种香气，在布隆迪咖啡中它表现得十分柔和雅致。在象牙海岸的罗布斯塔中与雪松香气融合得很好。在肯尼亚 Kitale 咖啡和一些澳大利亚咖啡中也很显著。

#13 咖啡果皮

香气类型：发酵类，近似葡萄酒味。

香气特点：这是咖啡庄园里咖啡果去除果肉时所发散出的香气。咖啡果皮通过发酵脱离出来：豆子通过浸泡、发酵并产生不稳定的酸，散发出类似葡萄酒味的香气。咖啡爱好者非常喜爱这种香气。其中，2-甲基（2-methyl）和3-丁酸甲酯（3-methyl butyrate）是构成这种香气的物质。若咖啡留在发酵池内的话，它将进行第二次发酵，这虽对豆子外观没有任何影响，却会使烘焙过程产生让人不悦的气味不利于咖啡销售：这就是被烘焙师视为严重的"臭豆"气味。然而，不要把臭豆气味与发酵果肉的香气混为一谈。

咖啡中的"咖啡果皮"香：这是咖啡香气的主要特征之一。正如葡萄酒中那不稳定的酸一样，这种香气是咖啡内在的特质，太过就令人不悦了。它在很多优质咖啡中与其他丰沛的香气融合得很好尤其是南美水洗咖啡。

咖啡品评记录：不需试图掩盖这样的葡萄酒风味。对于一杯精心制作的优质哥伦比亚咖啡，这几乎算是它最本质的香气了。在产自哥伦比亚 Antioquia、Caldas 或 Boyaca 那些强烈、特点突出、果味明显的特优级（Excelsos）咖啡里，这种香气不会过于明显。而在那千里之外的非洲，咖啡中此味虽不明显，却对那层次分明、品质出众的肯尼亚 AA 中的果香与葡萄酒香起到促进作用。

#20 皮革

香气类型：动物类。

香气特点：这是精心鞣制后皮革的浓烈香气。皮革的香气根据动物皮质的不同（羊皮、绵羊皮、水牛皮、猪皮、野猪皮、鳄鱼皮等）而各有差异，同时也受到制革工人使用的植物鞣质种类（橡树、栗子树、含羞草、白桦、雪松、漆树）的影响。制革工人的用料选择决定了皮革的香气。染色、软化、滋养防水处理等多种程序强化了皮革特征令任何专业者凭借其香气便能分辨出来。

咖啡中的"皮革"香：咖啡中的皮革香气代表着稀有的高品质优雅和纯正。这也是摩卡豆（mochas）有别于其他咖啡的特质。

咖啡品评记录："此处我指的并非北非制革厂里那沉重而强劲的气味，而是那装订在旧书本的厚皮革上所散发的温暖蜂蜡气息。这往往预示着咖啡绝佳的品质。在最佳的埃塞俄比亚咖啡中（特别是哈拉尔 Harrar）你能轻易找到它，细细品味它。"

#21 印度香米

香气类型：烘焙类（谷类）。

香气特点：这是煮熟的大米香，如印度香米，在当地被称为"爆米花大米"，是东南亚的一个大米品种。这种香气让人想到谷物加热时的膨胀爆裂。此支咖啡香气品鉴组合选用 2-乙烯吡咯林（2-Acetyl pyrroline）来代表印度香米的香气。

咖啡中的"印度香米"味：这是在烘焙初期产生的香气之一，但要想将它从其他因烘焙产生的诸多气味中分辨出来的话，适度的训练是必需的。

咖啡品评记录："能轻易在澳大利亚咖啡中找到这种香气。我喜欢它在萨尔瓦多阿拉比卡咖啡中，还有象牙海岸最好的罗布斯塔豆中的表现。"

#31 煮牛肉

香气类型：烘焙类 + 动物类。

香气特点：这是煮熟牛肉和烤家禽皮那丰富而引发食欲的香气。2-甲基-3-硫基呋喃（2-Methyl-3-furanethiol）给咖啡带来"煮牛肉"的味道。

咖啡中的"煮牛肉"味：这种精致、硫黄类的香气是配得上最佳阿拉比卡的。它与可可香融合得异常完美。

咖啡品评记录："这是世上一些顶级咖啡里让人高度赞赏的香气之一。它对哥斯达黎加特级咖啡的香气有着重要影响，在危地马拉的 Victory 咖啡中与植物性香气融合得很好。在哥伦比亚咖啡中，Serrania de Perija 地区的特级豆（Excelsos）表现最强烈，而它在巴西咖啡中很少见。你也能在非洲咖啡中感受到它尤其是磨粉后的干香中。此味在埃塞俄比亚咖啡中不张扬，在最佳品质的肯尼亚咖啡中比较明显。"

#32 烟熏味

香气类型：烘焙类。

香气特点：这种香气带有明显的挥发性，是由某几种木头和树脂燃烧时释放出来的。这令人愉悦的香气给烟熏类食物增添了风味。其中，苯酚（phenol）是烟熏味不可或缺的组成物质。

咖啡中的"烟熏味"：烟熏味通常意味着烘焙的最后阶段若再继续将出现焦味。

咖啡品评记录："你能在咖啡中找出多种烟熏味，实际上它可以单独被称为一个香气类别。无论来自哪个产地的咖啡，你都会闻到烟熏味。在中美和南美洲烟熏味最明显的咖啡出于哥伦比亚、洪都拉斯、萨尔瓦多的帕卡马拉，还有危地马拉的Victory。它与巴西Bahias咖啡有所区别。依据烘焙师的不同，烟熏味或多或少会在牙买加蓝山里得到强化。在非洲，你会在Zaire的Kiwu里找到，它同时也是乌干达最优品质咖啡主要的香气化合物之一。"

#35 药味

咖啡香气类型：化学类。

咖啡香气特点：这种燃烧的气味让人想到烟熏味、药香、化学物质，还有所谓的"里约味"（Rio taste）。咖啡中的愈创木酚（Guaiacol）是形成这种香气的物质。

咖啡中的"药香"：它每次都不是单独出现（不然味道会过于强烈，意味着有问题）。作为长久烘焙的标志，在罗布斯塔中尤为明显，并在"拉丁"风格的咖啡，如意大利浓缩咖啡中也有体现。它对表现咖啡整体香调非常重要，所以在人造咖啡香中经常会添加一点点愈创木酚。

咖啡品评记录："大多数人会认为这种药香是令人不悦的。的确，如果味道过重的话，那他们的想法是对的。但这种香气是构成咖啡香调的'骨架'之一，众多香气都是围绕它而发展出来的。"

• 相关链接

里约味（The "Rio taste"）

巴西里约热内卢的咖啡有一种其他产区咖啡罕有的香气特质，即所谓的"里约味"。这种极具个性的风味受到比利时、北法地区人们的喜爱，也深受有着咖啡蒸煮风俗的希腊和土耳其人们的喜爱，因而受瞩目。这种"里约味"来自一种霉菌，这种霉菌的味道像苯酚（phenol）、氯化物（chloride），还带有一点胡椒味。它主要来自苯酚分离出的氯化物三氯茴香醚（trichloroanisole）。这是存在的最强大香气分子物质之一。

#36 橡胶

香气类型：化学类。

香气特点：人们都能通过橡胶这种天然弹性物质那独具特色的气味把它辨别出来。它来自乳胶，通常从巴西三叶橡胶树（Hevea brasiliensis）上通过切开树干、挤压树叶或者自发流出的方式收集。原生橡胶有多种使用方式，但经过热加工和添加硫化物后，它的用途更为广泛。3-乙烷基-丙酸酯（Ethyl 3-propionate）带来这种气味并在咖啡中呈现出来。

咖啡中的"橡胶"味：这种气味出现在某些咖啡中，不应对其进行负面性描述。在阿拉比卡中比在罗布斯塔中更显著。

咖啡品评记录："这并不是咖啡中最微妙的气味，在很多优质罗布斯塔中都能找到。它经常与泥土类和植物类的罗布斯塔固有味道杂糅在一起。虽在阿拉比卡中不常见，你也仍能在巴布亚新几内亚的绝妙的西格里（Sigri）咖啡中找到它。橡胶味几乎不在最优品质的咖啡中出现，只有一个例外：哥伦比亚巴耶杜帕尔特优级（Excelso Valledupar）。也许你在埃塞俄比亚丰富的咖啡香中也能侦测出橡胶的痕迹，但这通常表示烘焙过头了。"①

三、咖啡品鉴之口感

任务描述

在课堂上完成4款咖啡的品鉴，4款咖啡在口感上分别为醇厚、单薄、顺滑、

---

① Jean Lenoir, David Guermonprez, eg. 生物化学工程师. 郑绪雯（译）. 咖啡香气品鉴使用手册 [M]. 法国：让·勒诺瓦（Jean Lenoir），1997.

涩感，完成品鉴后，将每款咖啡的数字标签填写在相应的答题卡片上。

> **任务内容**
>
> 1. 学习形式：个人。
> 2. 获取资料：感官训练。
> 3. 成果展示：个人完成测试。
> 4. 提交答题卡片。

品鉴咖啡时除了运用嗅觉与味觉外，还需动用口腔的触觉，感受无香无味的口感，也就是咖啡的厚薄感与涩感。

（一）厚薄感

厚薄感（Body）又称黏稠感、厚实感或滑顺感。主要是由不溶于水的咖啡油质与纤维质所营造的口感，咖啡中的这些物质含量越高，品鉴时口中的黏稠感或滑顺感越明显。

咖啡的滑顺与厚薄口感，主要是油质结合蛋白质、纤维质等不溶于水的微小悬浮物形成的胶质体，在口腔中产生的一种奇妙触感。

滑顺感在各种萃取法中的强度依次为：

浓缩咖啡＞法式滤压壶＞滤布手冲或虹吸壶＞滤纸手冲

浓缩咖啡以九个大气压萃取出大量咖啡油质与微细纤维质，营造出如奶油般的黏稠口感。而滤布手冲的滑顺感要优于滤纸手冲，这是因为滤布纤维的空隙较大，咖啡胶质体不易被过滤掉。滤纸纤维的间隙微小，手冲制作咖啡时将大部分的胶质体过滤掉，只有最微小的胶质体能穿透滤纸，因此滤纸手冲的厚实感不如滤布手冲。

（二）涩感

1. 咖啡中的涩感与产生机制

涩感恰好与滑顺感相反，是由多酚化合物在口中营造的粗糙口感。涩感是一种触感或痛感，并非是味道，它是一种不滑顺的触感，与味道无关。

滑顺感与涩感是咖啡的两大口感。在杯测时，如果感受到涩感，会被扣分，而感受到滑顺感则会加分。

咖啡的油脂与胶质体在口腔中营造了滑顺口感，但咖啡的多酚化合物会产生粗糙的涩感。虽然涩感是葡萄酒重要的口感，但咖啡中的涩感带给咖啡不愉悦的感觉。

黑咖啡的涩感主要来自生豆中所含的绿原酸在烘焙过程中降解为"二咖啡酰奎宁酸",它是酸苦涩的碍口物质,确是强效抗氧化物,科学家发现"二咖啡酰奎宁酸"是治疗肝炎的良药。此外,咖啡豆也含有"酒石酸",也称为"葡萄酸",也是营造涩感的主要成分。

"二咖啡酰奎宁酸""单宁酸""酒石酸"都是植物酚的一种,虽然分子结构很接近,却是不同成分。专业的咖啡机构已不再称"单宁酸"是造成咖啡涩感的元凶,因为黑咖啡含量较多的是"二咖啡酰奎宁酸",而非"单宁酸"。

涩不是味道,而是口感。葡萄酒的涩感是因为单宁酸很容易和唾液润滑口腔的蛋白质凝结成团,从而失去润滑作用,产生粗糙的褶皱口感。另外,单宁酸也容易和口腔上皮组织凝结成团,造成涩感。喝茶也常有涩感出现,因为茶叶含有茶丹宁,也会产生涩感。黑咖啡的"二咖啡酰奎宁酸"也会凝结唾液的润滑蛋白质,在上皮组织产生褶皱的涩感。

与葡萄酒、茶相比,咖啡涩感的机制更加复杂,每杯咖啡或多或少都含有"二咖啡酰奎宁酸"或"酒石酸",但是好咖啡喝来却没有涩感,这是因为咖啡所含的糖分较高,中和了涩感,如果黑咖啡所含的"二咖啡酰奎宁酸""酒石酸"和咸味成分(钠、锂、钾、溴、碘)含量较多,且糖分太少,就很容易凸显出不适的涩感。因此,喝到会涩的黑咖啡,加点糖可以中和涩感。加牛奶也可以中和涩感,因为"二咖啡酰奎宁酸"会与牛奶蛋白质凝结成团,从而不至于破坏唾液里的润滑蛋白质。

● 相关链接

植物含量最多的前四大化学成分依次为纤维素、半纤维素、木质素和多酚类。多酚是植物抵御紫外线的武器,也是植物色泽的来源。绿原酸、单宁酸、儿茶素和黄酮素都是多酚类。

葡萄酒的涩感来自葡萄皮与葡萄籽的"单宁酸",因此很多人误以为咖啡的涩感也是单宁酸惹的祸,其实并非如此。M.N. Chifford 与 J.R. Ramirez-Martinez 发布的研究报告《水洗法咖啡豆与咖啡果皮的单宁酸》中指出,生豆并不含单宁酸,过去有若干报告指出单宁酸存在于咖啡的果皮内,但该研究却发现,咖啡果皮仅含微量的水溶性单宁酸,只占果皮重量的1%。但咖啡果皮所含的非水溶性单宁酸较多。

2. 影响咖啡中涩感的因素

咖啡的涩感与烘焙方式和生豆的品质密切相关。烘焙时，大火快炒，不到 8 分钟就出炉的浅中焙咖啡，容易产生涩感和金属味。相比之下，火力正常，10~12 分钟出炉的咖啡，较不易有涩感，因为反常的快炒容易衍生更多的"二咖啡酰奎宁酸"。另外，生豆品质不佳，尤其是发育未成熟的咖啡豆，含有高浓度的绿原酸，也是造成涩感的主要因素。如果生豆是精品级别，糖分含量较高，不至于有涩感。此外，瑕疵豆太多也很容易有涩感，烘焙或研磨前挑出干净瑕疵豆也可减少涩感的出现。

涩感与咖啡品种也有关系。阿拉比卡的涩感不如罗布斯塔明显，因为阿拉比卡的绿原酸只占豆重的 5.5%~9%，但罗布斯塔的绿原酸占豆重的 7%~10%，因此烘焙后会产生较多的"二咖啡酰奎宁酸"。总之，涩感并不是精品咖啡应有的口感，不妨视为咖啡品质的警讯，从调整烘焙方式并剔除瑕疵豆做起，双管齐下，去除涩感。

四、咖啡品鉴的整体平衡

任务描述

利用课上提供的若干款咖啡练习品鉴，分享品鉴体会和感受。

任务内容

1. 学习形式：个人。
2. 获取资料：感官训练。
3. 成果展示：个人完成训练。
4. 课堂交流。

（一）咖啡的基本平衡

一杯咖啡的整体风味是由水溶性味道、挥发性香气以及无香无味的口感构建而成，经由味觉、嗅觉与触觉三大感官一起鉴赏。可总结归纳为以下味觉方程式：

风味（Flavors）

= 挥发性香气 + 水溶性味道 + 口感

= 干香与湿香 + 酸甜苦咸 + 滑顺感与涩感

= 鼻前与鼻后嗅觉 + 口腔味觉 + 口腔触觉

（二）品鉴咖啡整体平衡的步骤

第一步，研磨咖啡品鉴干香，气化物。

品鉴风味的第一层次，从研磨咖啡开始。此时挥发性芳香物大量释放出来，品鉴咖啡粉的干香，最好使用"忽远忽近"的方法，也就是不时变换鼻子与咖啡粉的距离，先远后近或先近后远均可。

因为分子量最轻的花果酸香，即杯测时惯称的"酵催作用"风味，具有高度挥发性，最先释放出来。接着释放出中分子量的焦糖、坚果、巧克力和杏仁味，但飘散距离比前者低分子量更短，所以要靠近才能闻到。最后是高分子量的松脂味、硫醇以及焦香味，由于分子量最重，飘香最短，这些气味多半是中深焙时才有，需要将脸鼻贴近咖啡粉上方才能捕捉到。品鉴咖啡时，常变化鼻子与咖啡粉的距离，比较容易闻到低、中、高分子量的多元香气。

第二步，冲泡咖啡品鉴湿香，气化物。

有些挥发性芳香物无法在常温下气化，需要以高温的热水冲煮才能释放出香气，这是冲煮咖啡时的湿香，也就是品鉴咖啡风味的第二个层次了。

品鉴时，同样采用远近交互的方式闻香。此时，咖啡的花果酸香、焦糖香，以及瑕疵的药水味、木头味、泥土味，在湿香的表现上会比干香更明显、更容易察觉。

第三步，咖啡入口品鉴味道，液化物。

咖啡冲煮后的水溶性味道如何，也就是风味的第三个层次，需要靠舌头味蕾来捕捉。

咖啡入口，味蕾的酸甜苦咸受体细胞立即捕捉水溶性风味分子，原则上舌头各区域均能感受到咖啡的四种味道，但舌尖对甜味、舌两侧对酸与咸、舌根对苦味较为敏感。这四种味道相互牵制融合，构成了咖啡味道的平衡感。如果其中一种味道太突出，会抑制或加持其他味道的表现，甚至会影响口感。

例如，咸味成分过高，遇到酸性物质，会放大涩感。但是微咸遇到甜味，则咸味被抑制，变得温和顺口，而且咸味有时也会与苦味相互抵消。有人喜欢在咖啡中加盐，就是要抑制苦味。另外，酸味和甜味会引出精制的水果滋味。咖啡四种味道的互补与牵制，是咖啡味道平衡感的重要基础。原则上，酸味和甜味是精品咖啡的优质成分。咸味与苦味是负面成分，但两者有时会相互抵消。

第四步，舌腭互动品鉴口感，液化物。

咖啡入口后，用舌头来回滑过口腔与上颚，感受咖啡的顺滑感与涩感，这是品鉴咖啡风味的第四个层次。

黏稠度越明显，咖啡在口腔的滑顺感越好，这是由于咖啡油脂、蛋白质与纤维等悬浮物营造出的愉悦口感。涩感则是令人讨厌的口感，它是由咖啡所含的绿原酸，经烘焙后产生的苦涩降解物"二咖啡酰奎宁酸"造成的。

滑顺感令人愉悦，涩感令人不爽，这是咖啡两大对立口感。

第五步，闭口回气品鉴甜香，气化物。

咖啡入口后，在吞下前和吞下后，闭口回气，徐徐呼气出鼻腔，通过鼻后嗅觉感受咖啡香气，这是品鉴风味的第五个层次。

咖啡冲泡好后，有许多油溶性芳香分子，困在咖啡油脂中并悬浮在咖啡液里，这些成分不溶于水，味蕾无法捕捉，不能形成滋味，一直到咖啡喝入口，这些挥发性成分才脱离油脂，在口腔里释放出来，再透过闭口回气，从鼻咽部进入鼻腔，由嗅觉细胞捕捉香气。

第六步，咀嚼回气品鉴余韵，气化物与液化物。

咖啡吞下回气后，很容易感受到香气与滋味随着时间而变化，构成品鉴风味的第六个层次——口鼻留香的余韵。①

任务九　练习题

1. 在杯测前准备样品豆时，杯测碗容量和样品豆的比例为（　　）。

　　A. 16∶16　　　B. 17∶17　　　C. 18∶18　　　D. 19∶19

2. 杯测用样品的研磨粗细，一般为（　　）。

　　A. 精盐粗细　　B. 白砂糖粗细　C. 海盐粗细　　D. 面粉粗细

3. 为保证杯测样品豆的一致性与稳定性，同一支样品豆一般选用几分样品进行杯测（　　）。

　　A. 3 碗　　　　B. 4 碗　　　　C. 5 碗　　　　D. 6 碗

4. 杯测的第一步为（　　）。

　　A. 闻干香　　　B. 破渣　　　　C. 闻湿香　　　D. 破渣

5. 杯测时，品鉴咖啡酸质的最佳时段为（　　）。

---

① 韩怀宗. 世界咖啡学［M］. 北京：中信出版集团有限公司，2017.

A. 低温   B. 中温   C. 高温   D. 常温

6. 杯测时，每支样品豆均需要品鉴（ ）。

  A. 2次   B. 3次   C. 4次   D. 5次

7. 在杯测评分表里，下列哪项不是与瑕疵和缺陷联动的评分项（ ）。

  A. 一致性   B. 干净度   C. 甜度   D. 酸质

8. 下列不属于咖啡品鉴维度的一项是（ ）。

  A. 味道   B. 香气   C. 触觉感   D. 一致性

9. 在36味咖啡香气瓶中，土壤味属于（ ）。

  A. 焦糖组   B. 花果组   C. 干馏组   D. 其他组

10. 在36味咖啡香气瓶中，杏桃味属于（ ）。

  A. 焦糖组   B. 花果组   C. 干馏组   D. 其他组

11. 在36味咖啡香气瓶中，胡椒味属于（ ）。

  A. 焦糖组   B. 花果组   C. 干馏组   D. 其他组

12. 在36味咖啡香气瓶中，香草味属于（ ）。

  A. 焦糖组   B. 花果组   C. 干馏组   D. 其他组

答案：

  1~5. CBCCB   6~10. BADBB   11~12. CA

任务十　咖啡杯测认知

一、杯测基础知识

任务描述

  学习完本任务后，为杯测准备器皿和设备，罗列清单，并标注相应的作用和功能。以小组形式，通过PPT展演汇报。

咖啡杯测

任务内容

1. 学习形式：小组完成。
2. 获取资料：资料检索，行业岗位实践。
3. 成果展示：小组讲演并汇报。
4. 提交PPT讲演文稿。

（一）杯测的定义

杯测是将一批咖啡生豆采用标准化烘焙、萃取与啜吸的方式，由杯测师通过嗅觉、味觉与触觉的感官体验，将咖啡香气、味道与口感三大抽象的感官体验，用通用的语言文字进行量化评定，最终得到杯测评分的过程。

（二）杯测的意义

杯测最早是在1890年由美国旧金山的席尔兄弟咖啡公司使用的品控方法。他们为了确保每批咖啡生豆的品质，对进口的咖啡生豆进行两个阶段的杯测。第一阶段，在咖啡豆原产地出货前先对样品生豆进行杯测，得到一个评分，并保留产地杯测时使用的样品咖啡豆。第二阶段，在咖啡生豆经过运输到达目的地港口后，再次取样，进行第二次杯测验货，得到一个分数。通过比对两次杯测的结果，确定进口生豆品质是否与产地一致。

咖啡杯测是大型烘焙厂品控的标准程序，其意义在于确保采购的咖啡生豆的品质，并于烘焙前发现咖啡豆的重大瑕疵，以此确保咖啡熟豆的品质。

二、杯测的准则

任务描述

学习完本任务后，做杯测准备实践。练习杯测碗的准备、杯测勺的使用、杯测台的搭建，研磨咖啡豆，注水练习。

杯测（上）

任务内容

1. 学习形式：以小组为单位，完成杯测准备阶段的实践工作。

2. 获取资料：资料检索，行业岗位实践。
3. 成果展示：交流分享经验。
4. 提交各小组杯测准备台照片。

1982 年美国精品咖啡协会（SCAA）创立，其第二任理事长泰德·格林在 1985 年先后出版与修订了《咖啡杯测手册》以及《咖啡风味轮》图标，创造性地将咖啡的香气、味道与口感的杯测术语及流程标准化。杯测发展到现在，已成为鉴定咖啡豆品质、评判咖啡豆以及参加专业赛事的必备程序。2017 年，美国精品咖啡协会（SCAA）与欧洲精品咖啡协会（SCAE）合并，成立了全球范围内的精品咖啡协会，简称 SCA（下文统称 SCA），Specialty Coffee Association。

杯测最伟大的创新是标准化的操作准则与流程。它让世界范围内的咖啡师可以用相同的语言来描述同一批咖啡豆，并得到量化后的评分。杯测的实施有三个基准原则：标准化烘焙、标准化萃取、标准化评价。

（一）标准化烘焙

杯测使用的样品豆烘焙流程，是影响杯测结果与公平性的最大变数。SCA 对咖啡豆的烘焙度、烘焙时长、冷却等有着严格的规定。

烘焙度：根据 SCA 杯测标准，样品豆由杯测主办单位统一烘焙，以艾格壮咖啡烘焙度分析仪的数值为标准，艾格壮数值为 #58，研磨后的咖啡粉数值为 #63，误差在 ±1 范围内。

烘焙时间：根据 SCA 杯测标准，烘焙时间在 8~12 分钟。

冷却：样品豆需要在杯测前 24 小时内完成烘焙，咖啡豆出炉后，用传统烘焙机的负压式冷却盘冷却，降至室温。样品豆烘焙完成后，储存在干净的密封容器或不透光的包装袋中，进行 8 小时熟成，即样品豆必须在烘焙前 8 小时准备完成，否则将影响熟成。样品豆需储藏在干燥阴凉处，不得放入冰箱冷藏。

（二）标准化萃取

杯测用豆的萃取方式简单易操作，目的是排除杯测时因冲泡技巧与手法的不同影响咖啡豆的品质。萃取使用的杯具、水质、水温、研磨度、浓度以及浸泡时间均有标准。

杯具：使用容量 150~180 毫升的厚陶瓷杯测碗。杯测碗的最大容量为 225 毫升。准备杯盖，磨粉后为了留住咖啡干香，用来盖住杯测碗。按照 SCA 的杯测标准，每个样品豆需要 5 个杯测碗，以检测样品豆风味的一致性。

水质：杯测用水必须洁净无味，不得使用蒸馏水或软水。根据 SCA 的要求，杯测用水的总固体溶解量（Total Dissolved Solids，简称 TDS）介于 75~250mg/L，理想的 TDS 为 150mg/L。低于 75mg/L 水质太软，容易过度萃取。如果所在地区水质太软，可以将咖啡粉研磨度调粗，以抑制过度萃取。

研磨度：杯测用咖啡粉研磨度必须一致。70%~75% 的咖啡粉粒能通过美国 20 号标准筛网，即颗粒直径为 0.85 毫米。与一般手冲咖啡或虹吸式咖啡使用的咖啡粉相比更粗，接近法式滤压壶的粗细。

每支样品豆必须先磨掉一定的分量，以清楚前一支样品豆残留在刀盘上的余味。样品豆研磨后，需要在 15 分钟内完成注水，如果咖啡粉要放置超过 15 分钟以上，必须在杯测碗上加盖，降低咖啡粉氧化程度，咖啡粉存放时间最长不超过 30 分钟。

浓度：咖啡豆克数与注入热水量的比例为 1∶18.18。即 8.25 克的咖啡豆研磨后，以 150 毫升的热水萃取；9.9 克的咖啡豆研磨后，以 180 毫升的热水萃取；11 克的咖啡豆研磨后，以 200 毫升的热水萃取。SCA 指定咖啡豆与热水的比例为 1∶18.18 是因为萃取的浓度刚好落在"金杯准则"所规定的 TDS 区间，即 TDS 在 1.15%~1.35% 的中间区域。

水温：萃取水温为 93℃。直接注入杯测碗中，确保咖啡粉均匀浸泡。

浸泡时间：让咖啡粉在杯测碗内浸泡 3~5 分钟，其间不要搅拌，之后才可开始评价。

（三）标准化评价

杯测环境必须保持干净无异味，安静，杯测人员禁用香水、发胶等有异味的用品，以免干扰杯测。杯测时需使用专用杯测勺，采用啜吸方式评价。

杯测勺：专用杯测勺，圆形深底，容量 8~10 毫升，方便啜吸。杯测勺有不锈钢与镀银材质，其中镀银材质散热较快。

啜吸：杯测时标准的品鉴动作为啜吸。啜吸时咖啡液以雾化的形式伴随着大量的空气入口，水溶性的咖啡味道更均匀地分布在舌头的各个区域，而且咖啡油脂里的气化成分更容易释放出来，从口腔后面的鼻咽部上扬进鼻腔，加快品鉴的速度。[1]

---

[1] 韩怀宗.世界咖啡学［M］.北京：中信出版集团有限公司，2017.

任务十一 咖啡杯测应用

一、杯测评分表解读

任务描述

学习完本任务后，解读杯测评分表，项目、评分原则、标准语言等，课堂完成讲演汇报。

杯测表

任务内容

1. 学习形式：以小组为单位，完成杯测表解读。
2. 获取资料：资料检索，行业岗位实践。
3. 成果展示：课堂讲演PPT展示汇报。
4. 提交汇报讲演文稿。

SCA杯测评分表共9栏，第1栏为样品豆编号，第2栏为样品豆烘焙度色卡，第3栏为干香与湿香，第4栏为风味与余韵，第5栏为酸味，第6栏为醇厚度，第7栏为一致性与平衡感，第8栏为一致性和甜味，第9栏为总评与瑕疵缺陷扣分项。以上9栏构成第1行，第2行为备注栏，用来记录杯测过程中的风味描述等内容，供下分时参考。

评分项有水平标记与垂直标记两种。水平标记从6分至10分，垂直标记为5分格标记，表示强弱走向。水平标记评分项以0.25分为基准单位给分，参加杯测的咖啡豆均为商用级别以上，因此评分标记从6分开始，共有四个级别，6分级别为"好"（Good），7分为"非常好"（Very Good），8分为"优秀"（Excellent），9分为"卓越"（Outstanding），每个级别根据品质好坏，又有4个给分等级，给分单位为0.25分（表7）。

表7 杯测表评鉴品质等级

品质等级			
6.00（好）	7.00（非常好）	8.00（优秀）	9.00（卓越）
6.25	7.25	8.25	9.25
6.50	7.50	8.50	9.50
6.75	7.75	8.75	9.75

垂直走向的5分格标记，表示该项目的强弱等级，垂直标记仅供杯测师标注，与分数无关。垂直标记仅出现在"干香与湿香""酸味"和"醇厚度"三栏中，方便杯测师标记该项目的强弱度，其他评分项没有垂直标记。需要注意的是垂直标记与水平标记的给分有一定的逻辑关联，是杯测师在相关给分项给分的依据。

一支咖啡豆的杯测总评分数在80分以上，表示该批豆子为精品咖啡豆。

二、杯测评分表应用

任务描述

学习完本任务后，做杯测实践，课堂提供3支杯测样品豆。完成杯测准备工作，并进行杯测，使用杯测评分表评分。

任务内容

杯测（下）

1. 学习形式：以小组为单位，完成杯测实践。
2. 获取资料：资料检索，行业岗位实践。
3. 成果展示：讲解各自的杯测评分内容、分数、评语等。
4. 提交杯测评分表。

（一）干香与湿香

按照杯测的流程，干香与湿香最先呈现在杯测师面前，因此在杯测评分表上，干湿香也在最前列。干香是指咖啡研磨成粉尚未以热水冲泡前所散发的挥发性香气。湿香是指热水冲泡咖啡后产生的气化香气。

闻干香时，发掘特殊的干香，可记在备注行，以免忘记，因为闻好干香后就注入热水，如果杯测师忘记了之前的干香风味描述，就不可能回到闻干香环节再闻一次了。

注入热水后，浸泡3~5分钟，以杯测勺破渣，边破渣边闻湿香。

浸泡5~8分钟，其间闻湿香，将特殊香气记录在备注栏内。

干香与湿香的左右两侧各有一个垂直的5分刻度香味强度表，杯测师根据闻干香和闻湿香时感受到的香气强度标注。香气强度仅供在给干香和湿香横向标记下分时参考，下分时以香气的品质为准。确认后将分数写入右上方的分数框内。

（二）风味

风味是指咖啡入口后，水溶性味道与挥发性香气共同构建的咖啡风味。它是由味觉对酸、甜、苦、咸四大味道，以及嗅觉对气化物回气鼻腔的香气汇总的整体感官。

正向的风味描述有：花香、蜂蜜、坚果、巧克力、莓果类、水果、薰香、强烈、辛香、厚实、鲜明、令人愉悦、有深度、有振幅。

负向的风味描述有：清单、土腥、豆腥、草腥、柴木味、麻袋味、兽味、苦咸酸。

（三）余韵

咖啡入口咽下或吐掉后，用嘴嚼几下，会发现味道和香气并未消失，如果余韵无力并表现出令人不舒服的苦涩、咸味或其他杂味，该评分项分数会很低。余韵是捕捉香气、味道和口感如何收尾的关卡，如果尾韵在甜香蜜味中收场，会有高分；如果出现涩感尾韵，会被扣分。

余韵和味道在同一栏，而且排序在味道之后，目的是检测味道的收尾，实际上余韵得分会低于味道，因为味道好，余韵未必好，如果味道差，余韵肯定更糟糕。

正向的余韵描述有：回甘、余韵无杂、口鼻留香、持久不衰。

负向的余韵描述有：辣喉、苦涩、杂味、不干净、不舒爽、厌腻。

（四）酸味

咖啡入口，味蕾立即感受到酸味，舌头中后段两侧最敏感。优质的咖啡果酸入口后会有生津的奇妙口感。

强弱适当的酸味，可以增强咖啡的明亮度、动感、酸甜与水果风味。但酸过头就会使人皱眉生畏，成了尖酸。太强烈的酸味并不利于咖啡整体香味的表现。在评分时，需考虑该样品咖啡豆的产地地域风味、特性以及烘焙度等相关因素。比如，非洲产区肯尼亚的豆子预期会有较高的酸味，而亚洲产区印度尼西亚苏门答腊的咖啡豆果酸会比较低。换句话说，符合这个预期的样品豆会有较高的得分，尽管两者的酸味的评分标准不同。

虽然酸味让咖啡喝起来更有活力与层次，但酸度的强弱与咖啡品质的好坏没有绝对关系。杯测师必须根据酸味的品质而非强弱来评分。

酸味的正向描述有：精致、活泼、刚柔并济、酸质突出、层次感、丰富、生津。

酸味的负向描述有：尖锐、粗糙、无力、呆板、醋味、酸败。

（五）醇厚度

醇厚度是口感的一种，与香气、味道无关。英文称为 Body。醇厚度是咖啡液的油脂、碳水化合物、纤维质或胶质所营造的特殊口感，包括黏稠感、重量感、顺滑感与厚实感。

醇厚度的品质取决于咖啡液在口腔造成的触感，尤其是舌头、口腔与上颚对咖啡液的触感。稠度高的咖啡是因为冲泡时萃取出较高的胶质与油脂，在品质评分上较高。但是有些黏稠度较低的咖啡，在口腔里也会有很好的顺滑感，颇为讨好，例如非洲产区埃塞俄比亚的耶加雪菲或西达摩。预期会有较高黏稠感的亚洲产区印度尼西亚苏门答腊及较低黏稠感的非洲产区埃塞俄比亚都可以在此评分上得到高分。醇厚度的评分类似酸味，注重品质，不按重量。

醇厚度的垂直标记是 5 分刻度表，Heavy 表示厚，Thin 表示薄，仅供标记。醇厚度的质感才是重点。

咖啡的口感至少包括厚实感与涩感两种，SCA 的杯测评分表仅聚焦醇厚度，忽略了涩感，美中不足。

正向的醇厚度描述有：奶油感、乳脂感、丝绒感、圆润、顺滑、密实。

负向的醇厚度描述有：粗糙、水感、稀薄。

（六）一致性

一致性有 5 格小方格，表示 5 杯咖啡都要检测。一致性也要从高温喝到室温，考查咖啡在高温、中温与低温不同阶段的表现。有些瑕疵味在低温才会喝到。

杯测的一致性表示 5 杯咖啡在湿香、味道与口感上均保持一致的稳定性，才会有高分。因为 5 个碗里浸泡的咖啡遍数相同，风味理应保持一致。但烘焙前瑕疵豆挑不干净，或咖啡水洗与日晒过程有闪失，干燥度有差异，就无法逃过杯测时一致性的检验。SCA 杯测评分表，一致性佳，每杯可以得到 2 分，5 杯一致可得 10 分，若其中有一杯风味不同，则无法得到2分。一致性是SCA杯测评分表的独有项目。

（七）平衡感

同一支样品咖啡豆的味道、余韵、酸味和口感，相辅相成，缺一不可的平衡之美。如果某一个味道或香气太弱或太强，此栏会被扣分。

杯测师需要检测样品咖啡豆的味道与口感，从高温到常温的变化是否平衡讨好，如果放凉接近室温时，尖酸或苦涩暴露出来，打破平衡就不宜得到高分。

正向平衡感的描述有：协调、均衡、冷热始终如一、结构佳、共鸣性、酸味与厚实感和谐。

负向平衡感的描述有：太超过、相克、突兀、味道失衡。

（八）干净度

干净度是咖啡喝下第一口至最后的余韵，几乎没有干扰性的气味与味道，即"透明度"佳，没有不愉悦的杂味与口感。

咖啡在高温、中温和低温阶段干净度的表现很重要。杯测师从70℃左右喝下第一口咖啡，直到常温时喝下最后一口咖啡，需要留意不同温度阶段的干净度表现。因为味觉与嗅觉在咖啡温度较高时，容易受到干扰，不容易察觉杂味，但咖啡接近常温时，人的感官灵敏度较好。SCA杯测评分表干净度评分项有5个小方格，表示5杯都要测味，每杯符合干净度要求，可得2分，任何一杯出现不属于咖啡的味道，这一杯不得分。

正向的干净度描述有：纯净剔透、无杂味、层次分明、立体感。

负向的干净度描述有：杂味、土味、霉味、木头味、药水味、过度发酵异味。

（九）甜味

甜味与干净度在同一栏，因为干净度够，甜味才出的来，而且干净度与甜味必须从中高温喝到常温才能完成，甜美味道往往放凉后更明显。杯测所谓的甜味有两层意思：一是毫无瑕疵令人愉悦的圆润味谱；二是先酸后甜的变化味道，这是由于碳水化合物与氨基酸在焦糖化与梅纳反应的酸甜产物，不全是糖的甜味，有水果酸甜味道。

咖啡的甜味与咖啡果成熟度有直接关系，半红半绿的未熟咖啡果，其果胶层仍含高浓度的有机酸，尚未转化成糖分，此时以糖度计测量果胶的甜度，只有10%左右，随着果实成熟至暗红色，果胶的有机酸熟成为糖分的比率提高，此时的甜度高达 20% 以上，甜度越高的果胶层，会孕育出越甜美的咖啡豆，这即是为何要采摘熟透红果子的原因。

如果咖啡豆摘自熟透的红果子，喝起来圆润清甜，一旦掺入未熟豆，咖啡容易有草腥、尖酸与涩感，抑制甜感。因此，杯测时会将青涩与尖酸看作甜味的反面表现。

SCA 杯测评分表甜味栏有 5 个小方格，杯测时 5 杯都要测试，甜感极佳每杯得到 2 分，5 杯最高得分 10 分。

正向的甜味描述有：酸甜感变化、圆润感、甜美。

负向的甜味描述有：青涩、未熟、尖酸、呆板。

（十）总评

总评是杯测师个人主观喜好的给分项目，由杯测师对样品豆香气、味道与口感的整体表现所作的总评分。样品的整体风味是杯测师特别喜欢的或某一特色让杯测师感到惊艳，都可能在此项目拿到高分。

正向的总评描述有：味道丰富、立体感、饱满、花果香甜味。

负向的总评描述有：单调乏味、不活泼、杂味、死酸味、咸味、涩感。

（十一）总分

将上述十大项的得分加起来，即为总分。

（十二）瑕疵和缺陷扣分项

小瑕疵（Taint）指气味不佳，虽然很明显但没有严重到难以下咽，一般是指尚未喝入口的咖啡粉干香与湿香的瑕疵气味。

大缺陷（Fault）是指恶心味严重到难以下咽，一般指咖啡入口后，由味觉以及鼻后嗅觉察觉出味道层面的缺陷味。

杯测师发现缺点需先标注其属性，如尖酸味、橡胶味、泥土味、木头味、药水味、酸败味、酚味等，再判断其"缺点强度"（Intensity）是小瑕疵或大缺陷，若是小瑕疵，每杯扣 2 分，若是大缺陷每杯扣 4 分。

出现缺点时，必须确定强度是小瑕疵或大缺陷味，如果两者皆有，则从重量刑，每杯扣 4 分。例如，第 3 样品出现一杯有小瑕疵味，另一杯有大缺陷味，则从重量刑，"强度"以大缺陷味认定，扣 4 分。缺点扣分为：2（杯数）×4（强度）=8。

公式为：扣分 = 缺点杯数 × 缺点强度

（十三）最后得分

将总分减掉缺点扣分，即为该样品的最后得分，写在评分表最右下角的计分框里。

如果最后得分高于80分，即为精品级咖啡。从80分至100分，分为非常好（Very Good）、极优（Excellent）以及卓越（Outstanding）三个等级（表8）。①

表8 SCA杯测评分等级

最后得分等级		
90~100分	超优	精品级
85~89.99分	极优	精品级
80~84.99分	非常好	精品级
低于80分	未达到精品标准	非精品等级

---

① 资料来源：韩怀宗. 世界咖啡学［M］. 中信出版集团，2016.

项目五
咖啡馆运营

任务十二　开档与闭档

教学目标

1. 能进行营业前物料准备。
2. 能进行结束营业工作。
3. 能使用中英文迎送顾客。

一、营业前准备

（一）职业能力一：物料的准备

吧台的工具介绍

核心概念

咖啡馆物品的种类。
咖啡馆物品的用途。

学习目标

1. 能进行营业前物料准备。
2. 能进行结束营业工作。

基本知识

咖啡馆物品的种类和用途。
根据咖啡服务所需的基本物品，可分为原料类、布草类、器皿类、易耗品。

1. 原料类

咖啡制作所需的主要原料有咖啡豆、奶制品以及各类辅料。根据咖啡馆经营内容的不同，咖啡豆一般分为意式咖啡豆和单品咖啡豆。其中，意式咖啡豆指使用半自动咖啡机制作意式浓缩咖啡所需要的咖啡豆。单品咖啡豆指使用滴滤式萃取法所需要的咖啡豆，例如手冲咖啡、虹吸式咖啡等。

牛奶是咖啡馆制作牛奶类饮品的重要原材料，例如拿铁咖啡、卡布奇诺咖啡等。制作这类咖啡时，通常使用半自动咖啡机的蒸奶棒将牛奶打发，即在给牛奶加热的同时，将空气注入牛奶，以达到绵密口感需要的牛奶状态。通常选用全脂牛奶，每100毫升牛奶蛋白质含量在3.6克及以上最佳。淡奶油是打发奶油的必备原材料，无论是经典摩卡咖啡、康宝兰咖啡、维也纳咖啡等都离不开奶油。此外，为了迎合消费者的不同需求，咖啡馆配备的奶制品种类变得更加丰富，例如脱脂牛奶、燕麦奶、提纯奶等。

辅料的使用提升了咖啡饮品的多样性。常见的辅料有巧克力糖浆、焦糖糖浆、巧克力粉、抹茶粉等。巧克力糖浆是制作摩卡咖啡的主要原料。焦糖糖浆是制作焦糖玛奇朵咖啡的必备品。巧克力粉装点了卡布奇诺咖啡。抹茶粉是抹茶拿铁的灵魂，也是不喜欢咖啡因饮品顾客的最佳选择。

2. 布草类

在咖啡馆的日常运营中，明确布草的种类，确定用途，做到专布专用，是保障咖啡馆出品卫生的必备条件。根据咖啡制作的需求，咖啡馆的布草至少有5种。清洁冲煮粉碗专用布草、清洁沥水盘专用布草、清洁蒸奶棒专用布草、清洁咖啡杯具专用布草、清洁台面专用布草。5种布草需分类使用，不得混用。

3. 器皿类

咖啡馆的器皿分为制作咖啡所需器皿和出品咖啡所需器皿两类。制作咖啡所需器皿通常指非压力式萃取咖啡的器具，例如手冲咖啡器具、虹吸式咖啡器具、法压壶、爱乐压、冰滴萃取装置、摇酒壶等。出品咖啡所需器皿指咖啡杯、咖啡碟、托盘、茶匙等。

4. 易耗品

咖啡馆的易耗品包括各类糖包、外带杯、纸巾、搅拌棒、吸管等。

活动设计

1. 活动条件

咖啡实训吧台，原材料（咖啡豆、牛奶、辅料等），布草，器皿，易耗品。

2. 活动组织

（1）六人一组，每人负责一级物品，进行营业前盘点、检查、布置等准备工作。

（2）每组按照各自完成的情况，讲解发现的问题并提出解决方案。

（3）每组完成后，其他组同学对其进行点评和补充。

三、活动实施

序号	步骤	操作及说明	服务标准
1	分工	每组六人，每人负责一级物品，物品为咖啡豆、牛奶、辅料、布草、器皿、易耗品。明确分工。	（1）每类物品需明确负责人。 （2）能准确说出所负责物品的名称、规格。
2	盘点	按照物品类别分别盘点，检查原料保质期、原料状态，布置在正确的位置。	（1）能准确盘点物品。 （2）能识别原料保质期情况及原料状态是否正常。 （3）能将物品正确布置在工作台上。
3	交流	其他组进行评价和补充说明	（1）接受其他组的纠正或补充。 （2）仔细观察其他组的操作，并能提出自己的想法和意见。

◎ 情景一

如果你是咖啡馆的咖啡师，在营业前准备阶段准备物料时，发现冷藏柜里的全脂牛奶还未拆箱，被整箱放入了冷藏柜。请问你应该如何处理？

因为在咖啡馆繁忙时段，咖啡师的出杯效率受物品准备条件的直接影响，在营业前准备阶段发现冷藏柜里的全脂牛奶未拆箱，应该立即拆箱，检查牛奶保质期是否正常，并将拆箱后的牛奶依次放入冷藏柜，并采取"先入先出"原则。

◎ 情景二

一早在咖啡馆进行营业前准备工作时，发现磨豆机豆仓里前一天晚上剩余的咖啡豆还有很多，请问该如何处理最合适呢？

因为咖啡豆的贮藏受很多因素的影响，咖啡师应在第一时间检查咖啡豆的物理状态，即外观、味道是否正常，如若正常，应该使用咖啡馆里的萃取参数，用这批豆子制作意式浓缩咖啡，饮用后判断是否符合出品标准，符合则保留使用，不符合立即处理掉。

4.活动评价

评价内容		评价标准	是/否
活动完成情况	活动一	能准确盘点并识别原材料保质期情况及状态	
		能将物品准确放置在相应的工作区域	
	活动二	能准确盘点并识别原材料保质期情况及状态	
		能将物品准确放置在相应的工作区域	

课后作业

1. 开封后的咖啡豆在储藏时有何注意事项？
2. 打发后的奶油保存时的注意事项是什么？

（二）职业能力二：设备的预热

核心概念

1. 咖啡馆的设备类型。
2. 咖啡馆设备的用途。

学习目标

1. 能进行营业前设备的预热。
2. 能进行结束营业工作。

基本知识

1. 咖啡馆设备的种类和用途。
2. 咖啡馆的设备通常有研磨机、意式浓缩咖啡机、冷藏柜、热水机、净水设备、制冰机等。

1. 研磨机

研磨机是咖啡馆最重要的设备之一。优质的咖啡出品离不开高品质的研磨机。研磨咖啡豆的精细度、研磨颗粒的一致性直接影响咖啡萃取的品质。

2. 意式浓缩咖啡机

意式浓缩咖啡机是一家咖啡馆最重要的设备。有手动意式浓缩咖啡机、半自动意式浓缩咖啡机、全自动意式浓缩咖啡机三类。其中,半自动意式浓缩咖啡机是精品咖啡馆的主流意式浓缩咖啡机类型。全自动意式浓缩咖啡机在连锁品牌咖啡馆最为常见。手动意式浓缩咖啡机很少见。此外,胶囊咖啡机作为一种全自动意式浓缩咖啡机在高星级酒店客房内、全日餐厅、宴会厅、商务楼宇办公室茶水间、大堂等场所普遍存在。

3. 冷藏柜

冷藏柜是咖啡馆的必备设备。奶制品的储藏离不开冷藏柜。冷藏柜的容量需要结合咖啡馆的日常出杯量所需的奶制品总量综合考虑。在兼顾需求的前提下考虑冷藏柜的类型、体积是否与咖啡馆的整体装修风格匹配。

4. 热水机

热水机是咖啡馆的必备设备。无论是出品需求,抑或是清洁保养需求,热水机必不可少。热水机的容积、功率、加热效率,同样需要结合咖啡馆的出杯需求综合考量。

5. 净水设备

净水设备是咖啡馆最不起眼的设备,也是最重要的设备之一。它的好坏直接决定了咖啡馆的出品品质。净水效率和滤芯的使用寿命需要综合考量。

6. 制冰机

制冰机是咖啡馆不可或缺的设备。冰块的品质是制作冷饮咖啡的决定性因素。制冰机的制冰效率、清洁保养便利程度需要综合考量。

活动设计

1. 活动条件

咖啡实训吧台、磨豆机、意式浓缩咖啡机、冷藏柜、热水机、净水设备、制冰机。

2. 活动组织

(1)六人一组,每人负责一级设备,进行营业前开机预热、检查等准备工作。

(2)每组按照各自完成的情况,讲解发现的问题并提出解决方案。

(3)每组完成后,其他组同学对其进行点评和补充。

3. 活动实施

序号	步骤	操作及说明	服务标准
1	分工	每组六人，每人负责一级设备，设备为磨豆机、意式浓缩咖啡机、冷藏柜、热水机、净水设备、制冰机。明确分工。	（1）每类设备需明确负责人。 （2）能准确说出所负责设备的名称。
2	检查、开机预热	按照设备类别分别检查设备工作状态是否正常，并打开研磨机测试研磨度，打开意式浓缩咖啡机预热，并在预热结束后测试萃取，打开开水机。检查冷藏柜、净水设备、制冰机是否工作正常。检查制冰机的卫生状况。	（1）能准确判断设备的工作状态。 （2）能打开设备、预热设备。 （3）能检查设备的工作状态。
3	交流	其他组进行评价和补充说明	（1）接受其他组的纠正或补充。 （2）仔细观察其他组的操作，并能提出自己的想法和意见。

◎ 情景一

假设你是第一个早班员工，抵达咖啡馆后你在第一时间打开了意式浓缩咖啡机进行预热，这时走进店里一位顾客，你还未做好营业前准备工作。这位顾客要点一杯热美式咖啡，着急去参加一个会议。你应该怎么办？

告知客人咖啡馆还在营业前准备阶段，机器还在预热。意式浓缩咖啡机的预热需要时间，通常在20分钟左右。及时告知客人需要等待的时间，让客人自己选择是否继续。切忌在机器未达到预热温度前制作出品。

◎ 情景二

营业准备阶段，咖啡师发现制冰机的冰块品质不佳，应该如何处理比较妥当？

因为制冰机的冰块是客人直接使用的原材料，在营业准备阶段发现冰块有问题应严肃认真对待。检查制冰机的设置情况，如有必要清空制冰机里的冰块，启动清洗模式。务必保证制冰机出品的质量和卫生状况。

4. 活动评价

评价内容		评价标准	是/否
活动完成情况	活动一	能及时打开设备进行预热	
		具有检查设备工作状态的能力	
	活动二	能及时打开设备进行预热	
		具有检查设备工作状态的能力	

课后作业

1. 在每日营业前,测试研磨机和意式浓缩机的工作状态是否有必要,为什么?
2. 取用制冰机内冰块的冰铲应该如何放置?

二、迎送服务

职业能力:使用汉语、英语迎送宾客

核心概念

迎宾服务指在宾客进入咖啡厅前,在咖啡厅门口受到迎宾人员或领班的欢迎服务,真诚的迎送服务是给顾客留下良好第一印象的最佳时机。

学习目标

1. 能运用礼貌用语,面带微笑地进行迎宾服务。
2. 能使用英语提供迎送服务。

基本知识

1. 迎宾前的准备工作

(1)检查咖啡馆菜单是否充足,完好无破损、无污渍。
(2)事前熟悉了解当季新品或新推出的服务。
(3)检查自己仪容仪表,确保制服整洁、仪态大方、精神饱满。

2. 迎宾时的仪容仪表规范

(1)男生以后背式为基本站姿,右手握拳,左手握右手腕,放在腰间,两脚自然打开与肩同宽。女生以前腹式为基本站姿,手指自然弯曲,脚尖向左右两侧打开站立,双脚呈丁字形。

(2)站立时目光平视前方。当看到宾客走向咖啡馆时,面带微笑目视客人,点头示意,当客人逐渐走进咖啡馆时,主动问候客人。

3. 迎宾时的礼貌用语

（1）早上好/中午好/晚上好！欢迎光临咖啡馆，很高兴为您服务。

Good morning/Good afternoon/Good evening! Welcome to Coffee shop, How may I help you.

（2）请问您需要点什么咖啡？

What kind of coffee do you prefer?

（3）意式浓缩咖啡

Espresso

（4）美式咖啡

Americano

（5）康宝兰咖啡

Con Panna

（6）拿铁咖啡

Coffee Latte

（7）卡布奇诺卡咖啡

Cappuccino

（8）摩卡咖啡

Mocha

（9）维也纳咖啡

Vienna Coffee

（10）澳白咖啡

Flat white Coffee

（11）玛奇朵咖啡

Macchiato

（12）抱歉让您久等了。

Sorry to have kept you waiting.

（13）对此造成的不便，我们深感抱歉。

We are sorry for any inconvenience caused.

（14）请问您如何付款？

May I have your payment please?

（15）期待您再次光临。

Looking forward your next visit.

活动设计

1. 活动条件

菜单、桌号牌。

2. 活动组织

（1）六人一组，其中一人担任迎宾员，其他四人扮演客人，另外一位扮演评审员。

（2）每组依照特定的情景，模拟迎宾服务，每位角色均需要轮换。

（3）每次情景模拟结束后，评审员及时点评纠错，再进行第二批情景模拟。

3. 活动实施

序号	步骤	操作及说明	服务标准
1	客人来到咖啡厅，主动问候	（1）问候语："早上好/下午好/晚上好，先生、女士，欢迎光临咖啡厅。" （2）询问语："请问您几位？"	（1）面带微笑。 （2）问候语得体、及时。 （3）使用"五步十五步"原则，当客人走向咖啡厅，距离咖啡厅15步远时，面带微笑点头示意客人，当距离5步远时，用问候语问候客人。
2	引导客人到餐桌或吧台前点单	（1）询问客人对餐位的喜好，引导客人就座。 （2）如果客人在吧台前排队点单，及时协助客人，提供预点单服务。	（1）针对客人的需求，引领要迅速准确。 （2）主动、及时为排队的客人提供协助。
3	交流	其他组进行评价和补充说明。	（1）接受其他组的纠正或补充。 （2）仔细观察其他组的操作，并能提出自己的想法和意见。

◎ 情景一

如果你是迎宾员，有几批客人同时来咖啡厅消费，如何处理？

（1）迎宾员要热情招呼客人，在迎接一批客人的同时，对其他客人表示歉意，请他们稍后。周到快速地引领好一批客人后再去照顾下一批客人。要做到接一安二顾三。

（2）如其他服务员看到有等候的客人时，也要主动热情招待客人。

◎ 情景二

如果你是迎宾员，客人来咖啡厅消费，此时咖啡厅已满座，如何处理？

（1）应主动招呼，并礼貌地告知客人咖啡厅已满。

（2）在确认咖啡厅内客人的情况，并预估需要等候的时间后，征得客人同意引领客人至等候区等候。

（3）如果客人不愿等候，则向客人推荐其他咖啡厅，并就客人无法在本店消费表示歉意。

4. 活动评价

评价内容		评价标准	是/否
活动完成情况	活动一	能准确使用礼貌用语问候客人	
		能以优雅规范的肢体语言迎接宾客	
		能主动迅速地迎接好每一位宾客	

续表

评价内容		评价标准	是/否
活动完成情况	活动二	能正确使用礼貌用语招呼客人	
		能随时了解咖啡厅的就餐情况，应变能力强	
		能主动、及时安抚好每一位顾客	

课后作业

迎宾员在迎送客人时有哪些注意事项？

三、结束营业日

职业能力：意式浓缩咖啡机的清洁与保养

吧台清洁

核心概念

1. 意式浓缩咖啡机的日常清洁。
2. 意式浓缩咖啡机的常规保养。

学习目标

1. 能进行营业后意式浓缩咖啡机的日常清洁工作。
2. 能定期保养意式浓缩咖啡机。

基本知识

意式浓缩咖啡机每日清洁的流程：

（1）清洁冲煮手柄和冲煮粉碗：将冲煮手柄装入萃取单元，打开萃取开关或拨杆，利用咖啡机压力将热水通过冲煮粉碗压出冲煮手柄，反复多次。用专用布草清洁手柄部分。

（2）清洗蒸汽棒：用干净的、专用布草将蒸汽棒擦拭干净。打开蒸汽棒开关，利用蒸汽棒自身压力和喷出的高温蒸汽清洁残留的奶污垢。取干净的奶缸，加入七分满的清水，将蒸汽棒浸没在加入清水的奶缸里，打开蒸汽棒开关，利用蒸汽棒喷出的蒸汽加热清水的同时清洗蒸汽棒，清洗后用专用布草擦拭干净蒸汽棒。

（3）清洁沥水盘和排水槽：取下沥水盘用清水冲洗干净，用专用布草擦拭干净。检查沥水盘下部的排水槽是否有咖啡残渣，排水管是否堵塞。清楚排水槽内的咖啡残渣，用热水冲洗干净，确保排水管畅通，将沥水盘安装复位。

（4）清洁咖啡机外部：每天营业前、营业结束后以及营业中必要时段，用专用布草擦拭机身外部。专用布草不宜太湿，以防布草上过多的水渗入电路系统，侵蚀线路造成短路。时刻保持咖啡机外表面干燥、干净、无咖啡渍。

活动设计

1. 活动条件

咖啡实训吧台、意式浓缩咖啡机、热水机。

2. 活动组织

（1）六人一组，每人负责一级部件，进行营业前清洁保养工作。

（2）每组按照各自完成的情况，讲解发现的问题并提出解决方案。

（3）每组完成后，其他组同学对其进行点评和补充。

3. 活动实施

序号	步骤	操作及说明	服务标准
1	分工	每组四人，每人负责一级部件，冲煮手柄和冲煮粉碗、蒸汽棒、沥水盘和排水槽、咖啡机外部。明确分工。	（1）每类部件需明确负责人。 （2）能准确说出所负责部件的日常清洁流程。
2	清洁保养	按照部件类别分别进行清洁保养工作。	（1）能准确判断部件的清洁保养状态。 （2）能进行清洁保养。 （3）能复原设备部件并测试使用。
3	交流	其他组进行评价和补充说明	（1）接受其他组的纠正或补充。 （2）仔细观察其他组的操作，并能提出自己的想法和意见。

情景

假设咖啡师在制作出品时，你发现咖啡机下的台面上有水流出，应该怎么办？

立即关闭咖啡机电源，检查沥水盘和排水管是否堵塞，按照清洁保养流程进行维护，并开机测试。

4. 活动评价

评价内容	评价标准	是/否
活动完成情况	能及时发现问题	
	具有检查设备工作状态的能力	

课后作业

1. 在每日营业前、营业结束后，清洁保养意式浓缩咖啡机是否有必要，为什么？

任务十三　浓缩咖啡制作

教学目标

1. 单份意式浓缩咖啡制作。
2. 双份意式浓缩咖啡制作。
3. 特浓意式浓缩咖啡制作。
4. 长萃取意式浓缩咖啡制作。
5. 冰意式浓缩咖啡制作。

一、单份意式浓缩咖啡制作

核心概念

意式浓缩咖啡，即 Espresso。在意大利语中是"快"的意思。即用意式浓缩咖啡机快速萃取出的浓缩咖啡。在萃取时，对咖啡粉的研磨度、粉重，萃取压力，萃取时间，萃取用水的温度以及出杯量（也称为液重）五个因素均有特定要求。在保持其中四个因素不变的情况下，对上述五个因素中的任意一个因素进行调节，均会影响最终的萃取效果，直接反映在出品的风味上。特浓意式浓缩咖啡和长萃取意式浓缩咖啡就是其中两种。

意式浓缩咖啡制作

> **教学目标**
> 1. 能制作单份意式浓缩咖啡。
> 2. 能控制单份意式浓缩咖啡的出品质量。

基本知识

（一）意式浓缩咖啡

意式浓缩咖啡，英文为 Espresso，这个单词出自意大利语，在意大利语中的意思为"快速"。在这里用来指通过给研磨后的咖啡豆加以强压，在短时间内萃取出的意大利式浓缩咖啡。其最大的特点是萃取出的咖啡液表面有一层丰厚的咖啡油脂。使用意式浓缩咖啡机萃取。全自动意式浓缩咖啡机、胶囊咖啡机、半自动意式浓缩咖啡机均可萃取出意式浓缩咖啡。

（二）影响萃取意式浓缩咖啡的因素

萃取意式浓缩咖啡时非常注重研磨度，烘焙后的咖啡豆，通过咖啡研磨机的研磨，得到介于白砂糖和精盐之间粗细的咖啡粉是比较合适的。但是，不同品牌的咖啡豆，甚至同一品牌但新鲜度不同的咖啡豆，其萃取意式浓缩咖啡需要的研磨度也不尽相同。这是由于咖啡豆的品种、烘焙度、咖啡熟豆的新鲜度、研磨机以及意式浓缩咖啡机等因素均会对萃取造成影响。因此，萃取意式浓缩咖啡之前，需要调试研磨度，从而可以达到预期的萃取效果，最终确定萃取参数。

粉重也是影响萃取的关键因素之一。粉重是指咖啡豆研磨后的咖啡粉的重量，以克为单位。在其他萃取条件不变的情况下，较多的咖啡粉萃取出的咖啡和较少的咖啡粉萃取出的咖啡风味有明显区别。在萃取时，使用的咖啡粉重量与最终萃取出的咖啡液的重量之比，通常用"粉水比"描述，萃取意式浓缩咖啡时，理想的粉水比为 1∶2，即一份咖啡粉萃取出两份咖啡液。但是，这个参数仅供参考，在具体操作时，咖啡师需要综合考量其他影响因素，从而调整萃取参数，达到想要的萃取效果。萃取效果直接反映在咖啡出品的风味上。

萃取压力。制作意式浓缩咖啡的关键因素是压力，油脂的形成跟萃取压力密不可分。这里的萃取压力是使用大气压力作为单位衡量。制作意式浓缩咖啡时，需要 9 帕的萃取压力，当热水通过咖啡粉碗时，遇到填压后的咖啡粉饼产生的阻力，热水与咖啡粉交融，这时咖啡粉中的二氧化碳因压力作用无法顺利从咖啡粉中释放出来，而是直接融入咖啡液中。在压力作用下，咖啡粉中的可溶性物质在很短的时间内被萃取出来。二氧化碳、可溶性物质与水等融合在一起萃取出来，融合了丰富的咖啡油脂。

萃取时间。意式浓缩咖啡的萃取时长一般控制在 20~30 秒最佳。这是由于咖啡中的水溶性物质在咖啡萃取的不同阶段被萃取出来，20~30 秒作为最后的截止时间，能够较好地控制最终的出品。

萃取用水的温度。水温一般在 90~93℃，相同粉量下，水温越高萃取出的物质越多。

萃取出的咖啡液重。液重一般为粉重的 2 倍，但也不是绝对值，需要咖啡师综合考量后测试，以确定最终的萃取参数。

（三）意式浓缩咖啡的分类

对于普通消费者而言，意式浓缩咖啡只有一级。但专业的咖啡师需要知晓特浓意式浓缩咖啡和长萃取意式浓缩咖啡。这两种意式浓缩咖啡从字面上看仅为萃取时间的不同，其实，如果在了解了影响意式浓缩咖啡萃取的因素后，你会发现不只是萃取时间不同，是在多个因素综合影响下，最终得到的咖啡出品风味不同。

雀巢咖啡公司旗下胶囊咖啡机品牌奈斯派所咖啡（Nespresso）将意式浓缩咖啡分为意式浓缩咖啡（Espresso）、芮斯崔朵咖啡（Ristretto）、大杯咖啡（Lungo）。其中，意式浓缩咖啡液重约为 40ml，萃取时间为 28s±3s。芮斯崔朵咖啡的咖啡液重为 25ml，萃取时间为 15s 左右。大杯咖啡的液重为 110ml，萃取时间为 50s 左右。

（四）意式浓缩咖啡的感官特征

中深烘焙度和深烘焙度的咖啡豆是制作意式浓缩咖啡的首选。烘焙度决定了咖啡豆未来萃取咖啡出品的整体感官走向。根据拼配的咖啡品种不同，意式浓缩咖啡表现出的感官特征不尽相同。但整体而言，其感官特征包含以下主要风味关键词。

香气方面，有可可香气或巧克力香气或焦糖香气，抑或香草香气，这些香气的甜感不同，强度逐渐递进。

味道方面，有回甘，回甘的显性度跟咖啡豆和烘焙度有关，甜苦味道平衡。酸味柔和、明亮。

风味方面，有可可味或巧克力味或焦糖味，抑或焦糖味。

口感方面，口感醇厚、浓郁，咖啡豆和烘焙度不同，表现出的口感不尽相同，可以描述为脱脂牛奶、全脂牛奶、蜂蜜、糖浆等口感。有着较长的余韵。

活动设计

1. 活动条件

意式浓缩咖啡机、研磨机、电子秤、TDS。

2. 活动组织

(1) 每四位同学一组,其中两位同学在左右两个萃取单元扮演咖啡师制作咖啡,另外两位同学在旁边做点评员。

(2) 每组两位咖啡师同学首先萃取单份意式浓缩咖啡,同组的另两位点评员同学点评。两组互换。

(3) 各小组依次进行,每位同学均需要完成单份意式浓缩咖啡的制作,并对同组的同学点评。

3. 活动实施

序号	步骤	操作及说明	服务标准
1	物品准备	(1) 单份意式浓缩咖啡杯。 (2) 茶匙。 (3) 糖缸(配白砂糖、黄沙糖、健怡糖各4包)。 (4) 出品用托盘。 (5) 五条布草。 (6) 咖啡豆。	准备物品要迅速、齐全,干净、无污渍。
2	意式浓缩咖啡制作	(1) 温杯。将意式浓缩咖啡杯放置在咖啡机出热水处,放热水,温杯。将热水倒掉,拿干净的擦杯布将意式浓缩咖啡杯擦拭干净。 (2) 将冲煮手柄从咖啡机萃取单元上卸下,用专用布草擦拭冲煮粉碗。 (3) 将冲煮手柄置于研磨机处,在冲煮粉碗内装入咖啡粉并布粉。 (4) 用布粉器或粉锤压粉。 (5) 清理冲煮粉碗外围残粉。 (6) 萃取单元排水降温。打开萃取按键或拨杆,排水。排水后立即使用专用布草擦沥水盘。 (7) 将冲煮手柄装入萃取单元。 (8) 立即开始萃取。 (9) 选择温杯后的单份意式浓缩咖啡杯放置在倒流口下方。 (10) 关闭萃取按键或拨杆,完成萃取。	(1) 意式浓缩咖啡杯温热,干净无水渍。 (2) 冲煮粉碗干净无残粉。 (3) 填粉和布粉时,不浪费咖啡粉。 (4) 冲煮粉碗内的咖啡粉需填压平整、紧实。 (5) 遵循"五二一二"原则。即用整个手掌清理粉碗上边缘,拇指和食指清理粉碗左右两侧卡槽,食指清理手柄和粉碗连接处,拇指和食指清理两个导流口。 (6) 有排水动作,需擦沥水盘。布草不混用。 (7) 装入动作熟练、准确。 (8) 冲煮手柄装入后立即打开萃取按键或拨杆。 (9) 萃取出的咖啡液完整流入咖啡杯,未流出咖啡杯外侧。 (10) 及时完成萃取。

续表

序号	步骤	操作及说明	服务标准
3	清洁复位	（1）将冲煮手柄卸下，将冲煮粉碗内的咖啡渣敲入渣桶。用专用布草清理冲煮粉碗。 （2）排水，清洁萃取单元。清理擦拭沥水盘。 （3）清理研磨机出粉处和接粉盘上的残粉。 （4）清理操作台面。	（1）冲煮粉碗干净无残粉。 （2）沥水盘干净无咖啡渍。 （3）研磨机出粉处、接粉盘干净无残粉。 （4）台面干燥、清洁、无水渍、无残粉。
4	摆盘与出品	（1）单份意式浓缩咖啡杯需配上成套的咖啡碟。 （2）根据客人的要求配备糖缸和茶匙。如果配糖缸，需在咖啡碟上摆放茶匙，茶匙的勺把和咖啡杯杯柄两者延长线平行，朝服务对象右侧。 （3）呈送咖啡的托盘干净无污渍，服务时手持咖啡碟边缘，不能接触咖啡杯口。	（1）单份意式浓缩咖啡液面油脂完整无破洞，颜色呈金黄色或琥珀色或焦糖色。 （2）根据咖啡豆品种、烘焙度等不同，咖啡液重 10~25 克均可。 （3）用 TDS 测量可溶性物质含量，结果在 9%~11% 均可。

情景

如果你是咖啡厅的咖啡师，请在 5 分钟内出品两杯单份意式浓缩咖啡。

按照意式浓缩咖啡制作流程和操作规范出品。

4. 活动评价

评价内容	评价标准	是/否
活动完成情况	准备的物品齐全，没有污渍	
	用热水温热咖啡杯并擦拭干净	
	清洁研磨机粉仓、接粉盘、冲煮手柄、冲煮粉碗。冲煮粉碗擦干	
	填粉时不撒粉，布粉均匀	
	填压动作规范，咖啡粉填压平整	
	冲煮手柄各处残粉清理干净	
	排水并用专布擦拭沥水盘	
	冲煮手柄装入萃取单元动作规范、娴熟	
	立即开始萃取，不等候	
	将前期准备的意式浓缩咖啡杯置于倒流口下方，萃取出的咖啡液未流到杯外	

续表

评价内容	评价标准	是/否
活动完成情况	清理冲煮手柄、冲煮粉碗、沥水盘	
	清理豆仓出粉口、接粉盘	
	清洁台面	
	出品排盘规范、完整	
	使用托盘出品，出品时注重卫生	
	有咖啡油脂	
	咖啡油脂无破洞	
	出品液重 10~25 克	
	TDS 可溶物含量 9%~11%	

课后作业

使用 18 克 ±0.5 克咖啡粉，在 93℃水温、9 帕压强下，萃取 20~30 秒，得到液重 25 克 ±0.5 克的意式浓缩咖啡。

二、双份意式浓缩咖啡制作

核心概念

双份意式浓缩与单份意式浓缩咖啡相比，区别在于数量。在高星级酒店的全日餐厅里，早餐时间段，迎宾员在引领客人就座后往往会有以下情景：

迎宾：早上好，先生！请问您需要茶还是咖啡？

客人：意式浓缩。

迎宾：好的，请问您需要单份意式浓缩咖啡还是双份意式浓缩咖啡？

客人：双份，谢谢。

教学目标

1. 能制作双份意式浓缩咖啡。
2. 能控制双份意式浓缩咖啡的出品质量。

活动设计

1. 活动条件

意式浓缩咖啡机、研磨机、电子秤、TDS。

2. 活动组织

（1）每四位同学一组，其中两位同学在左右两个萃取单元扮演咖啡师制作咖啡，另外两位同学在旁边做点评员。

（2）每组两位咖啡师同学首先萃取双份意式浓缩咖啡，同组的另两位点评员同学点评。两组互换。

（3）各小组依次进行，每位同学均需要完成双份意式浓缩咖啡的制作，并对同组的同学点评。

3. 活动实施

序号	步骤	操作及说明	服务标准
1	物品准备	（1）双份意式浓缩咖啡杯。 （2）茶匙。 （3）糖缸（配白砂糖、黄沙糖、健怡糖各4包）。 （4）出品用托盘。 （5）五条布草。 （6）咖啡豆。	准备物品要迅速、齐全，干净、无污渍。
2	意式浓缩咖啡制作	（1）温杯。将意式浓缩咖啡杯放置在咖啡机出热水处，放热水，温杯。将热水倒掉，拿干净的擦杯布将意式浓缩咖啡杯擦拭干净。 （2）将冲煮手柄从咖啡机萃取单元上卸下，用专用布草擦拭冲煮粉碗。 （3）将冲煮手柄置于研磨机处，在冲煮粉碗内装入咖啡粉并布粉。 （4）用布粉器或粉锤压粉。 （5）清理冲煮粉碗外围残粉。 （6）萃取单元排水降温。打开萃取按键或拨杆，排水。排水后立即使用专用布草擦沥水盘。 （7）将冲煮手柄装入萃取单元。 （8）立即开始萃取。 （9）选择温杯后的双份意式浓缩咖啡杯放置在倒流口下方。 （10）关闭萃取按键或拨杆，完成萃取。	（1）意式浓缩咖啡杯温热，干净无水渍。 （2）冲煮粉碗干净无残粉。 （3）填粉和布粉时，不浪费咖啡粉。 （4）冲煮粉碗内的咖啡粉需填压平整、紧实。 （5）遵循"五二一二"原则。即用整个手掌清理粉碗上边缘，拇指和食指清理粉碗左右两侧卡槽，食指清理手柄和粉碗连接处，拇指和食指清理两个导流口。 （6）有排水动作，需擦沥水盘。布草不混用。 （7）装入动作熟练、准确。 （8）冲煮手柄装入后立即打开萃取按键或拨杆。 （9）萃取出的咖啡液完整流入咖啡杯，未流出咖啡杯外侧。 （10）及时完成萃取。

续表

序号	步骤	操作及说明	服务标准
3	清洁复位	（1）将冲煮手柄卸下，将冲煮粉碗内的咖啡渣敲入渣桶。用专用布草清理冲煮粉碗。 （2）清理擦拭沥水盘。 （3）清理研磨机出粉处和接粉盘上的残粉。 （4）清理操作台面。	（1）冲煮粉碗干净无残粉。 （2）沥水盘干净无咖啡渍。 （3）研磨机出粉处、接粉盘干净无残粉。 （4）台面干燥、清洁、无水渍、无残粉。
4	摆盘与出品	（1）双份意式浓缩咖啡杯需配上成套的咖啡碟。 （2）根据客人的要求配备糖缸和茶匙。如果配糖缸，需在咖啡碟上摆放茶匙，茶匙的勺把和咖啡杯杯柄两者延长线平行，朝服务对象右侧。 （3）呈送咖啡的托盘干净无污渍，服务时手持咖啡碟边缘，不能接触咖啡杯口。	（1）双份意式浓缩咖啡液面油脂完整无破洞，颜色呈金黄色或琥珀色或焦糖色。 （2）根据咖啡豆品种、烘焙度等不同，咖啡液重 20~45 克均可。 （3）用 TDS 测量可溶性物质含量，结果在 9%~11% 均可。

情景

如果你是咖啡厅的咖啡师，请在 5 分钟内出品双份意式浓缩咖啡。

按照双份意式浓缩咖啡制作流程和操作规范出品。

4. 活动评价

评价内容	评价标准	是/否
活动完成情况	准备的物品齐全，没有污渍	
	用热水温热咖啡杯并擦拭干净	
	清洁研磨机粉仓、接粉盘、冲煮手柄、冲煮粉碗。冲煮粉碗擦干	
	填粉时不撒粉，布粉均匀	
	填压动作规范，咖啡粉填压平整	
	冲煮手柄各处残粉清理干净	
	排水并用专布擦拭沥水盘	
	冲煮手柄装入萃取单元动作规范、娴熟	
	立即开始萃取，不等候	
	将前期准备的意式浓缩咖啡杯置于倒流口下方，萃取出的咖啡液未流到杯外	
	清理冲煮手柄、冲煮粉碗、沥水盘	
	清理豆仓出粉口、接粉盘	

续表

评价内容	评价标准	是/否
活动完成情况	清洁台面	
	出品排盘规范、完整	
	使用托盘出品，出品时注重卫生	
	有咖啡油脂	
	咖啡油脂无破洞	
	出品液重 20~45 克	
	TDS 可溶物含量 9%~11%	

课后作业

使用 18 克 ±0.5 克咖啡粉，在 93℃水温、9 帕压强下，萃取 20~30 秒，得到液重 36 克 ±0.5 克的意式浓缩咖啡。

三、特浓意式浓缩咖啡制作

核心概念

特浓意式浓缩咖啡。

短萃取和长萃取意式浓缩咖啡

教学目标

1. 能制作特浓意式浓缩咖啡。
2. 能控制特浓意式浓缩咖啡的出品质量。

活动设计

1. 活动条件

意式浓缩咖啡机、研磨机、电子秤、TDS。

2. 活动组织

（1）每四位同学一组，其中两位同学在左右两个萃取单元扮演咖啡师制作咖啡，另外两位同学在旁边做点评员。

（2）每组两位咖啡师同学首先制作特浓意式浓缩咖啡，同组的另两位点评员同学点评。两组互换。

（3）各小组依次进行，每位同学均需要完成特浓意式浓缩咖啡的制作，并对同组的同学点评。

3. 活动实施

序号	步骤	操作及说明	服务标准
1	物品准备	（1）单份意式浓缩咖啡杯。 （2）茶匙。 （3）糖缸（配白砂糖、黄沙糖、健怡糖各4包）。 （4）出品用托盘。 （5）五条布草。 （6）咖啡豆。	准备物品要迅速、齐全、干净、无污渍。
2	意式浓缩咖啡制作	（1）温杯。将单份意式浓缩咖啡杯放置在咖啡机出热水处，放热水，温杯。将热水倒掉，拿干净的擦杯布将意式浓缩咖啡杯擦拭干净。 （2）将冲煮手柄从咖啡机萃取单元上卸下，用专用布草擦拭冲煮粉碗。 （3）将冲煮手柄置于研磨机处，在冲煮粉碗内装入咖啡粉并布粉。 （4）用布粉器或粉锤压粉。 （5）清理冲煮粉碗外围残粉。	（1）意式浓缩咖啡杯温热、干净无水渍。 （2）冲煮粉碗干净无残粉。 （3）填粉和布粉时，不浪费咖啡粉。 （4）冲煮粉碗内的咖啡粉需填压平整、紧实。 （5）遵循"五二一二"原则。即用整个手掌清理粉碗上边缘，拇指和食指清理粉碗左右两侧卡槽，食指清理手柄和粉碗连接处，拇指和食指清理两个导流口。
2	意式浓缩咖啡制作	（6）萃取单元排水降温。打开萃取按键或拨杆，排水。排水后立即使用专用布草擦沥水盘。 （7）将冲煮手柄装入萃取单元。 （8）立即开始萃取。 （9）选择温杯后的意式浓缩咖啡杯放置在倒流口下方。 （10）关闭萃取按键或拨杆，完成萃取。	（6）有排水动作，需擦沥水盘。布草不混用。 （7）装入动作熟练、准确。 （8）冲煮手柄装入后立即打开萃取按键或拨杆。 （9）萃取出的咖啡液完整流入咖啡杯，未流出咖啡杯外侧。 （10）及时完成萃取。
3	清洁复位	（1）将冲煮手柄卸下，将冲煮粉碗内的咖啡渣敲入渣桶。用专用布草清理冲煮粉碗。 （2）清理擦拭沥水盘。 （3）清理研磨机出粉处和接粉盘上的残粉。 （4）清理操作台面。	（1）冲煮粉碗干净无残粉。 （2）沥水盘干净无咖啡渍。 （3）研磨机出粉处、接粉盘干净无残粉。 （4）台面干燥、清洁、无水渍、无残粉。

续表

序号	步骤	操作及说明	服务标准
4	摆盘与出品	（1）单份意式浓缩咖啡杯需配上成套的咖啡碟。 （2）根据客人的要求配备糖缸和茶匙。如果配糖缸，需在咖啡碟上摆放茶匙，茶匙的勺把和咖啡杯杯柄两者延长线平行，朝服务对象右侧。 （3）呈送咖啡的托盘干净无污渍，服务时手持咖啡碟边缘，不能接触咖啡杯口。	（1）单份意式浓缩咖啡液面油脂完整无破洞，颜色呈金黄色或琥珀色或焦糖色。 （2）根据咖啡豆品种、烘焙度等不同，咖啡液重 7~15 克均可。 （3）用 TDS 测量可溶性物质含量，结果在 12%~18% 均可。

情景一

如果你是咖啡厅的咖啡师，请在 5 分钟内出品两杯特浓意式浓缩咖啡。

按照特浓意式浓缩咖啡制作流程和操作规范出品。

4. 活动评价

评价内容	评价标准	是/否
活动完成情况	准备的物品齐全，没有污渍	
	用热水温热咖啡杯并擦拭干净	
	清洁研磨机粉仓、接粉盘、冲煮手柄、冲煮粉碗、冲煮粉碗擦干	
	填粉时不撒粉，布粉均匀	
	填压动作规范，咖啡粉填压平整	
	冲煮手柄各处残粉清理干净	
	排水并用专布擦拭沥水盘	
	冲煮手柄装入萃取单元动作规范、娴熟	
	立即开始萃取，不等候	
	将前期准备的意式浓缩咖啡杯置于倒流口下方，萃取出的咖啡液未流到杯外	
	清理冲煮手柄、冲煮粉碗、沥水盘	
	清理豆仓出粉口、接粉盘	
	清洁台面	
	出品排盘规范、完整	

续表

评价内容	评价标准	是/否
活动完成情况	使用托盘出品,出品时注重卫生	
	有咖啡油脂	
	咖啡油脂无破洞	
	出品液重 7~15 克	
	TDS 可溶物含量 12%~18%	

课后作业

使用 18 克 ±0.5 克咖啡粉,在 93℃水温、9 帕压强下,萃取 20~30 秒,得到液重 16 克 ±0.5 克的意式浓缩咖啡。

四、长萃取意式浓缩咖啡制作

核心概念

长萃取意式浓缩咖啡。

教学目标

1. 能制作长萃取意式浓缩咖啡。
2. 能控制长萃取意式浓缩咖啡的出品质量。

基本知识

长萃取意式浓缩咖啡的感官特征:中深烘焙度和深烘焙度的咖啡豆是制作意式浓缩咖啡的首选。烘焙度决定了咖啡豆未来萃取咖啡出品的整体感官走向。根据拼配的咖啡品种不同,意式浓缩咖啡表现出的感官特征不尽相同。但整体而言,其感官特征包含以下主要风味关键词。

香气方面,有坚果香气或焦糖香气或杏仁香气或烤花生香气。

味道方面,苦味明显,回甘稍弱。酸味明显,较沉闷。

风味方面,有坚果味或焦糖味或杏仁味。

口感方面，口感略显单薄，有点涩味。

> **活动设计**

1. 活动条件

意式浓缩咖啡机、研磨机、电子秤、TDS。

2. 活动组织

（1）每四位同学一组，其中两位同学在左右两个萃取单元扮演咖啡师制作咖啡，另外两位同学在旁边做点评员。

（2）每组两位咖啡师同学首先制作长萃取意式浓缩咖啡，同组的另两位点评员同学点评。两组互换。

（3）各小组依次进行，每位同学均需要完成长萃取意式浓缩咖啡的制作，并对同组的同学点评。

3. 活动实施

序号	步骤	操作及说明	服务标准
1	物品准备	（1）双份意式浓缩咖啡杯。 （2）茶匙。 （3）糖缸（配白砂糖、黄沙糖、健怡糖各4包）。 （4）出品用托盘。 （5）五条布草。 （6）咖啡豆。	准备物品要迅速、齐全，干净、无污渍。
2	意式浓缩咖啡制作	（1）温杯。将双份意式浓缩咖啡杯放置在咖啡机出热水处，放热水，温杯。将热水倒掉，拿干净的擦杯布将意式浓缩咖啡杯擦拭干净。 （2）将冲煮手柄从咖啡机萃取单元上卸下，用专用布草擦拭冲煮粉碗。 （3）将冲煮手柄置于研磨机处，在冲煮粉碗内装入咖啡粉并布粉。 （4）用布粉器或粉锤压粉。 （5）清理冲煮粉碗外围残粉。 （6）萃取单元排水降温。打开萃取按键或拨杆，排水。排水后立即使用专用布草擦沥水盘。 （7）将冲煮手柄装入萃取单元。 （8）立即开始萃取。 （9）选择温杯后的意式浓缩咖啡杯放置在倒流口下方。 （10）关闭萃取按键或拨杆，完成萃取。	（1）意式浓缩咖啡杯温热，干净无水渍。 （2）冲煮粉碗干净无残粉。 （3）填粉和布粉时，不浪费咖啡粉。 （4）冲煮粉碗内的咖啡粉需填压平整、紧实。 （5）遵循"五二一二"原则。即用整个手掌清理粉碗上边缘，拇指和食指清理粉碗左右两侧卡槽，食指清理手柄和粉碗连接处，拇指和食指清理两个导流口。 （6）有排水动作，需擦沥水盘。布草不混用。 （7）装入动作熟练、准确。 （8）冲煮手柄装入后立即打开萃取按键或拨杆。 （9）萃取出的咖啡液完整流入咖啡杯，未流出咖啡杯外侧。 （10）及时完成萃取。

续表

序号	步骤	操作及说明	服务标准
3	清洁复位	（1）将冲煮手柄卸下，将冲煮粉碗内的咖啡渣敲入渣桶。用专用布草清理冲煮粉碗。 （2）清理擦拭沥水盘。 （3）清理研磨机出粉处和接粉盘上的残粉。 （4）清理操作台面。	（1）冲煮粉碗干净无残粉。 （2）沥水盘干净无咖啡渍。 （3）研磨机出粉处、接粉盘干净无残粉。 （4）台面干燥、清洁、无水渍、无残粉。
4	摆盘与出品	（1）双份意式浓缩咖啡杯需配上成套的咖啡碟。 （2）根据客人的要求配备糖缸和茶匙。如果配糖缸，需在咖啡碟上摆放茶匙，茶匙的勺把和咖啡杯杯柄两者延长线平行，朝服务对象右侧。 （3）呈送咖啡的托盘干净无污渍，服务时手持咖啡碟边缘，不能接触咖啡杯口。	（1）双份意式浓缩咖啡液面油脂完整无破洞，颜色呈金黄色或琥珀色或焦糖色。 （2）根据咖啡豆品种、烘焙度等不同，咖啡液重18~36克均可。 （3）用TDS测量可溶性物质含量，结果在6%~7%均可。

情景一

如果你是咖啡厅的咖啡师，请在5分钟内出品两杯长萃取意式浓缩咖啡。按照长萃取意式浓缩咖啡制作流程和操作规范出品。

4. 活动评价

评价内容	评价标准	是/否
活动完成情况	准备的物品齐全，没有污渍	
	用热水温热咖啡杯并擦拭干净	
	清洁研磨机粉仓、接粉盘、冲煮手柄、冲煮粉碗。冲煮粉碗擦干	
	填粉时不撒粉，布粉均匀	
	填压动作规范，咖啡粉填压平整	
	冲煮手柄各处残粉清理干净	
	排水并用专布擦拭沥水盘	
	冲煮手柄装入萃取单元动作规范、娴熟	
	立即开始萃取，不等候	

续表

评价内容	评价标准	是/否
活动完成情况	将前期准备的意式浓缩咖啡杯置于倒流口下方,萃取出的咖啡液未流到杯外	
	清理冲煮手柄、冲煮粉碗、沥水盘	
	清理豆仓出粉口、接粉盘	
	清洁台面	
	出品排盘规范、完整	
	使用托盘出品,出品时注重卫生	
	有咖啡油脂	
	咖啡油脂无破洞	
	出品液重 18~36 克	
	TDS 可溶物含量 6%~8%	

课后作业

使用 18 克 ±0.5 克咖啡粉,在 93℃水温、9 帕压强下,萃取 20~30 秒,得到液重 36 克 ±0.5 克的意式浓缩咖啡。

五、冰意式浓缩咖啡制作

核心概念

冰意式浓缩咖啡。

教学目标

1. 能制作冰意式浓缩咖啡。
2. 能控制冰意式浓缩咖啡的出品质量。

基本知识

1. 冰意式浓缩咖啡感官特征

　　冰意式浓缩咖啡与其他意式浓缩咖啡相比,温度更低,没有热意式浓缩咖啡的浓郁刺激。更加清凉、冰爽,口感更加柔滑。

2. 服务方式

　　(1)冰意式浓缩咖啡是由冰块与意式浓缩咖啡混合,使用摇酒壶快速冷却制作而成。在炎炎夏日是喜欢意式浓缩咖啡消费者的最爱。

　　(2)冰意式浓缩咖啡可以与牛奶、燕麦奶、冰博客等一起饮用,也可配合各种风味糖浆一同饮用。

活动设计

1. 活动条件

　　意式浓缩咖啡机、研磨机、摇酒壶、电子秤、TDS。

2. 活动组织

　　(1)每四位同学一组,其中两位同学在左右两个萃取单元扮演咖啡师制作咖啡,另外两位同学在旁边做点评员。

　　(2)每组两位咖啡师同学首先制作冰意式浓缩咖啡,同组的另两位点评员同学点评。两组互换。

　　(3)各小组依次进行,每位同学均需要完成冰意式浓缩咖啡的制作,并对同组的同学点评。

3. 活动实施

序号	步骤	操作及说明	服务标准
1	物品准备	(1)摇酒壶。 (2)单份意式浓缩咖啡杯。 (3)出品托盘。 (4)专用口布5块。 (5)糖盅。 (6)奶缸。	准备物品要迅速、齐全,干净,无污渍。

续表

序号	步骤	操作及说明	服务标准
2	意式浓缩咖啡制作	（1）拿干净的擦杯布将意式浓缩咖啡杯擦拭干净。 （2）将冲煮手柄从咖啡机萃取单元上卸下，用专用布草擦拭冲煮粉碗。 （3）将冲煮手柄置于研磨机处，在冲煮粉碗内装入咖啡粉并布粉。 （4）用布粉器或粉锤压粉。 （5）清理冲煮粉碗外围残粉。 （6）萃取单元排水降温。打开萃取按键或拨杆，排水。排水后立即使用专用布草擦沥水盘。 （7）将冲煮手柄装入萃取单元。 （8）立即开始萃取。 （9）选择干净的意式浓缩咖啡杯放置在倒流口下方。 （10）关闭萃取按键或拨杆，完成萃取。	（1）意式浓缩咖啡杯干净无水渍。 （2）冲煮粉碗干净无残粉。 （3）填粉和布粉时，不浪费咖啡粉。 （4）冲煮粉碗内的咖啡粉需填压平整、紧实。 （5）遵循"五二一二"原则。即用整个手掌清理粉碗上边缘，拇指和食指清理粉碗左右两侧卡槽，食指清理手柄和粉碗连接处，拇指和食指清理两个导流口。 （6）有排水动作，需擦沥水盘。布草不混用。 （7）装入动作熟练、准确。 （8）冲煮手柄装入后立即打开萃取按键或拨杆。 （9）萃取出的咖啡液完整流入咖啡杯，未流出咖啡杯外侧。 （10）及时完成萃取。
3	冰意式浓缩咖啡制作	（1）用冰铲将冰块加入摇酒壶内。 （2）将意式浓缩咖啡加入装满冰块的摇酒壶。 （3）盖上摇酒壶盖子。 （4）摇晃摇酒壶。	（1）装满冰块。 （2）无撒漏。 （3）盖紧盖子。 （4）摇晃过程不要对着他人，注意安全。
4	清洁复位	（1）将冲煮手柄卸下，将冲煮粉碗内的咖啡渣敲入渣桶。用专用布草清理冲煮粉碗。 （2）清理擦拭沥水盘。 （3）清理研磨机出粉处和接粉盘上的残粉。 （4）清理操作台面。	（1）冲煮粉碗干净无残粉。 （2）沥水盘干净无咖啡渍。 （3）研磨机出粉处、接粉盘干净无残粉。 （4）台面干燥、清洁、无水渍、无残粉。
5	摆盘与出品	（1）单份意式浓缩咖啡杯需配上成套的咖啡碟。 （2）根据客人的要求配备糖盅和奶缸。如果配糖缸，需在咖啡碟上摆放茶匙，茶匙的勺把和咖啡杯杯柄两者延长线平行，朝服务对象右侧。 （3）呈送咖啡的托盘干净无污渍，服务时手持咖啡碟边缘，不能接触咖啡杯口。	（1）出品温度小于等于7℃。 （2）冰意式浓缩咖啡表面有一层细腻的泡沫。 （3）细腻泡沫完全覆盖咖啡液。

> **情景**
>
> 如果你是咖啡厅的咖啡师,请在 5 分钟内出品冰意式浓缩咖啡。
> 按照冰意式浓缩咖啡制作流程和操作规范出品。

4.活动评价

评价内容	评价标准	是/否
活动完成情况	准备的物品齐全,没有污渍	
	用热水温热咖啡杯并擦拭干净	
	清洁研磨机粉仓、接粉盘、冲煮手柄、冲煮粉碗。冲煮粉碗擦干	
	填粉时不撒粉,布粉均匀	
	填压动作规范,咖啡粉填压平整	
	冲煮手柄各处残粉清理干净	
	排水并用专布擦拭沥水盘	
	冲煮手柄装入萃取单元动作规范、娴熟	
	立即开始萃取,不等候	
	将前期准备的意式浓缩咖啡杯置于倒流口下方,萃取出的咖啡液未流到杯外	
	清理冲煮手柄、冲煮粉碗、沥水盘	
	清理豆仓出粉口、接粉盘	
	清洁台面	
	出品排盘规范、完整	
	使用托盘出品,出品时注重卫生	
	有一层细腻的泡沫	
	完全覆盖咖啡液	
	出品温度小于等于7℃	

课后作业

制作两份长意式浓缩咖啡,并以其为基底制作冰意式咖啡。并用有脚葡萄酒杯出品。

任务十三 练习题

1. 意式咖啡磨豆机常用的磨盘类型属于（　　）。
   A. 平形磨盘　　B. 刀片式磨盘　　C. 锥形磨盘　　D. 滚筒磨盘

2. 下列关于平行磨盘的特点描述不准确的是（　　）。
   A. 研磨速度较快　　　　　　　　B. 研磨均匀
   C. 磨盘内存粉少　　　　　　　　D. 不适合短时间研磨大批量的咖啡豆

3. 小型单品咖啡磨豆机常用的磨盘类型属于（　　）。
   A. 平形磨盘　　B. 刀片式磨盘　　C. 锥形磨盘　　D. 滚筒磨盘

4. 下列关于锥形磨盘的特点描述不准确的是（　　）。
   A. 研磨速度较快　　　　　　　　B. 研磨均匀
   C. 磨盘内存粉少　　　　　　　　D. 适合短时间研磨大批量的咖啡豆

5. 工业咖啡磨豆机常用的磨盘类型属于（　　）。
   A. 平形磨盘　　B. 刀片式磨盘　　C. 锥形磨盘　　D. 滚筒磨盘

6. 下列关于滚筒磨盘的特点描述不准确的是（　　）。
   A. 研磨速度较快　　　　　　　　B. 研磨均匀
   C. 磨盘内存粉少　　　　　　　　D. 磨豆机价格相对较低

7. 下列关于意式咖啡磨豆机粉仓介绍不准确的是（　　）。
   A. 粉仓可以用于应对繁忙期预存咖啡粉之用
   B. 粉仓内的咖啡粉需要通过手动拨粉的方式拨出
   C. 在短时间内不制作咖啡的情况下，粉仓内的咖啡粉要存满
   D. 粉仓内有咖啡粉时，粉仓的盖子要盖好，减少咖啡香气损失

8. 在闲暇期的时候，意式咖啡磨豆机粉仓内应处于（　　）的状态。
   A. 清空无粉　　　　　　　　　　B. 有三分之一的存粉量
   C. 有二分之一的存粉量状态　　　D. 有满仓存粉量

9. 萃取锅炉和蒸汽锅炉相互独立的锅炉系统称之为（　　）。
   A. 子母锅炉　　B. 单锅炉　　　　C. 双锅炉　　　　D. 多锅炉

10. 采用热交换器式的锅炉，又称为（　　）。
    A. 子母锅炉　　B. 单锅炉　　　　C. 双锅炉　　　　D. 多锅炉

11. 下列关于半自动压力式咖啡机的开关系统描述不准确的是（　　）。
    A. 咖啡机常见的电源开关分为按钮式和旋转式两种
    B. 咖啡萃取控制开关常分为电控式、手控式和拉瓦式
    C. 电控式开关可以控制咖啡的时间

D. 手控式开关的半自动压力式咖啡机价格相对较高

12. 电控式开关的半自动压力式咖啡机相比于手控式的而言，电控式开关的咖啡机（　　）。

  A. 价格相对便宜　　　　　　　　B. 操作更加复杂

  C. 对技术要求更高　　　　　　　D. 品质更加稳定

13. 俗称的"窄双"半自动压力式咖啡机的"窄双"是代表咖啡机（　　）。

  A. 只有一个冲泡组　　　　　　　B. 只有一个锅炉

  C. 只有一个蒸汽管　　　　　　　D. 只有一个开水管

14. 下列关于半自动压力式咖啡机蒸汽系统描述不准确的是（　　）。

  A. 蒸汽系统主要是完成咖啡制作的功能

  B. 蒸汽管的粗细和长短没有严格的规定

  C. 蒸汽系统开关常见的有上下拨动式开关和旋转式开关

  D. 蒸汽管有单孔、三孔、四孔的区别

15. 单头半自动压力式咖啡机是指该咖啡机拥有（　　）。

  A. 单个冲泡组系统　　　　　　　B. 单个锅炉

  C. 单个蒸汽管　　　　　　　　　D. 单个开水管

16. 半自动压力式咖啡机的冲泡组系统主要是完成（　　）的功能。

  A. 萃取咖啡　　B. 产生蒸汽　　C. 加热水温　　D. 排除污水

17. 半自动压力式咖啡机的进水管子通常直接连接在（　　）上。

  A. 净水器　　　B. 热水器　　　C. 自来水管　　D. 暖水器

18. 下列关于半自动压力式咖啡机的出水管功能描述不准确的是（　　）。

  A. 出水管主要是排出锅炉内多余的热水

  B. 出水管通常连接着下水道或废水桶

  C. 出水管排水不畅容易被咖啡渣堵塞

  D. 出水管主要是排放咖啡机接水盘排出的污水

19. 咖啡的研磨度是指（　　）。

  A. 咖啡豆磨成颗粒的粗细程度，以粉的直径长度表示

  B. 咖啡豆的大小

  C. 咖啡粉颗粒的重量大小

  D. 咖啡粉颗粒的体积大小

20. 咖啡的研磨度以咖啡粉的（　　）大小来表示。

  A. 颗粒重量　　B. 颗粒直径　　C. 颗粒体积　　D. 颗粒间间距

21. 下列关于意式咖啡磨豆机研磨度调整说法不准确的是（　　）。
    A. 意式咖啡磨豆机转盘上的数字越大，代表研磨度越粗
    B. 意式咖啡磨豆机转盘上的英文"Fine"代表研磨度细
    C. 如果要使咖啡磨豆机研磨度调细，可以往转盘小的方向旋转
    D. 如果要使咖啡磨豆机研磨度调细，可以往标有"Coarse"的方向旋转

22. 如果意式咖啡磨豆机希望调整到更细的研磨度，下列选项可以确切实现的是（　　）。
    A. 转盘顺时针旋转　　　　　　　B. 转盘转向数字大的方向
    C. 转盘转向"Fine"方向　　　　　D. 转盘保持不动

23. 下列选项中不会直接影响咖啡研磨度调整的是（　　）。
    A. 磨豆机摆放的位置　　　　　　B. 咖啡豆新鲜度
    C. 咖啡豆的烘焙度　　　　　　　D. 周围环境的湿度

24. 下列关于影响咖啡研磨度调整的因素描述准确的是（　　）。
    A. 磨盘的温度不会影响研磨度的调整
    B. 咖啡豆的新鲜度不会影响研磨度的调整
    C. 咖啡豆的烘焙度会影响研磨度的调整
    D. 萃取方式的差异不会影响研磨度的调整

25. 使用半自动压力式咖啡机制作单份意式浓缩咖啡时的咖啡粉用量要求在（　　）。
    A. 5~6g　　　　B. 7~9g　　　　C. 10~12g　　　　D. 14~18g

26. 下列符合使用半自动压力式咖啡机制作单份意式浓缩咖啡的咖啡粉用量要求的是（　　）。
    A. 6g　　　　B. 8g　　　　C. 10g　　　　D. 12g

27. 使用半自动压力式咖啡机制作双份意式浓缩咖啡时的咖啡粉用量要求在（　　）。
    A. 5~6g　　　　B. 7~9g　　　　C. 10~12g　　　　D. 14~18g

28. 下列符合使用半自动压力式咖啡机制作双份意式浓缩咖啡的咖啡粉用量要求的是（　　）。
    A. 8g　　　　B. 12g　　　　C. 16g　　　　D. 20g

29. 使用半自动压力式咖啡机制作咖啡时，手柄粉碗内布粉的技术要求是（　　）。
    A. 布粉均匀且平整　　B. 左高右低　　C. 左低右高　　D. 中间凸起

30. 下列关于半自动压力式咖啡机手柄粉碗内布粉技术要求描述不准确的是（　　）。
    A. 布粉要求均匀且平整
    B. 布粉是否均匀不会影响咖啡的萃取及品质
    C. 布粉不均匀会造成咖啡液的流速不均匀
    D. 布粉均匀平整可以方便后续填压平整

31. 下列选项中不会产生"通道效应"的是（　　）。
    A. 咖啡粉研磨不均匀　　　　　　B. 咖啡粉填压不均匀
    C. 咖啡粉布粉不均匀　　　　　　D. 降低咖啡萃取水温

32. 下列措施中可以避免产生通道效应的是（　　）。
    A. 增加咖啡粉使用量　　　　　　B. 更均匀的研磨、布粉和填压
    C. 降低咖啡机的气压　　　　　　D. 降低咖啡萃取水温

33. 使用半自动压力式咖啡机制作标准意式浓缩咖啡的萃取时间要求为（　　）。
    A. 10~20s　　　B. 20~30s　　　C. 30~40s　　　D. 40~50s

34. 下列符合使用半自动压力式咖啡机制作标准意式浓缩咖啡萃取时间要求的是（　　）。
    A. 12s　　　　B. 18s　　　　C. 24s　　　　D. 32s

35. 单份意式浓缩咖啡的萃取容量要求为（　　）。
    A. 10~15ml　　B. 15~25ml　　C. 25~35ml　　D. 40~50ml

36. 下列符合单份意式浓缩咖啡萃取容量要求的是（　　）。
    A. 10ml　　　B. 20ml　　　C. 30ml　　　D. 40ml

37. 双份意式浓缩咖啡的萃取量要求为（　　）。
    A. 10~15g　　B. 20~45g　　C. 50~70g　　D. 70~90g

38. 下列符合双份意式浓缩咖啡萃取容量要求的是（　　）。
    A. 10g　　　B. 30g　　　C. 50g　　　D. 70g

39. 单份意式浓缩咖啡的咖啡浓度要求是（　　）。
    A. 4%~8%　　B. 8%~12%　　C. 12%~16%　　D. 18%~22%

40. 下列不符合单份意式浓缩咖啡的咖啡浓度要求的是（　　）。
    A. 6%　　　B. 8%　　　C. 10%　　　D. 12%

41. 短萃意式浓缩咖啡的萃取量要求为（　　）。
    A. 6~16g　　B. 10~20g　　C. 16~26g　　D. 26~36g

42. 下列符合短萃意式浓缩咖啡萃取量要求的是（　　）。
   A. 10g　　　B. 20g　　　C. 30g　　　D. 40g
43. 短萃意式浓缩咖啡的咖啡浓度要求为（　　）。
   A. 4%~8%　　B. 8%~12%　　C. 12%~18%　　D. 20%~24%
44. 下列符合短萃意式浓缩咖啡的咖啡浓度要求的是（　　）。
   A. 8%　　　B. 10%　　　C. 14%　　　D. 20%
45. 长萃意式浓缩咖啡的萃取量要求为（　　）。
   A. 12~16g　　B. 16~26g　　C. 18~36g　　D. 38~48g
46. 下列符合长萃意式浓缩咖啡萃取量要求的是（　　）。
   A. 12g　　　B. 32g　　　C. 42g　　　D. 52g
47. 长萃意式浓缩咖啡的咖啡浓度要求为（　　）。
   A. 5%~8%　　B. 8%~12%　　C. 12%~18%　　D. 20%~24%
48. 使用半自动压力式咖啡机制作意式浓缩咖啡时的气压要求约为（　　）。
   A. 0.5bar　　B. 1bar　　C. 3bar　　D. 9~10bar
49. 如果半自动压力式咖啡机的气压为0.5bar，说明该机器（　　）。
   A. 气压偏低，不合适制作咖啡
   B. 气压正好合适，合适制作咖啡
   C. 气压偏高，不合适制作咖啡
   D. 气压偏高，合适制造咖啡
50. 使用半自动压力式咖啡机制作意式浓缩咖啡时的水压要求在（　　）。
   A. 1~2bar　　B. 3~4bar　　C. 5~6bar　　D. 9~10bar
51. 如果半自动压力式咖啡机的水压为7bar，说明该机器（　　）。
   A. 水压偏低，不合适制作咖啡
   B. 水压正好合适，合适制作咖啡
   C. 水压偏高，不合适制作咖啡
   D. 水压偏高，合适制造咖啡
52. 使用半自动压力式咖啡机制作意式浓缩咖啡时的水温要求在（　　）。
   A. 55~65℃　　B. 75~85℃　　C. 92~96℃　　D. 98~100℃
53. 下列符合使用半自动压力式咖啡机制作意式浓缩咖啡时的水温要求的是（　　）。
   A. 65℃　　　B. 85℃　　　C. 94℃　　　D. 98℃
54. 下列关于咖啡研磨度对于咖啡萃取时间影响描述准确的是（　　）。

A. 咖啡研磨度调粗可以缩短咖啡萃取时间

B. 咖啡研磨度调粗可以延长咖啡萃取时间

C. 调节咖啡研磨度对咖啡萃取时间的影响不大

D. 如果希望缩短萃取时间可以选择将研磨度调细

55. 下列可以增加咖啡萃取时间的做法是（　　）。
   A. 咖啡研磨度调细　　　　　　B. 减少咖啡粉用量
   C. 减轻填压力度　　　　　　　D. 提高咖啡萃取水温

56. 下列关于咖啡粉用量的对于咖啡萃取时间影响描述准确的是（　　）。
   A. 增加咖啡粉用量可以缩短咖啡萃取时间
   B. 减少咖啡粉用量可以缩短咖啡萃取时间
   C. 减少咖啡粉量对咖啡萃取时间没有影响
   D. 增加咖啡粉量对咖啡萃取时间没有影响

57. 下列可以减少咖啡萃取时间的做法是（　　）。
   A. 咖啡研磨度调细　　　　　　B. 减少咖啡粉用量
   C. 增加萃取压力　　　　　　　D. 提高咖啡萃取水温

58. 下列关于填压技术对于咖啡萃取时间影响描述准确的是（　　）。
   A. 增加萃取压力可以缩短咖啡萃取时间
   B. 减小萃取压力可以缩短咖啡萃取时间
   C. 填压均匀程度对咖啡萃取时间没有影响
   D. 萃取压力对咖啡萃取时间没有影响

59. 下列可以减少咖啡萃取时间的做法是（　　）。
   A. 咖啡研磨度调细　　　　　　B. 增加咖啡粉用量
   C. 减小萃取压力　　　　　　　D. 提高咖啡萃取水温

60. 意式浓缩咖啡萃取不足的基础感官特征表现是（　　）。
   A. 咖啡偏苦涩味　　　　　　　B. 咖啡浓度偏高
   C. 咖啡酸味偏高　　　　　　　D. 咖啡回甘明显

61. 意式浓缩咖啡萃取不足相较于萃取过度，萃取不足的咖啡（　　）。
   A. 有更高的酸味　　　　　　　B. 有更高的醇度
   C. 有更多的苦味　　　　　　　D. 余韵持续时间更久

62. 意式浓缩咖啡萃取过度的基础感官特征表现是（　　）。
   A. 咖啡偏焦苦味　　　　　　　B. 咖啡浓度偏低
   C. 咖啡酸味偏高　　　　　　　D. 咖啡回甘明显

63. 意式浓缩咖啡萃取过度相较于萃取不足，萃取过度的咖啡（　　）。
    A. 有更高的酸味　　　　　　　　B. 有更低的醇度
    C. 有更多的苦味　　　　　　　　D. 余韵持续时间更短

64. 意式浓缩咖啡适度萃取的基础感官特征表现是（　　）。
    A. 咖啡酸度偏高　　　　　　　　B. 咖啡浓度偏低
    C. 咖啡有苦涩味　　　　　　　　D. 咖啡回甘明显

65. 下列不属于适度萃取的意式浓缩咖啡的基础感官的是（　　）。
    A. 酸味明亮、柔和　　　　　　　B. 醇度偏低
    C. 没有苦涩味　　　　　　　　　D. 余韵持续时间更长

66. 在制作意式浓缩咖啡时，咖啡研磨度调细，其基础感官特征会如何变化（　　）。
    A. 咖啡醇度降低　　　　　　　　B. 咖啡酸味减弱
    C. 咖啡苦味减弱　　　　　　　　D. 咖啡醇度不变

67. 在制作意式浓缩咖啡时，咖啡研磨度调粗，其基础感官特征会如何变化（　　）。
    A. 咖啡醇度增加　　　　　　　　B. 咖啡酸味减弱
    C. 咖啡苦味减弱　　　　　　　　D. 咖啡醇度不变

68. 在制作意式浓缩咖啡时，咖啡粉用量增加，其基础感官特征会如何变化（　　）。
    A. 咖啡醇度降低　　　　　　　　B. 咖啡酸味减弱
    C. 咖啡苦味减弱　　　　　　　　D. 咖啡醇度不变

69. 在制作意式浓缩咖啡时，下列调整会使咖啡酸味增加的是（　　）。
    A. 咖啡研磨度调细　　　　　　　B. 咖啡粉用量减少
    C. 增加填压力度　　　　　　　　D. 提高咖啡萃取水温

70. 在制作意式浓缩咖啡时，填压力度增加，其基础感官特征会如何变化（　　）。
    A. 咖啡醇度降低　　　　　　　　B. 咖啡酸味减弱
    C. 咖啡苦味减弱　　　　　　　　D. 咖啡酸味不变

71. 在制作意式浓缩咖啡时，下列调整会使咖啡苦味增加的是（　　）。
    A. 咖啡研磨度调粗　　　　　　　B. 咖啡粉用量减少
    C. 增加填压力度　　　　　　　　D. 降低咖啡萃取水温

72. 提高意式浓缩咖啡的萃取水温，其（　　）。

A. 咖啡醇度降低 B. 咖啡酸味减弱
C. 咖啡苦味减弱 D. 咖啡酸味不变

73. 在制作意式浓缩咖啡时，下列调整会使咖啡苦味增加的是（　　）。
 A. 咖啡研磨度调粗 B. 咖啡粉用量减少
 C. 减小萃取压力 D. 提高咖啡萃取水温

74. 增加半自动压力式咖啡机的气压，会导致（　　）。
 A. 咖啡醇度降低 B. 咖啡酸味减弱
 C. 咖啡苦味减弱 D. 咖啡酸味不变

75. 在制作意式浓缩咖啡时，下列调整会使咖啡苦味增加的是（　　）。
 A. 增加咖啡机的气压 B. 咖啡粉用量减少
 C. 减小萃取压力 D. 减小咖啡的水压

76. 增加半自动压力式咖啡机的水压，会导致（　　）。
 A. 咖啡醇度提升 B. 咖啡酸味提升
 C. 咖啡苦味减弱 D. 咖啡酸味不变

77. 在制作意式浓缩咖啡时，下列调整会使咖啡苦味减弱的是（　　）。
 A. 增加咖啡机的气压 B. 咖啡粉用量增加
 C. 增加萃取压力 D. 减小咖啡机的水压

78. 下列选项中会产生"通道效应"的是（　　）。
 A. 增加咖啡粉用量 B. 提高咖啡萃取水温
 C. 咖啡粉研磨不均匀 D. 增加填压力度

答案：

1~5. ACCDD	6~10. BCACA	11~15. DDBAA
16~20. AAAAB	21~25. DCACB	26~30. BDDAB
31~35. DBBCC	36~40. CBBBA	41~45. CBCCD
46~50. DABAD	51~55. ACCAA	56~60. BBBCC
61~65. AACAB	66~70. BCBBB	71~75. CBDBA
76~78. ADD		

任务十四　意式咖啡制作

一、康宝兰咖啡制作

核心概念

康宝兰咖啡，也成为 Espresso Con Panna，在意大利语中是奶油与意式浓缩咖啡混合的经典咖啡之一。在饮用时，可以用茶匙先吃奶油，再将剩余的奶油与意式浓缩咖啡搅拌均匀后饮用。

康宝兰咖啡

教学目标

1. 能用奶油枪手动打发淡奶油。
2. 能制作康宝兰咖啡。

基本知识

1. 康宝兰咖啡的感官特征

康宝兰咖啡表面是细致香醇的奶油，下面是意式浓缩咖啡。香甜的奶油与浓郁的意式浓缩咖啡恰到好处地融合在一起。

康宝兰咖啡口感醇厚，香气浓郁，奶油滑而不腻。

2. 奶油枪打发淡奶油的步骤

奶油枪手动打发淡奶油时，可选择植物奶油、动物奶油或混合奶油。淡奶油在打发前放入冷藏柜冷藏至 4~9℃后再进行打发，效果更好。

首先，将冷藏后的淡奶油加入奶油枪内，淡奶油液面不得超过最大容量刻度线。其次，拧紧奶油枪瓶盖。再次，卸下气弹套筒，装入氮气子弹，注意子弹头的方向。将装入氮气子弹的套筒快速拧入，将气体打入奶油枪瓶内。最后，上下摇晃奶油枪，直至打发完成。

3. 奶油枪的清洁保养

第一，拧开奶油枪上盖，放空奶油枪内的气体。

第二，用清水冲洗奶油枪。

第三，用清洁毛刷清洁裱花头和气阀。

4. 奶油枪使用注意事项

（1）奶油枪内奶油未用完时，应立即放入冷藏柜内保存。

（2）打发后的新鲜奶油，当天使用效果最佳。最长保质期不超过三天。

（3）在使用非当天打发的奶油时，需将奶油枪裱花头用热水清洁干净后使用。

（4）打发后的新鲜奶油在冷藏柜内静置一段时间后再使用时，需将奶油枪上下摇晃均匀再使用，效果更好。

活动设计

1. 活动条件

意式浓缩咖啡机、研磨机、电子秤、奶油枪、淡奶油、气弹。

2. 活动组织

（1）每四位同学一组，其中两位同学制作康宝兰咖啡，另外两位同学在旁边做点评员。

（2）每组两位咖啡师同学首先制作康宝兰咖啡，同组的另两位点评员同学点评。两组互换。

（3）各小组依次进行，每位同学均需要完成康宝兰咖啡的制作，并对同组的同学点评。

3. 活动实施

序号	步骤	操作及说明	服务标准
1	物品准备	（1）意式浓缩咖啡杯。 （2）茶匙。 （3）出品托盘。 （4）专用口布 5 块。 （5）咖啡豆。 （6）打发好的奶油枪。	准备物品要迅速、齐全，干净、无污渍。

续表

序号	步骤	操作及说明	服务标准
2	意式浓缩咖啡制作	（1）温杯。将单份意式浓缩咖啡杯放置在咖啡机出热水处，放热水，温杯。将热水倒掉，拿干净的擦杯布将意式浓缩咖啡杯擦拭干净。 （2）将冲煮手柄从咖啡机萃取单元上卸下，用专用布草擦拭冲煮粉碗。 （3）将冲煮手柄置于研磨机处，在冲煮粉碗内装入咖啡粉并布粉。 （4）用布粉器或粉锤压粉。 （5）清理冲煮粉碗外围残粉。 （6）萃取单元排水降温。打开萃取按键或拨杆，排水。排水后立即使用专用布草擦沥水盘。 （7）将冲煮手柄装入萃取单元。 （8）立即开始萃取。 （9）选择温杯后的意式浓缩咖啡杯放置在倒流口下方。 （10）关闭萃取按键或拨杆，完成萃取。	（1）意式浓缩咖啡杯温热，干净无水渍。 （2）冲煮粉碗干净无残粉。 （3）填粉和布粉时，不浪费咖啡粉。 （4）冲煮粉碗内的咖啡粉需填压平整、紧实。 （5）遵循"五二一二"原则。即用整个手掌清理粉碗上边缘，拇指和食指清理粉碗左右两侧卡槽，食指清理手柄和粉碗连接处，拇指和食指清理两个导流口。 （6）有排水动作，需擦沥水盘。布草不混用。 （7）装入动作熟练、准确。 （8）冲煮手柄装入后立即打开萃取按键或拨杆。 （9）萃取出的咖啡液完整流入咖啡杯，未流出咖啡杯外侧。 （10）及时完成萃取。
3	康宝兰咖啡制作	使用奶油枪沿着意式浓缩咖啡杯杯壁朝同一方向打奶油。	（1）开始使用奶油枪前，先测试打发后的奶油效果。 （2）奶油成形完整，呈螺旋状，造型持续时间较长。
4	清洁复位	（1）将冲煮手柄卸下，将冲煮粉碗内的咖啡渣敲入渣桶。用专用布草清理冲煮粉碗。 （2）清理擦拭沥水盘。 （3）清理研磨机出粉处和接粉盘上的残粉。 （4）清理操作台面。	（1）冲煮粉碗干净无残粉。 （2）沥水盘干净无咖啡渍。 （3）研磨机出粉处、接粉盘干净无残粉。 （4）台面干燥、清洁、无水渍、无残粉。
5	摆盘与出品	（1）单份意式浓缩咖啡杯需配上成套的咖啡碟。 （2）根据客人的要求配备糖盅和奶缸。如果配糖缸，需在咖啡碟上摆放茶匙，茶匙的勺把和咖啡杯杯柄两者延长线平行，朝服务对象右侧。 （3）呈送咖啡的托盘干净无污渍，服务时手持咖啡碟边缘，不能接触咖啡杯口。	（1）咖啡液或奶油未溢出杯口。 （2）出品咖啡奶油高过杯口。

情景

如果你是咖啡厅的咖啡师，请在 5 分钟内出品康宝兰咖啡。按照康宝兰咖啡制作流程和操作规范出品。

4. 活动评价

评价内容	评价标准	是/否
活动完成情况	准备的物品齐全，没有污渍	
	用热水温热咖啡杯并擦拭干净	
	清洁研磨机粉仓、接粉盘、冲煮手柄、冲煮粉碗。冲煮粉碗擦干	
	填粉时不撒粉，布粉均匀	
	填压动作规范，咖啡粉填压平整	
	冲煮手柄各处残粉清理干净	
	排水并用专布擦拭沥水盘	
	冲煮手柄装入萃取单元动作规范、娴熟	
	立即开始萃取，不等候	
	将前期准备的意式浓缩咖啡杯置于倒流口下方，萃取出的咖啡液未流到杯外	
	用奶油枪沿咖啡杯杯壁顺时针或逆时针打入奶油	
	奶油呈螺旋状，高出杯口	
	奶油未溢出	
	清理冲煮手柄、冲煮粉碗、沥水盘	
	清理豆仓出粉口、接粉盘	
	清洁台面	
	出品排盘规范、完整	
	使用托盘出品，出品时注重卫生	
	螺旋状奶油持续时间长	

课后作业

练习用奶油枪打发淡奶油。

二、玛奇朵咖啡制作

核心概念

玛奇朵咖啡，英文名称为 Caffè Macchiato，是在意式浓缩咖啡上加入少量奶泡制作而成的咖啡饮品。也称玛琪雅朵浓缩咖啡，是意大利语 Espresso Macchiato，意思是"标记""烙印"或"染色"，可以把玛琪雅朵浓缩咖啡看作一种以奶泡来标记的意式浓缩咖啡。

玛奇朵咖啡

教学目标

1. 能用蒸奶棒打发奶泡。
2. 能制作玛奇朵咖啡。

基本知识

1. 玛奇朵咖啡的感官特征

玛奇朵咖啡是少量奶泡和意式浓缩咖啡完美融合的咖啡饮品。香气醇香四溢，奶泡让口感变得细腻顺滑，尾韵柔和。

2. 玛奇朵咖啡的饮用方式

在意大利人的早餐餐桌上，最常见的咖啡是卡布奇诺咖啡。下午茶时意大利人的餐桌上则变成了玛奇朵咖啡，在意式浓缩咖啡中加入一点奶泡作为点缀，让咖啡的口感变得更加温和，甜感增加，并且仍保留浓郁的咖啡风味。

活动设计

1. 活动条件

意式浓缩咖啡机、研磨机、打发牛奶用奶缸、电子秤、TDS。

2. 活动组织

（1）每四位同学一组，其中两位同学制作玛奇朵咖啡，另外两位同学在旁边做点评员。

（2）每组两位咖啡师同学首先制作玛奇朵咖啡，同组的另两位点评员同学点评。两组互换。

（3）各小组依次进行，每位同学均需要完成玛奇朵咖啡的制作，并对同组的同学点评。

3. 活动实施

序号	步骤	操作及说明	服务标准
1	物品准备	（1）单份意式浓缩咖啡杯。 （2）茶匙。 （3）出品托盘。 （4）专用口布5块。 （5）咖啡豆。 （6）牛奶。	准备物品要迅速、齐全、干净、无污渍。
2	意式浓缩咖啡制作	（1）温杯。将单份意式浓缩咖啡杯放置在咖啡机出热水处，放热水，温杯。将热水倒掉，拿干净的擦杯布将意式浓缩咖啡杯擦拭干净。 （2）将冲煮手柄从咖啡机萃取单元上卸下，用专用布草擦拭冲煮粉碗。 （3）将冲煮手柄置于研磨机处，在冲煮粉碗内装入咖啡粉并布粉。 （4）用布粉器或粉锤压粉。 （5）清理冲煮粉碗外围残粉。 （6）萃取单元排水降温。打开萃取按键或拨杆，排水。排水后立即使用专用布草擦沥水盘。 （7）将冲煮手柄装入萃取单元。 （8）立即开始萃取。 （9）选择温杯后的意式浓缩咖啡杯放置在倒流口下方。 （10）关闭萃取按键或拨杆，完成萃取。	（1）意式浓缩咖啡杯温热，干净无水渍。 （2）冲煮粉碗干净无残粉。 （3）填粉和布粉时，不浪费咖啡粉。 （4）冲煮粉碗内的咖啡粉需填压平整、紧实。 （5）遵循"五二一二"原则。即用整个手掌清理粉碗上边缘，拇指和食指清理粉碗左右两侧卡槽，食指清理手柄和粉碗连接处，拇指和食指清理两个导流口。 （6）有排水动作，需擦沥水盘。布草不混用。 （7）装入动作熟练、准确。 （8）冲煮手柄装入后立即打开萃取按键或拨杆。 （9）萃取出的咖啡液完整流入咖啡杯，未流出咖啡杯外侧。 （10）及时完成萃取。
3	玛奇朵咖啡制作	（1）使用专用布草包住蒸汽棒，打开蒸汽棒开关，放冷凝水后关闭开关。 （2）选择合适的奶缸。 （3）注入牛奶。 （4）将蒸汽棒喷头浸入牛奶液面合适位置，打开蒸汽棒开关，打发牛奶。 （5）奶泡打发完成后关闭蒸汽棒开关。 （6）使用专用布草清洁蒸汽棒，并再次打开开关喷蒸汽清洁蒸汽棒。 （7）将奶缸内的牛奶与奶泡摇晃均匀。 （8）用吧匙舀一勺奶泡加入意式浓缩咖啡液面中心。	（1）布草专用，不混用。有放冷凝水操作。 （2）奶缸选择适当。 （3）牛奶需事先冷藏。 （4）打发牛奶符合操作规范，打发过程中无牛奶溢出。 （5）打发牛奶最高温度不超过65℃，打发中时刻关注温度，及时停止打发。 （6）布草专用，不混用。及时清洁蒸奶棒。 （7）有摇晃奶缸的操作。 （8）吧匙干净、卫生，符合器皿食品安全规范。

续表

序号	步骤	操作及说明	服务标准
4	清洁复位	（1）将冲煮手柄卸下，将冲煮粉碗内的咖啡渣敲入渣桶。用专用布草清理冲煮粉碗。 （2）清理擦拭沥水盘。 （3）清理研磨机出粉处和接粉盘上的残粉。 （4）清理操作台面。	（1）冲煮粉碗干净无残粉。 （2）沥水盘干净无咖啡渍。 （3）研磨机出粉处、接粉盘干净无残粉。 （4）台面干燥、清洁、无水渍、无残粉。
5	摆盘与出品	（1）单份意式浓缩咖啡杯需配上成套的咖啡碟。 （2）根据客人的要求配备糖盅和奶缸。如果配糖缸，需在咖啡碟上摆放茶匙，茶匙的勺把和咖啡杯杯柄两者延长线平行，朝服务对象右侧。 （3）呈送咖啡的托盘干净无污渍，服务时手持咖啡碟边缘，不能接触咖啡杯口。	（1）意式浓缩咖啡符合标准分量。 （2）TDS 为 9%~11%。 （3）奶泡在中心位置，周围有一圈金边。

情景

如果你是咖啡厅的咖啡师，请在 5 分钟内出品玛奇朵咖啡。
按照玛奇朵咖啡制作流程和操作规范出品。

4. 活动评价

评价内容	评价标准	是/否
活动完成情况	准备的物品齐全，没有污渍	
	用热水温热咖啡杯并擦拭干净	
	清洁研磨机粉仓、接粉盘、冲煮手柄、冲煮粉碗。冲煮粉碗擦干	
	填粉时不撒粉，布粉均匀	
	填压动作规范，咖啡粉填压平整	
	冲煮手柄各处残粉清理干净	
	排水并用专布擦拭沥水盘	
	冲煮手柄装入萃取单元动作规范、娴熟	
	立即开始萃取，不等候	
	将前期准备的意式浓缩咖啡杯置于倒流口下方，萃取出的咖啡液未流到杯外	

续表

评价内容	评价标准	是/否
活动完成情况	用专布在打发前后清洁蒸汽棒	
	打发牛奶时无溢出	
	奶泡细腻	
	清理冲煮手柄、冲煮粉碗、沥水盘	
	清理豆仓出粉口、接粉盘	
	清洁台面	
	出品排盘规范、完整	
	使用托盘出品，出品时注重卫生	
	奶泡在中心位置	

课后作业

练习牛奶的打发。

三、美式咖啡制作

核心概念

美式咖啡，英文名称为 Americano。是在意式浓缩咖啡上加入热水制作而成的咖啡饮品。一般会使用意式浓缩液重4倍的热水进行稀释。

热美式和冰美式咖啡

教学目标

能制作美式咖啡。

基本知识

1. 美式咖啡的感官特征

美式咖啡是意式浓缩咖啡和热水融合而成的咖啡饮品。香气清爽，口味淡雅。颜色呈褐色，浅淡明澈。味道方面，酸味较弱，苦味不明显，回甘较强。

2. 美式咖啡的饮用方式

在"二战"时期，美军的单兵口粮里均配备一块速溶咖啡。野外作战时，只要烧开水，冲煮后即可直接饮用。不仅是提神的必备品，也是寒冷季节里士兵的最爱。在战争中，美军养成了喝咖啡的习惯，战后的美军是咖啡消费市场的主力军，他们将战场上喝咖啡的习惯延续到战后的日常生活中，在意式浓缩咖啡中加入热水成了他们喜好的饮用方式。

美式咖啡没有意式浓缩咖啡的浓郁口感，热水降低了咖啡的浓度，使得口感更容易被接受。在饮用美式咖啡时，可以直接饮用，也可以配牛奶、糖一起饮用。

3. 美式咖啡的类型

美式咖啡是先制作意式浓缩咖啡，再加入热水稀释浓缩咖啡，热水直接注入意式浓缩咖啡中，在稀释意式浓缩咖啡的同时，也将浓缩的咖啡风味进行了均匀的展现。与此同时，意式浓缩咖啡表面的咖啡油脂被热水冲散。

在澳大利亚和新西兰，有一种被称为长黑咖啡的咖啡饮品，英文称为 Long black。它的配方与美式咖啡完全相同，也是意式浓缩咖啡与热水的融合。不同点在于，长黑咖啡是先在杯中注入热水，再用杯子直接去接萃取出来的意式浓缩咖啡。因此，长黑咖啡表面的咖啡油脂相较美式咖啡而言更完整。

很多人也会把长萃取意式浓缩咖啡称为一种美式咖啡。长萃取意式浓缩咖啡相较于美式咖啡和长黑咖啡的区别在于没有在浓缩咖啡中添加热水，而是通过延长萃取时间来稀释咖啡。长萃取意式浓缩咖啡的油脂要明显优于美式咖啡和长黑咖啡。

活动设计

1. 活动条件

意式浓缩咖啡机、研磨机、开水机、电子秤、TDS。

2. 活动组织

（1）每四位同学一组，其中两位同学制作美式咖啡，另外两位同学在旁边做点评员。

（2）每组两位咖啡师同学首先制作美式咖啡，同组的另两位点评员同学点评。两组互换。

（3）各小组依次进行，每位同学均需要完成美式咖啡的制作，并对同组的同学点评。

3. 活动实施

序号	步骤	操作及说明	服务标准
1	物品准备	（1）带手柄玻璃咖啡杯。 （2）茶匙。 （3）出品托盘。 （4）专用口布5块。 （5）咖啡豆。	准备物品要迅速、齐全，干净、无污渍。
2	意式浓缩咖啡制作	（1）温杯。将玻璃咖啡杯放置在咖啡机出热水处，放热水，温杯。将热水倒掉，拿干净的擦杯布将咖啡杯擦拭干净。 （2）将冲煮手柄从咖啡机萃取单元上卸下，用专用布擦拭冲煮粉碗。 （3）将冲煮手柄置于研磨机处，在冲煮粉碗内装入咖啡粉并布粉。 （4）用布粉器或粉锤压粉。 （5）清理冲煮粉碗外围残粉。 （6）萃取单元排水降温。打开萃取按键或拨杆，排水。排水后立即使用专用布草擦沥水盘。 （7）将冲煮手柄装入萃取单元。 （8）立即开始萃取。 （9）选择温杯后的咖啡杯放置在倒流口下方。 （10）关闭萃取按键或拨杆，完成萃取。	（1）玻璃咖啡杯干净无水渍。 （2）冲煮粉碗干净无残粉。 （3）填粉和布粉时，不浪费咖啡粉。 （4）冲煮粉碗内的咖啡粉需填压平整、紧实。 （5）遵循"五二一二"原则。即用整个手掌清理粉碗上边缘，拇指和食指清理粉碗左右两侧卡槽，食指清理手柄和粉碗连接处，拇指和食指清理两个导流口。 （6）有排水动作，需擦沥水盘。布草不混用。 （7）装入动作熟练、准确。 （8）冲煮手柄装入后立即打开萃取按键或拨杆。 （9）萃取出的咖啡液完整流入咖啡杯，未流出咖啡杯外侧。 （10）及时完成萃取。
3	美式咖啡制作	（1）在玻璃咖啡杯中加入热水至八分满。 （2）在玻璃咖啡杯中加入双份意式浓缩咖啡。	（1）美式咖啡的液重在250~350克。意式浓缩咖啡与热水的比例为1:4。 （2）美式咖啡的TDS为1.2%~1.5%风味最佳。
4	清洁复位	（1）将冲煮手柄卸下，将冲煮粉碗内的咖啡渣敲入渣桶。用专用布草清理冲煮粉碗。 （2）清理擦拭沥水盘。 （3）清理研磨机出粉处和接粉盘上的残粉。 （4）清理操作台面。	（1）冲煮粉碗干净无残粉。 （2）沥水盘干净无咖啡渍。 （3）研磨机出粉处、接粉盘干净无残粉。 （4）台面干燥、清洁、无水渍、无残粉。
5	摆盘与出品	（1）根据客人的要求配备糖盅和奶缸。 （2）呈送咖啡的托盘干净无污渍，服务时手持咖啡碟边缘，不能接触咖啡杯口。	（1）使用托盘出品，器具无污渍。 （2）如果配糖缸，需在咖啡碟上摆放茶匙，茶匙的勺把和咖啡杯杯柄两者延长线平行，朝服务对象右侧。

> **情景**
>
> 如果你是咖啡厅的咖啡师,请在 5 分钟内出品美式咖啡。
> 按照美式咖啡制作流程和操作规范出品。

4. 活动评价

评价内容	评价标准	是/否
活动完成情况	准备的物品齐全,没有污渍	
	用热水温热咖啡杯并擦拭干净	
	清洁研磨机粉仓、接粉盘、冲煮手柄、冲煮粉碗。冲煮粉碗擦干	
	填粉时不撒粉,布粉均匀	
	填压动作规范,咖啡粉填压平整	
	冲煮手柄各处残粉清理干净	
	排水并用专布擦拭沥水盘	
	冲煮手柄装入萃取单元动作规范、娴熟	
	立即开始萃取,不等候	
	将前期准备的玻璃咖啡杯置于冲煮手柄导流口下方	
	萃取完成后及时关闭	
	在玻璃咖啡杯中注入热水至八分满	
	咖啡和热水未溢出杯口	
	清理冲煮手柄、冲煮粉碗、沥水盘	
	清理豆仓出粉口、接粉盘	
	清洁台面	

课后作业

制作美式和长黑咖啡,对比两者有何区别。

四、拿铁咖啡制作

核心概念

拿铁咖啡，英文名称为 Latte，是意式浓缩咖啡、热牛奶和奶泡融合制作而成的咖啡饮品。也称牛奶咖啡，是意大利语 Caffè Latte，意大利语直译为加了牛奶的咖啡。

打发牛奶

教学目标

1. 能用蒸奶棒打发奶泡。
2. 能制作拿铁咖啡。

萃取咖啡液

基本知识

1. 拿铁咖啡的感官特征

拿铁咖啡是一款以咖啡味为主基调的牛奶咖啡饮品。意式浓缩咖啡融合打发后的热牛奶奶泡，口感丝滑。打发后的牛奶让原本浓郁微苦的咖啡变得更加香甜、柔滑。

2. 拿铁咖啡的饮用方式

拿铁咖啡是消费者最喜爱的咖啡之一。它不仅有着意式浓缩咖啡带来的浓郁咖啡风味，还有着打发后的牛奶和奶泡带来的香甜、绵密口感。

意式浓缩咖啡和牛奶的比例决定了拿铁咖啡的口感。8盎司的咖啡杯通常用一份意式浓缩咖啡，配上打发后的牛奶。12盎司的咖啡杯通常用双份意式浓缩咖啡，再与打发后的牛奶融合。拿铁咖啡的表面有一层薄薄的奶泡，奶泡厚度通常小于5毫米，并且要求奶泡流动性较好。

3. 拿铁咖啡文化

在意大利，Latte 一词的意思是牛奶，因此在意大利咖啡馆点一杯拿铁，咖啡师会直接出品一杯牛奶。直到20世纪80年代，拿铁咖啡一词才在世界范围内广泛使用。拿铁也是很多创意咖啡的根源，例如在咖啡馆里畅销的抹茶拿铁，是用热牛奶融合抹茶粉制作而成的一杯不含咖啡的牛奶饮品。

拿铁艺术，英文称为 Latte Art。通常称为咖啡拉花艺术，是全球范围内盛行的一种流行艺术形式，利用拉花缸将打发后的牛奶奶泡与意式浓缩咖啡进行融合，讲究注入方式、抖动手法等操作技艺，最终会在咖啡杯内呈现出不同的图案。常见的有心形、叶形、郁金香形等。

活动设计

1.活动条件
意式浓缩咖啡机、研磨机、打发牛奶用奶缸、牛奶、电子秤、TDS。

2.活动组织
（1）每四位同学一组，其中两位同学制作拿铁咖啡，另外两位同学在旁边做点评员。

（2）每组两位咖啡师同学首先制作拿铁咖啡，同组的另两位点评员同学点评。两组互换。

（3）各小组依次进行，每位同学均需要完成拿铁咖啡的制作，并对同组的同学点评。

3.活动实施

序号	步骤	操作及说明	服务标准
1	物品准备	（1）拿铁咖啡杯。 （2）茶匙。 （3）出品托盘。 （4）专用口布5块。 （5）咖啡豆。 （6）牛奶。	准备物品要迅速、齐全，干净、无污渍。
2	意式浓缩咖啡制作	（1）温杯。将拿铁咖啡杯放置在咖啡机出热水处，放热水，温杯。将热水倒掉，拿干净的擦杯布将咖啡杯擦拭干净。 （2）将冲煮手柄从咖啡机萃取单元上卸下，用专用布草擦拭冲煮粉碗。 （3）将冲煮手柄置于研磨机处，在冲煮粉碗内装入咖啡粉并布粉。 （4）用布粉器或粉锤压粉。 （5）清理冲煮粉碗外围残粉。 （6）萃取单元排水降温。打开萃取按键或拨杆，排水。排水后立即使用专用布草擦沥水盘。 （7）将冲煮手柄装入萃取单元。 （8）立即开始萃取。 （9）选择温杯后的咖啡杯放置在倒流口下方。 （10）关闭萃取按键或拨杆，完成萃取。	（1）拿铁咖啡杯温热，干净无水渍。 （2）冲煮粉碗干净无残粉。 （3）填粉和布粉时，不浪费咖啡粉。 （4）冲煮粉碗内的咖啡粉需填压平整、紧实。 （5）遵循"五二一二"原则。即用整个手掌清理粉碗上边缘，拇指和食指清理粉碗左右两侧卡槽，食指清理手柄和粉碗连接处，拇指和食指清理两个导流口。 （6）有排水动作，需擦沥水盘。布草不混用。 （7）装入动作熟练，准确。 （8）冲煮手柄装入后立即打开萃取按键或拨杆。 （9）萃取出的咖啡液完整流入咖啡杯，未流出咖啡杯外侧。 （10）及时完成萃取。

续表

序号	步骤	操作及说明	服务标准
3	拿铁咖啡制作	（1）使用专用布草包住蒸汽棒，打开蒸汽棒开关，放冷凝水后关闭开关。 （2）选择合适的奶缸。 （3）注入牛奶。 （4）将蒸汽棒喷头浸入牛奶液面合适位置，打开蒸汽棒开关，打发牛奶。 （5）奶泡打发完成后关闭蒸汽棒开关。 （6）使用专用布草清洁蒸汽棒，并再次打开开关喷蒸汽清洁蒸汽棒。 （7）将奶缸内的牛奶与奶泡摇晃均匀。 （8）将咖啡勺放在奶缸口，用背面挡住奶泡，将牛奶奶泡注入意式浓缩咖啡杯中。 （9）牛奶奶泡倒至八分满时，用勺子轻轻刮入少量奶泡。	（1）布草专用，不混用。有放冷凝水操作。 （2）奶缸选择适当。 （3）牛奶需事先冷藏。 （4）打发牛奶符合操作规范，打发过程中无牛奶溢出。 （5）打发牛奶最高温度不超过65℃，打发中时刻关注温度，及时停止打发。 （6）布草专用，不混用。及时清洁蒸奶棒。 （7）有摇晃奶缸的操作。 （8）吧匙干净、卫生，符合器皿食品安全规范。 （9）奶泡处于杯子中间，液面四周有咖啡油脂形成的一圈金边。
4	清洁复位	（1）将冲煮手柄卸下，将冲煮粉碗内的咖啡渣敲入渣桶。用专用布草清理冲煮粉碗。 （2）清理擦拭沥水盘。 （3）清理研磨机出粉处和接粉盘上的残粉。 （4）清理操作台面。	（1）冲煮粉碗干净无残粉。 （2）沥水盘干净无咖啡渍。 （3）研磨机出粉处、接粉盘干净无残粉。 （4）台面干燥、清洁、无水渍、无残粉。
5	摆盘与出品	（1）拿铁咖啡杯需配上成套的咖啡碟。 （2）根据客人的要求配备糖盅和奶缸。如果配糖缸，需在咖啡碟上摆放茶匙，茶匙的勺把和咖啡杯杯柄两者延长线平行，朝服务对象右侧。 （3）呈送咖啡的托盘干净无污渍，服务时手拿咖啡碟边缘，不能接触咖啡杯口。	（1）意式浓缩咖啡液重15~25克。 （2）意式浓缩咖啡TDS9%~11%。 （3）出品不少于九分满。 （4）奶泡厚度小于5毫米。 （5）杯边有一圈金边。

情景

如果你是咖啡厅的咖啡师，请在5分钟内出品拿铁咖啡。
按照拿铁咖啡制作流程和操作规范出品。

4.活动评价

评价内容	评价标准	是/否
活动完成情况	准备的物品齐全，没有污渍	
	用热水温热咖啡杯并擦拭干净	
	清洁研磨机粉仓、接粉盘、冲煮手柄、冲煮粉碗。冲煮粉碗擦干	
	填粉时不撒粉，布粉均匀	
	填压动作规范，咖啡粉填压平整	
	冲煮手柄各处残粉清理干净	
	排水并用专布擦拭沥水盘	
	冲煮手柄装入萃取单元动作规范、娴熟	
	立即开始萃取，不等候	
	将前期准备的拿铁咖啡杯置于倒流口下方，萃取出的咖啡液未流到杯外	
	摇晃奶缸，将打发后的牛奶和奶泡融合	
	奶泡有光泽、细腻、光滑、流动性好，厚度小于5毫米	
	出品杯量不少于9分满	
	清理冲煮手柄、冲煮粉碗、沥水盘	
	清理豆仓出粉口、接粉盘	
	清洁台面	
	出品排盘规范、完整	
	使用托盘出品，出品时注重卫生	

课后作业

练习牛奶的打发以及与意式浓缩咖啡的融合。

五、卡布奇诺咖啡制作

核心概念

卡布奇诺咖啡，英文名称为 Cappuccino，是意式浓缩咖啡、热牛奶和奶泡融合制作而成的咖啡饮品。通常在出品时，会在奶泡上撒上一层巧克力粉或可可粉。

教学目标

1. 能用蒸奶棒打发奶泡。
2. 能制作卡布奇诺咖啡。

基本知识

1. 卡布奇诺咖啡的感官特征

卡布奇诺咖啡是意式浓缩咖啡与热牛奶、打发后的奶泡按照 1∶1∶1 混合而成的咖啡牛奶饮品。咖啡味比拿铁咖啡更加浓郁。刚入口时是奶泡的绵密口感，再入口是牛奶与咖啡融合的香醇。

2. 卡布奇诺咖啡的饮用方式

卡布奇诺咖啡是消费者最喜爱的咖啡之一，同时是意大利人早餐餐桌上最常见的咖啡之一。卡布奇诺中牛奶的占比与拿铁相比更高，咖啡味比拿铁弱，是喜欢奶味浓郁的消费者的最爱。

在意大利，卡布奇诺咖啡的容量为 5~6 盎司，使用阔口、陶瓷材质的咖啡杯最常见。

3. 卡布奇诺咖啡文化

卡布奇诺咖啡在美国很畅销，并将其作为搭配餐后甜品的上好选择。卡布奇诺咖啡的风味和口感都很丰富，到 21 世纪初，美国连锁餐饮企业开启海外扩张之路，他们通过改良卡布奇诺配方，用更多的牛奶和奶泡使得卡布奇诺咖啡的风味更加丰富，更容易被消费者接受。通过添加辅料的风味卡布奇诺咖啡在美国也十分受欢迎，香草、焦糖、巧克力、肉桂等口味最受消费者追捧。

活动设计

1. 活动条件

意式浓缩咖啡机、研磨机、打发牛奶用奶缸、牛奶、电子秤、TDS。

2. 活动组织

（1）每四位同学一组，其中两位同学制作卡布奇诺咖啡，另外两位同学在旁边做点评员。

（2）每组两位咖啡师同学首先制作卡布奇诺咖啡，同组的另两位点评员同学点评。两组互换。

（3）各小组依次进行，每位同学均需要完成卡布奇诺咖啡的制作，并对同组的同学点评。

3. 活动实施

序号	步骤	操作及说明	服务标准
1	物品准备	（1）卡布奇诺咖啡杯。 （2）茶匙。 （3）出品托盘。 （4）专用口布5块。 （5）咖啡豆。 （6）牛奶。	准备物品要迅速、齐全、干净、无污渍。
2	意式浓缩咖啡制作	（1）温杯。将卡布奇诺咖啡杯放置在咖啡机出热水处，放热水，温杯。将热水倒掉，拿干净的擦杯布将咖啡杯擦拭干净。 （2）将冲煮手柄从咖啡机萃取单元上卸下，用专用布草擦拭冲煮粉碗。 （3）将冲煮手柄置于研磨机处，在冲煮粉碗内装入咖啡粉并布粉。 （4）用布粉器或粉锤压粉。 （5）清理冲煮粉碗外围残粉。 （6）萃取单元排水降温。打开萃取按键或拨杆，排水。排水后立即使用专用布草擦沥水盘。 （7）将冲煮手柄装入萃取单元。 （8）立即开始萃取。 （9）选择温杯后的咖啡杯放置在倒流口下方。 （10）关闭萃取按键或拨杆，完成萃取。	（1）卡布奇诺咖啡杯温热，干净无水渍。 （2）冲煮粉碗干净无残粉。 （3）填粉和布粉时，不浪费咖啡粉。 （4）冲煮粉碗内的咖啡粉需填压平整、紧实。 （5）遵循"五二一二"原则。即用整个手掌清理粉碗上边缘，拇指和食指清理粉碗左右两侧卡槽，食指清理手柄和粉碗连接处，拇指和食指清理两个导流口。 （6）有排水动作，需擦沥水盘。布草不混用。 （7）装入动作熟练、准确。 （8）冲煮手柄装入后立即打开萃取按键或拨杆。 （9）萃取出的咖啡液完整流入咖啡杯，未流出咖啡杯外侧。 （10）及时完成萃取。

续表

序号	步骤	操作及说明	服务标准
3	卡布奇诺咖啡制作	（1）使用专用布草保住蒸汽棒，打开蒸汽棒开关，放冷凝水后关闭开关。 （2）选择合适的奶缸。 （3）注入牛奶。 （4）将蒸汽棒喷头浸入牛奶液面合适位置，打开蒸汽棒开关，打发牛奶。 （5）奶泡打发完成后关闭蒸汽棒开关。 （6）使用专用布草清洁蒸汽棒，并再次打开开关喷蒸汽清洁蒸汽棒。 （7）将奶缸内的牛奶与奶泡摇晃均匀。 （8）将咖啡勺放在奶缸口，用背面挡住奶泡。将牛奶奶泡注入意式浓缩咖啡杯中。 （9）牛奶奶泡倒至五分满时，用勺子轻轻刮入少量奶泡。	（1）布草专用，不混用。有放冷凝水操作。 （2）奶缸选择适当。 （3）牛奶需事先冷藏。 （4）打发牛奶符合操作规范，打发过程中无牛奶溢出。 （5）打发牛奶最高温度不超过65℃，打发中时刻关注温度，及时停止打发。 （6）布草专用，不混用。及时清洁蒸奶棒。 （7）有摇晃奶缸的操作。 （8）吧台干净、卫生，符合器皿食品安全规范。 （9）奶泡处于杯子中间，液面四周有咖啡油脂形成的一圈金边。
4	清洁复位	（1）将冲煮手柄卸下，将冲煮粉碗内的咖啡渣敲入渣桶。用专用布草清理冲煮粉碗。 （2）清理擦拭沥水盘。 （3）清理研磨机出粉处和接粉盘上的残粉。 （4）清理操作台面。	（1）冲煮粉碗干净无残粉。 （2）沥水盘干净无咖啡渍。 （3）研磨机出粉处、接粉盘干净无残粉。 （4）台面干燥、清洁、无水渍、无残粉。
5	摆盘与出品	（1）卡布奇诺咖啡杯需配上成套的咖啡碟。 （2）根据客人的要求配备糖盅和奶缸。如果配糖缸，需在咖啡碟上摆放茶匙，茶匙的勺把和咖啡杯杯柄两者延长线平行，朝服务对象右侧。 （3）呈送咖啡的托盘干净无污渍，服务时手持咖啡碟边缘，不能接触咖啡杯口。	（1）意式浓缩咖啡液重15~25克。 （2）意式浓缩咖啡 TDS9%~11%。 （3）出品不少于九分满。 （4）奶泡厚度大于5毫米。 （5）杯边有一圈金边。

◎ 情景

如果你是咖啡厅的咖啡师，请在5分钟内出品卡布奇诺咖啡。
按照卡布奇诺咖啡制作流程和操作规范出品。

4. 活动评价

评价内容	评价标准	是/否
活动完成情况	准备的物品齐全，没有污渍	
	用热水温热咖啡杯并擦拭干净	
	清洁研磨机粉仓、接粉盘、冲煮手柄、冲煮粉碗。冲煮粉碗擦干	
	填粉时不撒粉，布粉均匀	
	填压动作规范，咖啡粉填压平整	
	冲煮手柄各处残粉清理干净	
	排水并用专布擦拭沥水盘	
	冲煮手柄装入萃取单元动作规范、娴熟	
	立即开始萃取，不等候	
	将前期准备的拿铁咖啡杯置于倒流口下方，萃取出的咖啡液未流到杯外	
	摇晃奶缸，将打发后的牛奶和奶泡融合	
	奶泡有光泽、细腻、光滑，厚度大于5毫米	
	出品杯量不少于9分满	
	清理冲煮手柄、冲煮粉碗、沥水盘	
	清理豆仓出粉口、接粉盘	
	清洁台面	
	出品排盘规范、完整	
	使用托盘出品，出品时注重卫生	

课后作业

练习牛奶的打发以及与意式浓缩咖啡的融合。

任务十四　练习题

1. 下列咖啡饮品中，含有奶油的是（　　）。
　　A. 康宝兰咖啡　　B. 美式咖啡　　C. 玛奇朵咖啡　　D. 拿铁咖啡
2. 康宝兰咖啡是在意式浓缩咖啡的基础上，添加（　　）。
　　A. 奶沫　　B. 牛奶　　C. 热水　　D. 奶油

3. 康宝兰咖啡上的奶油质量要求约为（　　）。
   A. 5g　　　　　B. 10g　　　　　C. 20g　　　　　D. 40g
4. 制作康宝兰咖啡时，奶油要求（　　）。
   A. 低于杯口　　　　　　　　　　B. 与杯口齐平
   C. 表面细腻光滑　　　　　　　　D. 坚挺且持续时间长
5. 下列属于康宝兰咖啡的最佳饮用方式是（　　）。
   A. 直接饮用
   B. 将奶油搅拌均匀后饮用
   C. 先品尝奶油，后将奶油与咖啡搅拌均匀再饮用
   D. 将咖啡静置 5 分钟后饮用
6. 康宝兰咖啡出品时需要配备（　　）。
   A. 咖啡勺　　　B. 吸管　　　　C. 奶盅　　　　D. 牙签
7. 下列对康宝兰咖啡基础感官特征描述准确的是（　　）。
   A. 康宝兰咖啡入口时主要是细腻的奶沫，然后是咖啡
   B. 细腻丝滑的奶油减弱了咖啡的浓烈，让咖啡更加醇香
   C. 康宝兰入口主要是浓缩咖啡的苦味，没有奶香味
   D. 康宝兰咖啡入口都是奶油，没有咖啡的风味
8. 下列咖啡中，入口能够感觉细腻奶油风味的是（　　）。
   A. 美式咖啡　　B. 康宝兰咖啡　C. 卡布奇诺咖啡　D. 玛奇朵咖啡
9. 仅在意式浓缩咖啡的表面加入 2~3 勺奶沫的咖啡是（　　）。
   A. 玛奇朵咖啡　B. 康宝兰咖啡　C. 拿铁咖啡　　　D. 卡布奇诺咖啡
10. 下列符合玛奇朵咖啡制作对奶沫要求的是（　　）。
    A. 奶沫要全部覆盖意式浓缩咖啡
    B. 奶沫要处于意式浓缩咖啡的中心，且不能完全覆盖咖啡油脂
    C. 奶沫要高于咖啡杯口
    D. 奶沫粗糙且流动性弱
11. 玛奇朵咖啡的载杯常用（　　）。
    A. 60ml 容量的咖啡杯　　　　　B. 180ml 容量的咖啡杯
    C. 240ml 容量的咖啡杯　　　　 D. 360ml 容量的咖啡杯
12. 下列符合玛奇朵咖啡服务要求的是（　　）。
    A. 玛奇朵咖啡因为杯子小，所以不需要配咖啡碟
    B. 玛奇朵咖啡出品时不需配糖包

C. 玛奇朵咖啡出品时需要配咖啡勺

D. 玛奇朵咖啡出品时需要使用托盘

13. 与意式浓缩咖啡相比，口感稍微柔和，搭配少量细腻的奶沫又不失意式浓缩咖啡风味的是（　　）。

  A. 玛奇朵咖啡　　B. 美式咖啡　　C. 卡布奇诺咖啡　　D. 康宝兰咖啡

14. 下列关于玛奇朵咖啡基础感官特征描述准确的是（　　）。

  A. 玛奇朵咖啡比意式浓缩咖啡苦味更重

  B. 玛奇朵咖啡的奶味比拿铁咖啡更重

  C. 玛奇朵咖啡的咖啡味比卡布奇诺咖啡的淡

  D. 玛奇朵咖啡的咖啡味比拿铁咖啡更重

15. 美式咖啡常见做法是意式浓缩咖啡加入适量的（　　）。

  A. 牛奶　　B. 热水　　C. 奶沫　　D. 奶油

16. 下列咖啡饮品中，会添加适量热水的咖啡是（　　）。

  A. 康宝兰咖啡　　B. 玛奇朵咖啡　　C. 美式咖啡　　D. 拿铁咖啡

17. 下列符合美式咖啡对可溶性固形物（TDS）含量要求的是（　　）。

  A. 0.8%　　B. 1.3%　　C. 6.2%　　D. 9.1%

18. 美式咖啡的杯量一般控制在杯子的（　　）。

  A. 8分满　　B. 9分满　　C. 全满　　D. 11分满

19. 下列关于美式咖啡的服务要求说法不准确的是（　　）。

  A. 出品时提醒顾客小心高温

  B. 询问顾客是否需要提供加糖或加奶服务

  C. 使用纸杯打包时，应该注意隔热保护

  D. 美式咖啡通常使用60ml的咖啡杯盛放

20. 美式咖啡的基础感官特征是（　　）。

  A. 口感清爽、味甘、微苦　　B. 奶香味浓郁

  C. 有绵密的奶沫　　D. 有丝滑的奶油味

答案：

1~5. ADBDC　6~10. ABBAB　11~15. ACADB　16~20. CBADA

任务十五　拉花艺术

一、心形拉花

（一）职业能力一：心形拿铁拉花艺术

核心概念

心形拿铁咖啡拉花，是咖啡师运用制作蒸汽奶泡的技巧，通过注入、融合、拉花等技艺，出品心形图案拿铁咖啡。

咖啡拉花

教学目标

1. 能用横回转方式打发奶泡。
2. 能制作心形拉花。

基本知识

1. 奶缸的选择

选择奶缸时，需要综合考虑打发牛奶量与奶缸容量，通常情况下，使用奶缸总容量的 40%~60%，牛奶过少或过多对打发技巧的要求更高。

2. 打发的位置

打发开始前，首先打开蒸汽棒开关，释放蒸汽棒中残留的冷凝水，待冷凝水释放后，关闭蒸汽棒开关。第二，拉出蒸汽棒，使蒸汽棒与垂直方向呈 45 度夹角，利用缸嘴固定蒸汽棒的位置，蒸汽棒所在位置处于牛奶液面十字中心的右侧，蒸汽棒喷嘴呈半掩埋状态。

3. 打发阶段

打开蒸汽开关，直到听到细腻的滋滋声，牛奶转动形成漩涡，此时为打发阶段。根据需要打发的奶泡厚度，所需时长也不一样。打发时间越长，奶泡越厚。

4. 打绵阶段

将蒸汽棒喷嘴完全掩埋在牛奶液面中，此阶段只加热牛奶，不再打发。需要注意的是蒸汽碰嘴不要埋在最下面，建议在奶泡层，此时有利于将粗糙的奶泡打绵，更加细腻。由于食品中蛋白质的受热变形作用，牛奶打发的温度控制在 55~65℃ 之间最佳。

活动设计

1. 活动条件

意式浓缩咖啡机、研磨机、打发牛奶用奶缸、牛奶、电子秤、TDS。

2. 活动组织

（1）每四位同学一组，其中两位同学制作心形拿铁咖啡，另外两位同学在旁边做点评员。

（2）每组两位咖啡师同学首先制作心形拿铁咖啡，同组的另两位点评员同学点评。两组互换。

（3）各小组依次进行，每位同学均需要完成心形拿铁咖啡的制作，并对同组的同学点评。

3. 活动实施

序号	步骤	操作及说明	服务标准
1	物品准备	（1）拿铁咖啡杯。 （2）茶匙。 （3）出品托盘。 （4）专用口布5块。 （5）咖啡豆。 （6）牛奶。	准备物品要迅速、齐全、干净、无污渍。
2	意式浓缩咖啡制作	（1）温杯。将拿铁咖啡杯放置在咖啡机出热水处，放热水，温杯。将热水倒掉，拿干净的擦杯布将咖啡杯擦拭干净。 （2）将冲煮手柄从咖啡机萃取单元上卸下，用专用布草擦拭冲煮粉碗。 （3）将冲煮手柄置于研磨机处，在冲煮粉碗内装入咖啡粉并布粉。 （4）用布粉器或粉锤压粉。 （5）清理冲煮粉碗外围残粉。	（1）拿铁咖啡杯温热，干净无水渍。 （2）冲煮粉碗干净无残粉。 （3）填粉和布粉时，不浪费咖啡粉。 （4）冲煮粉碗内的咖啡粉需填压平整、紧实。 （5）遵循"五二一二"原则。即用整个手掌清理粉碗上边缘，拇指和食指清理粉碗左右两侧卡槽，食指清理手柄和粉碗连接处，拇指和食指清理两个导流口。

续表

序号	步骤	操作及说明	服务标准
2	意式浓缩咖啡制作	（6）萃取单元排水降温。打开萃取按键或拨杆，排水。排水后立即使用专用布草擦沥水盘。 （7）将冲煮手柄装入萃取单元。 （8）立即开始萃取。 （9）选择温杯后的咖啡杯放置在倒流口下方。 （10）关闭萃取按键或拨杆，完成萃取。	（6）有排水动作，需擦沥水盘。布草不混用。 （7）装入动作熟练，准确。 （8）冲煮手柄装入后立即打开萃取按键或拨杆。 （9）萃取出的咖啡液完整流入咖啡杯，未流出咖啡杯外侧。 （10）及时完成萃取。
3	心形拿铁咖啡制作	（1）使用专用布草包住蒸汽棒，打开蒸汽棒开关，放冷凝水后关闭开关。 （2）选择合适的奶缸。 （3）注入牛奶。 （4）将蒸汽棒喷头浸入牛奶液面合适位置，打开蒸汽棒开关，打发牛奶。 （5）奶泡打发完成后关闭蒸汽棒开关。 （6）使用专用布草清洁蒸汽棒，并再次打开开关喷蒸汽清洁蒸汽棒。 （7）将奶缸内的牛奶与奶泡摇晃均匀。 （8）抬高拉花缸，将牛奶以缓慢绕圈的方式注入咖啡中，让牛奶与咖啡充分融合。 （9）当杯中牛奶和咖啡量接近六分满时，放低拉花缸，并将其往下拖至咖啡杯边沿上方，保持一定的流量，左右呈1厘米幅度均匀抖动，使液面出现变白点。 （10）随着晃动拉花缸，形状不断变大。 （11）当杯量逐渐变多时，放平咖啡杯。继续晃动拉花缸。 （12）杯量接近9分满时，缓缓提起缸杯，收细流量，慢慢往心形前端注入。 （13）牛奶的收线位置决定了心形左右大小的对称度。 （14）收线结束时，杯量超过9分满。	（1）布草专用，不混用。有放冷凝水操作。 （2）奶缸选择适当。 （3）牛奶需事先冷藏。 （4）打发牛奶符合操作规范，打发过程中无牛奶溢出。 （5）打发牛奶最高温度不超过65℃，打发中时刻关注温度，及时停止打发。 （6）布草专用，不混用。及时清洁蒸奶棒。 （7）有摇晃奶缸的操作。 （8）吧匙干净、卫生，符合器皿食品安全规范。 （9）注入点选择合适，以杯柄为三点钟方向，注入点在12点方向与杯子中心点，二者的中间位置。 （10）保持拉花缸不动，保持流量摆动。 （11）防止溢出。 （12）奶泡厚度小于5毫米。 （13）成品图形形状为心形。

续表

序号	步骤	操作及说明	服务标准
4	清洁复位	（1）将冲煮手柄卸下，将冲煮粉碗内的咖啡渣敲入渣桶。用专用布草清理冲煮粉碗。 （2）清理擦拭沥水盘。 （3）清理研磨机出粉处和接粉盘上的残粉。 （4）清理操作台面。	（1）冲煮粉碗干净无残粉。 （2）沥水盘干净无咖啡渍。 （3）研磨机出粉处、接粉盘干净无残粉。 （4）台面干燥、清洁、无水渍、无残粉。
5	摆盘与出品	（1）拿铁咖啡杯需配上成套的咖啡碟。 （2）根据客人的要求配备糖盅和奶缸。如果配糖缸，需在咖啡碟上摆放茶匙，茶匙的勺把和咖啡杯杯柄两者延长线平行，朝服务对象右侧。 （3）呈送咖啡的托盘干净无污渍，服务时手持咖啡碟边缘，不能接触咖啡杯口。	（1）出品不少于九分满。 （2）奶泡厚度小于5毫米。 （3）杯边有一圈金边。

情景

如果你是咖啡厅的咖啡师，请在10分钟内出品2杯心形拿铁拉花。

按照心形拿铁拉花咖啡制作流程和操作规范出品。

4. 活动评价

评价内容	评价标准	是/否
活动完成情况	准备的物品齐全，没有污渍	
	用热水温热咖啡杯并擦拭干净	
	清洁研磨机粉仓、接粉盘、冲煮手柄、冲煮粉碗。冲煮粉碗擦干	
	填粉时不撒粉，布粉均匀	
	填压动作规范，咖啡粉填压平整	
	冲煮手柄各处残粉清理干净	
	排水并用专布擦拭沥水盘	
	冲煮手柄装入萃取单元动作规范、娴熟	
	立即开始萃取，不等候	

续表

评价内容	评价标准	是/否
活动完成情况	将前期准备的拿铁咖啡杯置于倒流口下方,萃取出的咖啡液未流到杯外	
	摇晃奶缸,将打发后的牛奶和奶泡融合	
	奶泡有光泽、细腻、光滑、流动性好,厚度小于5毫米	
	出品杯量不少于9分满	
	成品图形为心形,轮廓明显、清晰,辨识度高	
	成品图形位置居中,左右对称	
	清理冲煮手柄、冲煮粉碗、沥水盘	
	清理豆仓出粉口、接粉盘	
	清洁台面	
	出品排盘规范、完整	
	使用托盘出品,出品时注重卫生	

课后作业

练习牛奶的打发以及与意式浓缩咖啡的融合。

(二)职业能力二:心形卡布奇诺咖啡拉花

核心概念

心形卡布奇诺咖啡拉花,是咖啡师运用制作蒸汽奶泡的技巧,通过注入、融合、拉花等技艺,出品心形图案卡布奇诺咖啡。

教学目标

1. 能用纵回转方式打发奶泡。
2. 能制作心形拉花。

活动设计

1. 活动条件

意式浓缩咖啡机、研磨机、打发牛奶用奶缸、牛奶、电子秤、TDS。

2. 活动组织

（1）每四位同学一组，其中两位同学制作心形卡布奇诺咖啡，另外两位同学在旁边做点评员。

（2）每组两位咖啡师同学首先制作心形卡布奇诺咖啡，同组的另两位点评员同学点评。两组互换。

（3）各小组依次进行，每位同学均需要完成心形咖啡的制作，并对同组的同学点评。

3. 活动实施

序号	步骤	操作及说明	服务标准
1	物品准备	（1）卡布奇诺咖啡杯。 （2）茶匙。 （3）出品托盘。 （4）专用口布5块。 （5）咖啡豆。 （6）牛奶。	准备物品要迅速、齐全，干净、无污渍。
2	意式浓缩咖啡制作	（1）温杯。将卡布奇诺咖啡杯放置在咖啡机出热水处，放热水，温杯。将热水倒掉，拿干净的擦杯布将咖啡杯擦拭干净。 （2）将冲煮手柄从咖啡机萃取单元上卸下，用专用布草擦拭冲煮粉碗。 （3）将冲煮手柄置于研磨机处，在冲煮粉碗内装入咖啡粉并布粉。 （4）用布粉器或粉锤压粉。 （5）清理冲煮粉碗外围残粉。 （6）萃取单元排水降温。打开萃取按键或拨杆，排水。排水后立即使用专用布草擦沥水盘。 （7）将冲煮手柄装入萃取单元。 （8）立即开始萃取。 （9）选择温杯后的咖啡杯放置在倒流口下方。 （10）关闭萃取按键或拨杆，完成萃取。	（1）卡布奇诺咖啡杯温热，干净无水渍。 （2）冲煮粉碗干净无残粉。 （3）填粉和布粉时，不浪费咖啡粉。 （4）冲煮粉碗内的咖啡粉需填压平整、紧实。 （5）遵循"五二一二"原则。即用整个手掌清理粉碗上边缘，拇指和食指清理粉碗左右两侧卡槽，食指清理手柄和粉碗连接处，拇指和食指清理两个导流口。 （6）有排水动作，需擦沥水盘。布草不混用。 （7）装入动作熟练、准确。 （8）冲煮手柄装入后立即打开萃取按键或拨杆。 （9）萃取出的咖啡液完整流入咖啡杯，未流出咖啡杯外侧。 （10）及时完成萃取。

续表

序号	步骤	操作及说明	服务标准
3	心形卡布奇诺咖啡制作	（1）使用专用布草包住蒸汽棒，打开蒸汽棒开关，放冷凝水后关闭开关。 （2）选择合适的奶缸。 （3）注入牛奶。 （4）将蒸汽棒喷头浸入牛奶液面合适位置，打开蒸汽棒开关，打发牛奶。 （5）奶泡打发完成后关闭蒸汽棒开关。 （6）使用专用布草清洁蒸汽棒，并再次打开开关喷蒸汽清洁蒸汽棒。 （7）将奶缸内的牛奶与奶泡摇晃均匀。 （8）抬高拉花缸，将牛奶以缓慢绕圈的方式注入咖啡中，让牛奶与咖啡充分融合。 （9）当杯中牛奶和咖啡量接近六分满时，放低拉花缸，并将其往后拖至咖啡杯边沿上方，保持一定的流量，左右呈1厘米幅度均匀抖动，使液面出现变白点。 （10）随着晃动拉花缸，形状不断变大。 （11）当杯量逐渐变多时，放平咖啡杯。继续晃动拉花缸。 （12）杯量接近9分满时，缓缓提起缸杯，收细流量，慢慢往心形前端注入。 （13）牛奶的收线位置决定了心形左右大小的对称度。 （14）收线结束时，杯量超过9分满。	（1）布草专用，不混用。有放冷凝水操作。 （2）奶缸选择适当。 （3）牛奶需事先冷藏。 （4）打发牛奶符合操作规范，打发过程中无牛奶溢出。 （5）打发牛奶最高温度不超过65℃，打发中时刻注温度，及时停止打发。 （6）布草专用，不混用。及时清洁蒸奶棒。 （7）有摇晃奶缸的操作。 （8）吧匙干净、卫生，符合器皿食品安全规范。 （9）注入点选择合适，以杯柄为三点钟方向，注入点在12点方向与杯子中心点，二者的中间位置。 （10）保持拉花缸不动，保持流量摆动。 （11）防止溢出。 （12）奶泡厚度大于5毫米。 （13）成品图形形状为心形。
4	清洁复位	（1）将冲煮手柄卸下，将冲煮粉碗内的咖啡渣敲入渣桶。用专用布草清理冲煮粉碗。 （2）清理擦拭沥水盘。 （3）清理研磨机出粉处和接粉盘上的残粉。 （4）清理操作台面。	（1）冲煮粉碗干净无残粉。 （2）沥水盘干净无咖啡渍。 （3）研磨机出粉处、接粉盘干净无残粉。 （4）台面干燥、清洁、无水渍、无残粉。
5	摆盘与出品	（1）咖啡杯需配上成套的咖啡碟。 （2）根据客人的要求配备糖盅和奶缸。如果配糖缸，需在咖啡碟上摆放茶匙，茶匙的勺把和咖啡杯杯柄两者延长线平行，朝服务对象右侧。 （3）呈送咖啡的托盘干净无污渍，服务时手持咖啡碟边缘，不能接触咖啡杯口。	（1）奶泡厚度大于5毫米。 （2）杯边有一圈金边。

◎ 情景

如果你是咖啡厅的咖啡师，请在10分钟内出品2杯心形卡布奇诺拉花。

按照心形卡布奇诺咖啡制作流程和操作规范出品。

4. 活动评价

评价内容	评价标准	是/否
活动完成情况	准备的物品齐全，没有污渍	
	用热水温热咖啡杯并擦拭干净	
	清洁研磨机粉仓、接粉盘、冲煮手柄、冲煮粉碗。冲煮粉碗擦干	
	填粉时不撒粉，布粉均匀	
	填压动作规范，咖啡粉填压平整	
	冲煮手柄各处残粉清理干净	
	排水并用专布擦拭沥水盘	
	冲煮手柄装入萃取单元动作规范、娴熟	
	立即开始萃取，不等候	
	将前期准备的卡布奇诺咖啡杯置于倒流口下方，萃取出的咖啡液未流到杯外	
	摇晃奶缸，将打发后的牛奶和奶泡融合	
	奶泡有光泽、细腻、光滑、流动性好，厚度大于5毫米	
活动完成情况	出品杯量不少于九分满	
	成品图形为心形，轮廓明显、清晰、辨识度高	
	成品图形位置居中，左右对称	
	清理冲煮手柄、冲煮粉碗、沥水盘	
	清理豆仓出粉口、接粉盘	
	清洁台面	
	出品排盘规范、完整	
	使用托盘出品，出品时注重卫生	

课后作业

练习牛奶的打发以及与意式浓缩咖啡的融合。

二、叶形拉花

（一）职业能力一：叶形拿铁咖啡拉花

核心概念

叶形拿铁咖啡拉花，是咖啡师运用制作蒸汽奶泡的技巧，通过注入、融合、拉花等技艺，出品心形图案拿铁咖啡。

教学目标

1. 能用横回转方式打发奶泡。
2. 能制作叶形拉花。

基本知识

牛奶的打发技巧：横回转法。

活动设计

1. 活动条件

意式浓缩咖啡机、研磨机、打发牛奶用奶缸、牛奶、电子秤、TDS。

2. 活动组织

（1）每四位同学一组，其中两位同学制作叶形拿铁咖啡，另外两位同学在旁边做点评员。

（2）每组两位咖啡师同学首先制作叶形拿铁咖啡，同组的另两位点评员同学点评。两组互换。

（3）各小组依次进行，每位同学均需要完成叶形拿铁咖啡的制作，并对同组的同学点评。

3. 活动实施

序号	步骤	操作及说明	服务标准
1	物品准备	（1）拿铁咖啡杯。 （2）茶匙。 （3）出品托盘。 （4）专用口布5块。 （5）咖啡豆。 （6）牛奶。	准备物品要迅速、齐全，干净、无污渍。
2	意式浓缩咖啡制作	（1）温杯。将拿铁咖啡杯放置在咖啡机出热水处，放热水，温杯。将热水倒掉，拿干净的擦杯布将咖啡杯擦拭干净。 （2）将冲煮手柄从咖啡机萃取单元上卸下，用专用布草擦拭冲煮粉碗。 （3）将冲煮手柄置于研磨机处，在冲煮粉碗内装入咖啡粉并布粉。 （4）用布粉器或粉锤压粉。 （5）清理冲煮粉碗外围残粉。 （6）萃取单元排水降温。打开萃取按键或拨杆，排水。排水后立即使用专用布草擦沥水盘。 （7）将冲煮手柄装入萃取单元。 （8）立即开始萃取。 （9）选择温杯后的咖啡杯放置在倒流口下方。 （10）关闭萃取按键或拨杆，完成萃取。	（1）拿铁咖啡杯温热，干净无水渍。 （2）冲煮粉碗干净无残粉。 （3）填粉和布粉时，不浪费咖啡粉。 （4）冲煮粉碗内的咖啡粉需填压平整、紧实。 （5）遵循"五二一二"原则。即用整个手掌清理粉碗上边缘，拇指和食指清理粉碗左右两侧卡槽，食指清理手柄和粉碗连接处，拇指和食指清理两个导流口。 （6）有排水动作，需擦沥水盘。布草不混用。 （7）装入动作熟练、准确。 （8）冲煮手柄装入后立即打开萃取按键或拨杆。 （9）萃取出的咖啡液完整流入咖啡杯，未流出咖啡杯外侧。 （10）及时完成萃取。
3	叶形拿铁咖啡制作	（1）使用专用布草包住蒸汽棒，打开蒸汽棒开关，放冷凝水后关闭开关。 （2）选择合适的奶缸。 （3）注入牛奶。 （4）将蒸汽棒喷头浸入牛奶液面合适位置，打开蒸汽棒开关，打发牛奶。 （5）奶泡打发完成后关闭蒸汽棒开关。 （6）使用专用布草清洁蒸汽棒，并再次打开开关喷蒸汽清洁蒸汽棒。	（1）布草专用，不混用。有放冷凝水操作。 （2）奶缸选择适当。 （3）牛奶需事先冷藏。 （4）打发牛奶符合操作规范，打发过程中无牛奶溢出。 （5）打发牛奶最高温度不超过65℃，打发中时刻关注温度，及时停止打发。 （6）布草专用，不混用。及时清洁蒸奶棒。

续表

序号	步骤	操作及说明	服务标准
3	叶形拿铁咖啡制作	（7）将奶缸内的牛奶与奶泡摇晃均匀。 （8）抬高拉花缸，将牛奶以缓慢绕圈的方式注入咖啡中，让牛奶与咖啡充分融合。 （9）当杯中牛奶和咖啡量接近六分满时，放低拉花缸，并将其往后拖至咖啡杯边沿上方，保持一定的流量，左右呈1厘米幅度均匀抖动，使液面出现变白点。 （10）加大注入牛奶的量，同时左右摇动拉花缸出现纹理。 （11）当杯量逐渐变多时，放平咖啡杯。继续晃动拉花缸。 （12）退到杯子边缘后提起拉花缸，变为小流量注入牛奶。 （13）最后向前收出一条直线。 （14）收线结束时，杯量超过9分满。	（7）有摇晃奶缸的操作。 （8）吧匙干净、卫生，符合器皿食品安全规范。 （9）注入点选择合适，以杯柄为三点钟方向，注入点在6点方向与杯子中心点，二者的中间位置。 （10）加大流量摆动。慢慢向后退。 （11）防止溢出。 （12）奶泡厚度小于5毫米。 （13）收到叶子起始的地方停止注入。
4	清洁复位	（1）将冲煮手柄卸下，将冲煮粉碗内的咖啡渣敲入渣桶。用专用布草清理冲煮粉碗。 （2）清理擦拭沥水盘。 （3）清理研磨机出粉处和接粉盘上的残粉。 （4）清理操作台面。	（1）冲煮粉碗干净无残粉。 （2）沥水盘干净无咖啡渍。 （3）研磨机出粉处、接粉盘干净无残粉。 （4）台面干燥、清洁、无水渍、无残粉。
5	摆盘与出品	（1）拿铁咖啡杯需配上成套的咖啡碟。 （2）根据客人的要求配备糖盅和奶缸。如果配糖缸，需在咖啡碟上摆放茶匙，茶匙的勺把和咖啡杯杯柄两者延长线平行，朝服务对象右侧。 （3）呈送咖啡的托盘干净无污渍，服务时手持咖啡碟边缘，不能接触咖啡杯口。	（1）出品不少于九分满。 （2）奶泡厚度小于5毫米。 （3）杯边有一圈金边。

◎ 情景

如果你是咖啡厅的咖啡师，请在10分钟内出品2杯叶形拿铁拉花。

按照叶形拿铁拉花咖啡制作流程和操作规范出品。

4. 活动评价

评价内容	评价标准	是/否
活动完成情况	准备的物品齐全，没有污渍	
	用热水温热咖啡杯并擦拭干净	
	清洁研磨机粉仓、接粉盘、冲煮手柄、冲煮粉碗。冲煮粉碗擦干	
	填粉时不撒粉，布粉均匀	
	填压动作规范，咖啡粉填压平整	
	冲煮手柄各处残粉清理干净	
	排水并用专布擦拭沥水盘	
	冲煮手柄装入萃取单元动作规范、娴熟	
	立即开始萃取，不等候	
	将前期准备的拿铁咖啡杯置于倒流口下方，萃取出的咖啡液未流到杯外	
	摇晃奶缸，将打发后的牛奶和奶泡融合	
	奶泡有光泽、细腻、光滑、流动性好，厚度小于5毫米	
	出品杯量不少于九分满	
	成品图形为叶形，轮廓明显、清晰，辨识度高	
	成品图形位置居中，左右对称	
	清理冲煮手柄、冲煮粉碗、沥水盘	
	清理豆仓出粉口、接粉盘	
	清洁台面	
	出品排盘规范、完整	
	使用托盘出品，出品时注重卫生	

课后作业

练习牛奶的打发以及与意式浓缩咖啡的融合。

（二）职业能力二：叶形卡布奇诺咖啡拉花

核心概念

叶形卡布奇诺咖啡拉花，是咖啡师运用制作蒸汽奶泡的技巧，通过注入、融合、拉花等技艺，出品叶形图案卡布奇诺咖啡。

教学目标

1. 能用横回转方式打发奶泡。
2. 能制作叶形拉花。

基本知识

牛奶的打发技巧：横回转法。

活动设计

1. 活动条件

意式浓缩咖啡机、研磨机、打发牛奶用奶缸、牛奶、电子秤、TDS。

2. 活动组织

（1）每四位同学一组，其中两位同学制作叶形卡布奇诺咖啡，另外两位同学在旁边做点评员。

（2）每组两位咖啡师同学首先制作叶形卡布奇诺咖啡，同组的另两位点评员同学点评。两组互换。

（3）各小组依次进行，每位同学均需要完成叶形卡布奇诺咖啡的制作，并对同组的同学点评。

3. 活动实施

序号	步骤	操作及说明	服务标准
1	物品准备	（1）卡布奇诺咖啡杯。 （2）茶匙。 （3）出品托盘。 （4）专用口布5块。 （5）咖啡豆。 （6）牛奶。	准备物品要迅速、齐全，干净、无污渍。

续表

序号	步骤	操作及说明	服务标准
2	意式浓缩咖啡制作	（1）温杯。将卡布奇诺咖啡杯放置在咖啡机出热水处，放热水，温杯。将热水倒掉，拿干净的擦杯布将咖啡杯擦拭干净。 （2）将冲煮手柄从咖啡机萃取单元上卸下，用专用布草擦拭冲煮粉碗。 （3）将冲煮手柄置于研磨机处，在冲煮粉碗内装入咖啡粉并布粉。 （4）用布粉器或粉锤压粉。 （5）清理冲煮粉碗外围残粉。 （6）萃取单元排水降温。打开萃取按键或拨杆，排水。排水后立即使用专用布草擦沥水盘。 （7）将冲煮手柄装入萃取单元。 （8）立即开始萃取。 （9）选择温杯后的咖啡杯放置在倒流口下方。 （10）关闭萃取按键或拨杆，完成萃取。	（1）卡布奇诺咖啡杯温热，干净无水渍。 （2）冲煮粉碗干净无残粉。 （3）填粉和布粉时，不浪费咖啡粉。 （4）冲煮粉碗内的咖啡粉需填压平整、紧实。 （5）遵循"五二一二"原则。即用整个手掌清理粉碗上边缘，拇指和食指清理粉碗左右两侧卡槽，食指清理手柄和粉碗连接处，拇指和食指清理两个导流口。 （6）有排水动作，需擦沥水盘。布草不混用。 （7）装入动作熟练、准确。 （8）冲煮手柄装入后立即打开萃取按键或拨杆。 （9）萃取出的咖啡液完整流入咖啡杯，未流出咖啡杯外侧。 （10）及时完成萃取。
3	叶形卡布奇诺咖啡制作	（1）使用专用布草包住蒸汽棒，打开蒸汽棒开关，放冷凝水后关闭开关。 （2）选择合适的奶缸。 （3）注入牛奶。 （4）将蒸汽棒喷头浸入牛奶液面合适位置，打开蒸汽棒开关，打发牛奶。 （5）奶泡打发完成后关闭蒸汽棒开关。 （6）使用专用布草清洁蒸汽棒，并再次打开开关喷蒸汽清洁蒸汽棒。 （7）将奶缸内的牛奶与奶泡摇晃均匀。 （8）抬高拉花缸，将牛奶以缓慢绕圈的方式注入咖啡中，让牛奶与咖啡充分融合。 （9）当杯中牛奶和咖啡量接近六分满时，放低拉花缸，并将其往后拖至咖啡杯边沿上方，保持一定的流量，左右呈1厘米幅度均匀抖动，使液面出现变白点。 （10）加大注入牛奶的量，同时左右摇动拉花缸出现纹理。 （11）当杯量逐渐变多时，放平咖啡杯，继续晃动拉花缸。 （12）退到杯子边缘后提起拉花缸，变为小流量注入牛奶。 （13）最后向前收出一条直线。 （14）收线结束时，杯量超过9分满。	（1）布草专用，不混用。有放冷凝水操作。 （2）奶缸选择适当。 （3）牛奶需事先冷藏。 （4）打发牛奶符合操作规范，打发过程中无牛奶溢出。 （5）打发牛奶最高温度不超过65℃，打发中时刻关注温度，及时停止打发。 （6）布草专用，不混用。及时清洁蒸奶棒。 （7）有摇晃奶缸的操作。 （8）吧匙干净、卫生，符合器皿食品安全规范。 （9）注入点选择合适，以杯柄为三点钟方向，注入点在6点方向与杯子中心点，二者的中间位置。 （10）加大流量摆动。慢慢向后退。 （11）防止溢出。 （12）奶泡厚度大于5毫米。 （13）收到叶子起始的地方停止注入。

续表

序号	步骤	操作及说明	服务标准
4	清洁复位	（1）将冲煮手柄卸下，将冲煮粉碗内的咖啡渣敲入渣桶。用专用布草清理冲煮粉碗。 （2）清理擦拭沥水盘。 （3）清理研磨机出粉处和接粉盘上的残粉。 （4）清理操作台面。	（1）冲煮粉碗干净无残粉。 （2）沥水盘干净无咖啡渍。 （3）研磨机出粉处、接粉盘干净无残粉。 （4）台面干燥、清洁、无水渍、无残粉。
5	摆盘与出品	（1）卡布奇诺咖啡杯需配上成套的咖啡碟。 （2）根据客人的要求配备糖盅和奶缸。如果配糖缸，需在咖啡碟上摆放茶匙，茶匙的勺把和咖啡杯杯柄两者延长线平行，朝服务对象右侧。 （3）呈送咖啡的托盘干净无污渍，服务时手持咖啡碟边缘，不能接触咖啡杯口。	（1）出品不少于九分满。 （2）奶泡厚度大于 5 毫米。 （3）杯边有一圈金边。

🔎 **情景**

如果你是咖啡厅的咖啡师，请在 10 分钟内出品 2 杯叶形卡布奇诺拉花。

按照叶形卡布奇诺拉花咖啡制作流程和操作规范出品。

4. 活动评价

评价内容	评价标准	是/否
活动完成情况	准备的物品齐全，没有污渍	
	用热水温热咖啡杯并擦拭干净	
	清洁研磨机粉仓、接粉盘、冲煮手柄、冲煮粉碗。冲煮粉碗擦干	
	填粉时不撒粉，布粉均匀	
	填压动作规范，咖啡粉填压平整	
	冲煮手柄各处残粉清理干净	
	排水并用专布擦拭沥水盘	
	冲煮手柄装入萃取单元动作规范、娴熟	
	立即开始萃取，不等候	
	将前期准备的卡布奇诺咖啡杯置于倒流口下方，萃取出的咖啡液未流到杯外	
	摇晃奶缸，将打发后的牛奶和奶泡融合	
	奶泡有光泽、细腻、光滑、流动性好，厚度大于 5 毫米	

续表

评价内容	评价标准	是/否
活动完成情况	出品杯量不少于九分满	
	成品图形为叶形，轮廓明显、清晰，辨识度高	
	成品图形位置居中，左右对称	
	清理冲煮手柄、冲煮粉碗、沥水盘	
	清理豆仓出粉口、接粉盘	
	清洁台面	
	出品排盘规范、完整	
	使用托盘出品，出品时注重卫生	

课后作业

练习牛奶的打发以及与意式浓缩咖啡的融合。

三、郁金香形拉花

职业能力：郁金香形卡布奇诺拉花

核心概念

郁金香形卡布奇诺咖啡拉花，是咖啡师运用制作蒸汽奶泡的技巧，通过注入、融合、拉花等技艺，出品郁金香形图案卡布奇诺咖啡。

教学目标

1. 能用横回转方式打发奶泡。
2. 能制作郁金香形拉花。

基本知识

牛奶的打发技巧：横回转法。

> **活动设计**

1. 活动条件

意式浓缩咖啡机、研磨机、打发牛奶用奶缸、牛奶、电子秤、TDS。

2. 活动组织

（1）每四位同学一组，其中两位同学制作郁金香形卡布奇诺咖啡，另外两位同学在旁边做点评员。

（2）每组两位咖啡师同学首先制作郁金香形卡布奇诺咖啡，同组的另两位点评员同学点评。两组互换。

（3）各小组依次进行，每位同学均需要完成郁金香形卡布奇诺咖啡的制作，并对同组的同学点评。

3. 活动实施

序号	步骤	操作及说明	服务标准
1	物品准备	（1）卡布奇诺咖啡杯。 （2）茶匙。 （3）出品托盘。 （4）专用口布5块。 （5）咖啡豆。 （6）牛奶。	准备物品要迅速、齐全、干净、无污渍。
2	意式浓缩咖啡制作	（1）温杯。将卡布奇诺咖啡杯放置在咖啡机出热水处，放热水，温杯。将热水倒掉，拿干净的擦杯布将咖啡杯擦拭干净。 （2）将冲煮手柄从咖啡机萃取单元上卸下，用专用布草擦拭冲煮粉碗。 （3）将冲煮手柄置于研磨机处，在冲煮粉碗内装入咖啡粉并布粉。 （4）用布粉器或粉锤压粉。 （5）清理冲煮粉碗外围残粉。 （6）萃取单元排水降温。打开萃取按键或拨杆，排水。排水后立即使用专用布草擦沥水盘。 （7）将冲煮手柄装入萃取单元。 （8）立即开始萃取。 （9）选择温杯后的咖啡杯放置在倒流口下方。 （10）关闭萃取按键或拨杆，完成萃取。	（1）卡布奇诺咖啡杯温热，干净无水渍。 （2）冲煮粉碗干净无残粉。 （3）填粉和布粉时，不浪费咖啡粉。 （4）冲煮粉碗内的咖啡粉需填压平整、紧实。 （5）遵循"五二一二"原则。即用整个手掌清理粉碗上边缘，拇指和食指清理粉碗左右两侧卡槽，食指清理手柄和粉碗连接处，拇指和食指清理两个导流口。 （6）有排水动作，需擦沥水盘。布草不混用。 （7）装入动作熟练、准确。 （8）冲煮手柄装入后立即打开萃取按键或拨杆。 （9）萃取出的咖啡液完整流入咖啡杯，未流出咖啡杯外侧。 （10）及时完成萃取。

续表

序号	步骤	操作及说明	服务标准
3	郁金香形卡布奇诺咖啡制作	(1) 使用专用布草包住蒸汽棒，打开蒸汽棒开关，放冷凝水后关闭开关。 (2) 选择合适的奶缸。 (3) 注入牛奶。 (4) 将蒸汽棒喷头浸入牛奶液面合适位置，打开蒸汽棒开关，打发牛奶。 (5) 奶泡打发完成后关闭蒸汽棒开关。 (6) 使用专用布草清洁蒸汽棒，并再次打开开关喷蒸汽清洁蒸汽棒。 (7) 将奶缸内的牛奶与奶泡摇晃均匀。 (8) 抬高拉花缸，将牛奶以缓慢绕圈的方式注入咖啡中，让牛奶与咖啡充分融合。 (9) 找到杯子中心点，靠近杯子将流量加到最大，直至咖啡表面出现白色团状，即可停止注入。 (10) 第二次注入点靠后一些，注入时大流量注入，出现白色团状图案停止注入。 (11) 第三次注入再靠后一些，出现白色团状图案后马上小流量收线，直线收出去，结束拉花。 (12) 收线结束时，杯量超过9分满。	(1) 布草专用，不混用。有放冷凝水操作。 (2) 奶缸选择适当。 (3) 牛奶需事先冷藏。 (4) 打发牛奶符合操作规范，打发过程中无牛奶溢出。 (5) 打发牛奶最高温度不超过65℃，打发中时刻关注温度，及时停止打发。 (6) 布草专用，不混用。及时清洁蒸奶棒。 (7) 有摇晃奶缸的操作。 (8) 吧匙干净、卫生，符合器皿食品安全规范。 (9) 注入点选择合适，杯子中心点。 (10) 防止溢出。 (11) 奶泡厚度大于5毫米。
4	清洁复位	(1) 将冲煮手柄卸下，将冲煮粉碗内的咖啡渣敲入渣桶。用专用布草清理冲煮粉碗。 (2) 清理擦拭沥水盘。 (3) 清理研磨机出粉处和接粉盘上的残粉。 (4) 清理操作台面。	(1) 冲煮粉碗干净无残粉。 (2) 沥水盘干净无咖啡渍。 (3) 研磨机出粉处、接粉盘干净无残粉。 (4) 台面干燥、清洁、无水渍、无残粉。
5	摆盘与出品	(1) 卡布奇诺咖啡杯需配上成套的咖啡碟。 (2) 根据客人的要求配备糖盅和奶缸。如果配糖缸，需在咖啡碟上摆放茶匙，茶匙的勺把和咖啡杯杯柄两者延长线平行，朝服务对象右侧。 (3) 呈送咖啡的托盘干净无污渍，服务时手持咖啡碟边缘，不能接触咖啡杯口。	(1) 出品不少于九分满。 (2) 奶泡厚度大于5毫米。 (3) 杯边有一圈金边。

情景

如果你是咖啡厅的咖啡师，请在10分钟内出品2杯郁金香形卡布奇诺拉花。

按照郁金香形卡布奇诺拉花咖啡制作流程和操作规范出品。

4. 活动评价

评价内容	评价标准	是/否
活动完成情况	准备的物品齐全，没有污渍	
	用热水温热咖啡杯并擦拭干净	
	清洁研磨机粉仓、接粉盘、冲煮手柄、冲煮粉碗。冲煮粉碗擦干	
	填粉时不撒粉，布粉均匀	
	填压动作规范，咖啡粉填压平整	
	冲煮手柄各处残粉清理干净	
	排水并用专布擦拭沥水盘	
	冲煮手柄装入萃取单元动作规范、娴熟	
	立即开始萃取，不等候	
	将前期准备的卡布奇诺咖啡杯置于倒流口下方，萃取出的咖啡液未流到杯外	
	摇晃奶缸，将打发后的牛奶和奶泡融合	
	奶泡有光泽、细腻、光滑、流动性好，厚度大于5毫米	
	出品杯量不少于9分满	
	成品图形为郁金香形，轮廓明显、清晰、辨识度高	
	成品图形位置居中，左右对称	
	清理冲煮手柄、冲煮粉碗、沥水盘	
	清理豆仓出粉口、接粉盘	
	清洁台面	
	出品排盘规范、完整	
	使用托盘出品，出品时注重卫生	

课后作业

练习牛奶的打发以及与意式浓缩咖啡的融合。

任务十五　练习题

1. 下列符合牛奶卫生要求的是（　　　）。
   A. 有异味的牛奶　　　　　　　　　　B. 有结块的牛奶

C. 有异物的牛奶 D. 新鲜冷藏保存的牛奶

2. 下列不符合牛奶卫生要求的是（ ）。

　　A. 牛奶无异味 B. 牛奶无结块

　　C. 牛奶包装有胀气 D. 牛奶无异物

3. 优质的奶沫应该表现为（ ）。

　　A. 奶沫细腻光滑、流动性强 B. 奶沫表面有大量的大泡泡

　　C. 奶沫可以堆积成块 D. 奶沫与牛奶易分层

4. 下列不符合优质奶沫要求的是（ ）。

　　A. 奶沫表面有大泡泡 B. 奶沫细腻

　　C. 表面有光泽 D. 牛奶奶沫融合性好，流动性强

5. 打发后的成品奶沫温度要求在（ ）。

　　A. 30~40℃　　　　B. 50~55℃　　　　C. 60~65℃　　　　D. 70~75℃

6. 下列关于奶沫温度打发要求描述不准确的是（ ）。

　　A. 打发后的成品奶沫温度要求在45~55℃

　　B. 温度过低会影响咖啡的口感

　　C. 温度过高会容易烫嘴

　　D. 温度过高会导致牛奶蛋白质变性，影响咖啡口感

7. 下列关于奶沫打发步骤描述准确的是（ ）。

　　A. 打发奶沫的时候要使用热牛奶

　　B. 打发奶沫前需要先将蒸汽管喷蒸汽

　　C. 制作完奶沫后等空闲时要清洁蒸汽管

　　D. 制作完成后用专用湿抹布擦拭蒸汽管表面即可

8. 下列关于奶沫打发步骤描述不准确的是（ ）。

　　A. 打发奶沫前先要将牛奶加热

　　B. 打发奶沫前需要先将蒸汽管喷蒸汽

　　C. 制作完奶沫后要立即喷蒸汽清洁蒸汽管内部

　　D. 制作完成后要立即使用专用湿抹布擦拭蒸汽管表面

9. 开封后的牛奶应该储存在（ ）。

　　A. 常温环境下即可 B. 4~6℃的保鲜冰箱内

　　C. 高温消毒柜内 D. -18℃的冷冻冰柜内

10. 下列关于开封后牛奶储存要求描述不准确的是（ ）。

　　A. 常温环境下储存容易滋生细菌

B. 高温环境下容易使牛奶品质变质

C. 开封后的牛奶，放置 4~6℃ 的保鲜冷藏内，可以适当延长存放时间

D. 开封后的牛奶，放置在 −18℃ 的冷冻冰柜内，可以适当延长存放时间

11. 下列不同温度的奶油，打发效果最佳的是（　　）。

  A. 0℃   B. 5℃   C. 15℃   D. 25℃

12. 奶油的温度会影响奶油的打发效果，推荐奶油的温度在（　　）时效果更佳。

  A. 0℃以下   B. 4~9℃   C. 12~18℃   D. 20~25℃

13. 同一种奶油枪，使用不同重量的奶油，打发后塑形效果是有差别的，0.5升的奶油枪推荐使用（　　）的奶油打发，塑形效果更佳。

  A. 300g   B. 360g   C. 420g   D. 480g

14. 下列关于使用 0.5 升规格奶油枪制作奶油时，奶油使用重量对奶油打发的影响描述不准确的是（　　）。

  A. 使用奶油重量在 350g 时，打发的奶油更空，不够厚实，很容易坍塌，持续时间短

  B. 使用奶油重量在 500g 时，打发的奶油更加厚实，相同的效果成本会提高

  C. 使用 400~420g 的奶油打发后，紧实，持续时间长不易坍塌

  D. 使用奶油重量在 300g 以下时，打发的奶油更易塑形，最厚实

15. 下列选项中可以提升奶油打发后表面光泽度的是（　　）。

  A. 减少奶油的使用重量   B. 增加奶油的使用重量

  C. 增加适量的糖浆   D. 提高使用的奶油温度

16. 使用奶油枪打发奶油时，奶油里添加适量的糖浆可以改变奶油打发后的（　　）。

  A. 塑形效果   B. 塑形时间   C. 紧实程度   D. 表面光泽度

17. 奶油打发时间过久，主要会导致（　　）。

  A. 奶油干燥，表面粗糙   B. 塑形时间变短

  C. 不够厚实，塑形效果差   D. 表面变光滑

18. 使用手持式奶油打发器打发奶油时，打发时间对奶油打发效果有什么影响（　　）。

  A. 打发时间越短效果越好

  B. 打发时间越长越好

  C. 打发时间太短奶油不能塑形

D. 打发时间太长奶油不能塑形

19. 已打发的奶油必须存储在（　　）。
   A. 常温环境下即可　　　　　　　　B. 4~6℃的保鲜冰箱内
   C. 高温消毒柜内　　　　　　　　　D. -18℃的冷冻冰柜内

20. 下列符合已打发奶油存放要求的温度是（　　）。
   A. 0℃以下　　B. 4~7℃　　C. 16~18℃　　D. 20~25℃

21. 奶油枪内已打发的奶油，存放在冷藏冰箱内，存储时间不宜超过（　　）。
   A. 1天　　　　B. 2天　　　C. 4天　　　　D. 1周

22. 如果奶油枪内已打发的奶油存放时间超过2天，建议（　　）。
   A. 最多可以再使用3天
   B. 最多可以再使用1天
   C. 建议可以先闻味道后判断是否能继续使用
   D. 直接放弃，重新制作奶油

23. 下列咖啡饮品中，更凸显咖啡本身风味，口感清爽、味甘、略带苦味和酸味的咖啡是（　　）。
   A. 拿铁咖啡　　B. 美式咖啡　　C. 卡布奇诺咖啡　　D. 康宝兰咖啡

24. 下列不属于拿铁咖啡制作原料的是（　　）。
   A. 牛奶　　　　B. 意式浓缩咖啡　　C. 奶沫　　　　D. 奶油

25. 拿铁咖啡相比卡布奇诺咖啡而言，最明显的区别是（　　）。
   A. 拿铁咖啡有更丰富的奶沫
   B. 拿铁咖啡的牛奶更多，奶香味更足
   C. 拿铁咖啡的咖啡用量更多
   D. 拿铁咖啡的咖啡用量更少

26. 拿铁咖啡的杯量一般控制在杯子的（　　）。
   A. 8分满　　　B. 9分满　　　C. 全满　　　　D. 11分满

27. 下列关于拿铁咖啡制作技术要求描述不准确的是（　　）。
   A. 拿铁咖啡的咖啡：牛奶：奶沫＝1：2：1
   B. 拿铁咖啡的杯量一般控制在杯子的9分满
   C. 拿铁咖啡成品的奶沫厚度要在5mm以上
   D. 拿铁咖啡热饮的出品温度要求在50~65℃

28. 拿铁咖啡的载杯一般选择（　　）。
   A. 60ml的咖啡杯　　　　　　　　B. 90ml的咖啡杯

C. 120ml 的咖啡杯　　　　　　　　　　D. 180ml 的咖啡杯

29. 下列关于拿铁咖啡服务要求描述不准确的是（　　）。
　　A. 拿铁咖啡出品时需要配糖包和咖啡勺
　　B. 拿铁咖啡杯的杯耳应该朝向顾客的右侧
　　C. 咖啡勺通常将勺柄朝向顾客左侧
　　D. 糖包一般放在顾客左侧

30. 下列咖啡饮品中奶香味最浓郁的是（　　）。
　　A. 美式咖啡　　　B. 卡布奇诺咖啡　　　C. 玛奇朵咖啡　　　D. 拿铁咖啡

31. 下列关于拿铁咖啡基础感官特征描述不准确的是（　　）。
　　A. 拿铁咖啡的牛奶香味浓郁
　　B. 拿铁咖啡有丰富的奶沫
　　C. 拿铁咖啡有浓香的奶油味
　　D. 拿铁咖啡热饮的出品温度要求在 50~65℃

32. 下列不属于传统卡布奇诺咖啡制作原料的是（　　）。
　　A. 牛奶　　　　　B. 意式浓缩咖啡　　　C. 奶沫　　　　　　D. 奶油

33. 卡布奇诺咖啡相比拿铁咖啡而言，最明显的区别是（　　）。
　　A. 卡布奇诺咖啡有更丰富的奶沫
　　B. 卡布奇诺咖啡的牛奶更多
　　C. 卡布奇诺咖啡的咖啡用量更多
　　D. 卡布奇诺咖啡的咖啡用量更少

34. 传统卡布奇诺咖啡要求杯量为杯子的（　　）。
　　A. 8 分满　　　　B. 9 分满　　　　　　C. 全满　　　　　　D. 11 分满

35. 下列不符合传统卡布奇诺咖啡在制作技术上要求的是（　　）。
　　A. 奶沫细腻绵密　　　　　　　　　　B. 有宽约为 10mm 的环形金边
　　C. 杯量为杯子的 9 分满　　　　　　　D. 奶沫的厚度要求在 5mm 以上

36. 通常卡布奇诺咖啡出品时不需要配（　　）。
　　A. 糖包　　　　　B. 咖啡勺　　　　　　C. 吸管　　　　　　D. 咖啡碟

37. 卡布奇诺咖啡的载杯一般选择（　　）。
　　A. 60ml 的咖啡杯　　　　　　　　　　B. 90ml 的咖啡杯
　　C. 120ml 的咖啡杯　　　　　　　　　 D. 180ml 的咖啡杯

38. 下列咖啡饮品中，有绵密细腻且丰富奶沫的是（　　）。
　　A. 康宝兰咖啡　　B. 美式咖啡　　　　　C. 卡布奇诺咖啡　　D. 玛奇朵咖啡

39. 卡布奇诺咖啡的基础感官特征表现为（　　）。

　　A. 有丰富细腻的奶油风味

　　B. 有巧克力的风味

　　C. 绵密细腻的奶沫与咖啡、牛奶融合，口感细腻柔滑，奶香浓郁

　　D. 咖啡甘甜醇厚，没有奶香味

40. 拉花咖啡起源于（　　）年。

　　A. 1988　　　　B. 1998　　　　C. 2008　　　　D. 2012

41. 拉花咖啡起源于（　　）。

　　A. 俄罗斯　　　B. 美国　　　　C. 英国　　　　D. 中国

42. 下列关于拉花咖啡的发展描述不准确的是（　　）。

　　A. 拉花技术要求越来越高

　　B. 拉花花形越来越复杂

　　C. 越来越关注咖啡拉花的花形，而放弃了咖啡口味

　　D. 拉花咖啡的推广力度越来越大

43. 下列关于拉花咖啡的发展描述准确的是（　　）。

　　A. 拉花技术要求越来越低

　　B. 拉花花形越来越简单

　　C. 越来越关注咖啡拉花的花形，而放弃了咖啡口味

　　D. 拉花咖啡的推广力度越来越大

44. 拉花咖啡是一款利用（　　）和咖啡制作而成的咖啡。

　　A. 焦糖糖浆　　B. 打发的奶油　　C. 打发的牛奶　　D. 香草糖浆

45. 常用于制作拉花咖啡的原料不包括（　　）。

　　A. 意式浓缩咖啡　　B. 牛奶　　C. 水　　D. 巧克力酱

46. 咖啡比赛时的拉花咖啡主要采用（　　）。

　　A. 直接注入法　　　　　　　　　B. 手绘图案法

　　C. 筛网图案法　　　　　　　　　D. 手绘图案法和筛网图案法相结合

47. （　　）是直接注入法制作拉花咖啡最主要的工具。

　　A. 奶缸　　　　B. 勺子　　　　C. 勾画针　　　D. 筛网

48. 手绘图案法制作拉花咖啡最常用的工具是（　　）。

　　A. 勾花针　　　B. 筛网　　　　C. 咖啡勺　　　D. 木质搅拌棒

49. 筛网图案法制作拉花咖啡常使用的工具及原料不包括（　　）。

　　A. 可可粉　　　B. 肉桂粉　　　C. 筛网模具　　D. 搅拌棒

50. 筛网图案法制作的拉花咖啡花形主要取决于（　　）。
    A. 筛网的形状　　　　　　　　　　B. 筛粉的手势
    C. 奶沫的细腻程度　　　　　　　　D. 意式浓缩咖啡油脂的厚度

51. 如果意式浓缩咖啡萃取过度，对拉花咖啡的影响是（　　）。
    A. 咖啡表面会有焦黑色　　　　　　B. 花形稳定性可以更好
    C. 可以制作更多的花形　　　　　　D. 花形可以持续时间更久

52. 如果意式浓度偏低，对拉花咖啡的影响是（　　）。
    A. 咖啡表面颜色会偏白
    B. 花形稳定性可以更好
    C. 可以制作更多的花形
    D. 花形可以持续时间更久

53. 下列关于高品质的奶沫对拉花咖啡的影响描述不准确的是（　　）。
    A. 高品质的奶沫可以有清晰的纹理
    B. 高品质的奶沫可以有更多样的花形
    C. 高品质的奶沫会缩短花形存放时间
    D. 高品质的奶沫可以增加咖啡的口感

54. 拉花咖啡的奶沫品质要求是（　　）。
    A. 奶沫细腻，流动性强，表面有光泽
    B. 奶沫表面以大泡泡为主
    C. 奶沫与牛奶分离
    D. 奶沫量越多越好

55. 下列关于拉花咖啡载杯杯形的选择描述不准确的是（　　）。
    A. 高身圆底杯有更短的融合时间
    B. 高身圆底杯需要更多的奶沫
    C. 矮身圆底是最常用的杯子，易掌握，但融合时间会缩短
    D. 矮身方底杯容易造成油脂偏薄，而且造成牛奶奶沫回流

56. （　　）是最常使用的拉花咖啡载杯。
    A. 高身圆底杯　　B. 高身方底杯　　　　C. 矮身圆底杯　　　　D. 矮身方底杯

57. 咖啡师的绘画基础对（　　）有利。
    A. 绘画图案法制作花形
    B. 直接注入法制作花形
    C. 矮身圆底是最常用的杯子，易掌握，但融合时间会缩短

D. 矮身方底杯容易造成油脂偏薄,而且造成牛奶奶沫回流

58. 制作心形拉花咖啡时,奶沫应该从(　　)注入。

　　A. 中心　　　　B. 3 点钟方向　　　C. 9 点钟方向　　　D. 12 点钟方向

59. 下列关于心形拉花咖啡制作技巧描述不准确的是(　　)。

　　A. 心形纹理的多少取决于抖动的频率

　　B. 心形所处的位置主要取决于牛奶和奶沫注入的位置

　　C. 心形的大小取决于抖动的幅度

　　D. 心形最后往前提拉的方式对心形没有影响

60. 制作叶形拉花咖啡时,奶沫通常从(　　)注入。

　　A. 中心　　　　B. 3 点钟方向　　　C. 9 点钟方向　　　D. 12 点钟方向

61. 下列关于叶形拉花咖啡制作技巧描述不准确的是(　　)。

　　A. 叶瓣的多少取决于抖动的幅度

　　B. 叶形所处的位置主要取决于牛奶和奶沫注入的位置

　　C. 叶瓣的大小取决于抖动的幅度

　　D. 叶形拉花奶缸应该匀速后退至杯口,提高往前推

62. 制作三瓣叶的郁金香拉花咖啡时,奶沫通常采用(　　)注入。

　　A. 一次　　　　B. 两次　　　　C. 三次　　　　D. 四次

63. 列关于郁金香形拉花咖啡制作技巧描述不准确的是(　　)。

　　A. 郁金香叶瓣的多少取决于注入推动的次数

　　B. 郁金香花形所处的位置主要取决于牛奶和奶沫注入的位置

　　C. 郁金香叶瓣的大小取决于注入推动的次数

　　D. 郁金香形咖啡拉花需要多次注入,推动而成

答案:

1~5. DCAAC	6~10. ABABD	11~15. BBADC
16~20. DACBB	21~25. CBBDB	26~30. BCDCD
31~35. BDACC	36~40. CCCCA	41~45. BCCCC
46~50. AAADA	51~55. AACAD	56~60. CADDA
61~63. ACC		

任务十六　花式咖啡制作

一、冰美式咖啡制作

核心概念

冰美式咖啡是由意式浓缩咖啡、纯净水、冰块制作而成的咖啡饮品。适合炎热的夏季饮用。

热美式和冰美式咖啡

教学目标

能制作冰美式咖啡。

基本知识

1. 冰美式咖啡的感官特征

冰美式咖啡是意式浓缩咖啡、纯净水以及冰块融合而成的咖啡饮品。清爽、透彻、口感淡薄、顺滑。

2. 冰美式咖啡的饮用方式

冰美式咖啡可以搭配糖浆和牛奶一起饮用。

活动设计

1. 活动条件

意式浓缩咖啡机、研磨机、直饮水机、制冰机、电子秤、TDS。

2. 活动组织

（1）每四位同学一组，其中两位同学制作冰美式咖啡，另外两位同学在旁边做点评员。

（2）每组两位咖啡师同学首先制作冰美式咖啡，同组的另两位点评员同学点评。两组互换。

（3）各小组依次进行，每位同学均需要完成冰美式咖啡的制作，并对同组的同学点评。

3. 活动实施

序号	步骤	操作及说明	服务标准
1	物品准备	（1）带手柄玻璃咖啡杯。 （2）茶匙。 （3）出品托盘。 （4）专用口布5块。 （5）咖啡豆。	准备物品要迅速、齐全，干净、无污渍。
2	意式浓缩咖啡制作	（1）拿干净的擦杯布将咖啡杯擦拭干净。 （2）将冲煮手柄从咖啡机萃取单元上卸下，用专用布草擦拭冲煮粉碗。 （3）将冲煮手柄置于研磨机处，在冲煮粉碗内装入咖啡粉并布粉。 （4）用布粉器或粉锤压粉。 （5）清理冲煮粉碗外围残粉。 （6）萃取单元排水降温。打开萃取按键或拨杆，排水。排水后立即使用专用布草擦沥水盘。 （7）将冲煮手柄装入萃取单元。 （8）立即开始萃取。 （9）选择擦拭干净的咖啡杯放置在倒流口下方。 （10）关闭萃取按键或拨杆，完成萃取。	（1）咖啡杯干净无水渍。 （2）冲煮粉碗干净无残粉。 （3）填粉和布粉时，不浪费咖啡粉。 （4）冲煮粉碗内的咖啡粉需填压平整、紧实。 （5）遵循"五二一二"原则。即用整个手掌清理粉碗上边缘，拇指和食指清理粉碗左右两侧卡槽，食指清理手柄和粉碗连接处，拇指和食指清理两个导流口。 （6）有排水动作，需擦沥水盘。布草不混用。 （7）装入动作熟练、准确。 （8）冲煮手柄装入后立即打开萃取按键或拨杆。 （9）萃取出的咖啡液完整流入咖啡杯，未流出咖啡杯外侧。 （10）及时完成萃取。
3	冰美式咖啡制作	（1）用冰铲或冰夹在玻璃咖啡杯内加满冰块。 （2）在玻璃咖啡杯中加入双份意式浓缩咖啡和60~100毫升的直饮水。 （3）用吧勺将咖啡液与冰水搅拌均匀。	出品咖啡温度低于7℃。
4	清洁复位	（1）将冲煮手柄卸下，将冲煮粉碗内的咖啡渣敲入渣桶。用专用布草清理冲煮粉碗。 （2）清理擦拭沥水盘。 （3）清理研磨机出粉处和接粉盘上的残粉。 （4）清理操作台面。	（1）冲煮粉碗干净无残粉。 （2）沥水盘干净无咖啡渍。 （3）研磨机出粉处、接粉盘干净无残粉。 （4）台面干燥、清洁、无水渍、无残粉。
5	摆盘与出品	（1）根据客人的要求配备糖盅和奶缸。 （2）呈送咖啡的托盘干净无污渍，服务时手持咖啡碟边缘，不能接触咖啡杯口。	（1）使用托盘出品，器具无污渍。 （2）如果配糖缸，需在咖啡碟上摆放茶匙，茶匙的勺把和咖啡杯手柄两者延长线平行，朝服务对象右侧。

> **情景**
> 如果你是咖啡厅的咖啡师,请在5分钟内出品冰美式咖啡。
> 按照冰美式咖啡制作流程和操作规范出品。

4. 活动评价

评价内容	评价标准	是/否
活动完成情况	准备的物品齐全,没有污渍	
	用热水温热咖啡杯并擦拭干净	
	清洁研磨机粉仓、接粉盘、冲煮手柄、冲煮粉碗。冲煮粉碗擦干	
	填粉时不撒粉,布粉均匀	
	填压动作规范,咖啡粉填压平整	
	冲煮手柄各处残粉清理干净	
	排水并用专布擦拭沥水盘	
	冲煮手柄装入萃取单元动作规范、娴熟	
	立即开始萃取,不等候	
	将前期准备的玻璃咖啡杯置于冲煮手柄导流口下方	
	萃取完成后及时关闭	
	用冰夹或冰铲在玻璃咖啡杯中加满冰块	
	注入直饮水并搅拌均匀	
	出品温度低于7℃	
	清理冲煮手柄、冲煮粉碗、沥水盘	
	清理豆仓出粉口、接粉盘	
	清洁台面	

> **课后作业**
>
> 制作冰美式。

二、冰拿铁咖啡制作

核心概念

冰拿铁咖啡是在热拿铁咖啡的基础上加入冰块。

教学目标

能制作冰拿铁咖啡。

基本知识

1. 冰拿铁咖啡的感官特征

冰拿铁与热拿铁相比，口感更加滑润柔美。

2. 冰拿铁咖啡的饮用方式

冰拿铁咖啡可制作分层效果，这是由于牛奶密度大于咖啡密度造成的。饮用时需搅拌均匀后再品尝。

活动设计

1. 活动条件

意式浓缩咖啡机、研磨机、制冰机、电子秤、TDS。

2. 活动组织

（1）每四位同学一组，其中两位同学制作冰拿铁咖啡，另外两位同学在旁边做点评员。

（2）每组两位咖啡师同学首先制作冰拿铁咖啡，同组的另两位点评员同学点评。两组互换。

（3）各小组依次进行，每位同学均需要完成冰拿铁咖啡的制作，并对同组的同学点评。

3. 活动实施

序号	步骤	操作及说明	服务标准
1	物品准备	(1) 带手柄玻璃咖啡杯。 (2) 茶匙。 (3) 出品托盘。 (4) 专用口布5块。 (5) 咖啡豆。 (6) 牛奶。	准备物品要迅速、齐全，干净、无污渍。
2	意式浓缩咖啡制作	(1) 拿干净的擦杯布将咖啡杯擦拭干净。 (2) 将冲煮手柄从咖啡机萃取单元上卸下，用专用布草擦拭冲煮粉碗。 (3) 将冲煮手柄置于研磨机处，在冲煮粉碗内装入咖啡粉并布粉。 (4) 用布粉器或粉锤压粉。 (5) 清理冲煮粉碗外围残粉。 (6) 萃取单元排水降温。打开萃取按键或拨杆，排水。排水后立即使用专用布草擦沥水盘。 (7) 将冲煮手柄装入萃取单元。 (8) 立即开始萃取。 (9) 选择温杯后的咖啡杯放置在倒流口下方。 (10) 关闭萃取按键或拨杆，完成萃取。	(1) 咖啡杯干净无水渍。 (2) 冲煮粉碗干净无残粉。 (3) 填粉和布粉时，不浪费咖啡粉。 (4) 冲煮粉碗内的咖啡粉需填压平整、紧实。 (5) 遵循"五二一二"原则。即用整个手掌清理粉碗上边缘，拇指和食指清理粉碗左右两侧卡槽，食指清理手柄和粉碗连接处，拇指和食指清理两个导流口。 (6) 有排水动作，需擦沥水盘。布草不混用。 (7) 装入动作熟练、准确。 (8) 冲煮手柄装入后立即打开萃取按键或拨杆。 (9) 萃取出的咖啡液完整流入咖啡杯，未流出咖啡杯外侧。 (10) 及时完成萃取。
3	冰拿铁咖啡制作	(1) 用冰铲或冰夹在玻璃咖啡杯内加满冰块。 (2) 在玻璃咖啡杯中加入双份意式浓缩咖啡和70~90毫升的冷牛奶。 (3) 用吧勺将咖啡液与冰牛奶、冰块搅拌均匀。	出品咖啡温度低于3℃。
4	清洁复位	(1) 将冲煮手柄卸下，将冲煮粉碗内的咖啡渣敲入渣桶。用专用布草清理冲煮粉碗。 (2) 清理擦拭沥水盘。 (3) 清理研磨机出粉处和接粉盘上的残粉。 (4) 清理操作台面。	(1) 冲煮粉碗干净无残粉。 (2) 沥水盘干净无咖啡渍。 (3) 研磨机出粉处、接粉盘干净无残粉。 (4) 台面干燥、清洁、无水渍、无残粉。
5	摆盘与出品	(1) 根据客人的要求配备糖盅和奶缸。 (2) 呈送咖啡的托盘干净无污渍，服务时手持咖啡碟边缘，不能接触咖啡杯口。	(1) 使用托盘出品，器具无污渍。 (2) 如果配糖缸，需在咖啡碟上摆放茶匙，茶匙的勺把和咖啡杯柄两者延长线平行，朝服务对象右侧。

情景

如果你是咖啡厅的咖啡师,请在 5 分钟内出品冰拿铁咖啡。
按照冰拿铁咖啡制作流程和操作规范出品。

4. 活动评价

评价内容	评价标准	是/否
活动完成情况	准备的物品齐全,没有污渍	
	用热水温热咖啡杯并擦拭干净	
	清洁研磨机粉仓、接粉盘、冲煮手柄、冲煮粉碗。冲煮粉碗擦干	
	填粉时不撒粉,布粉均匀	
	填压动作规范,咖啡粉填压平整	
	冲煮手柄各处残粉清理干净	
	排水并用专布擦拭沥水盘	
	冲煮手柄装入萃取单元动作规范、娴熟	
	立即开始萃取,不等候	
	将前期准备的玻璃咖啡杯置于冲煮手柄导流口下方	
	萃取完成后及时关闭	
	用冰夹或冰铲在玻璃咖啡杯中加满冰块	
	注入冰牛奶并搅拌均匀	
	出品温度低于 3℃	
	清理冲煮手柄、冲煮粉碗、沥水盘	
	清理豆仓出粉口、接粉盘	
	清洁台面	

课后作业

制作冰拿铁。

三、摩卡咖啡制作

核心概念

摩卡咖啡，英文名称为 Mocha，意大利语为 Caffè Mocha。是意式浓缩咖啡、巧克力酱、鲜奶油和牛奶混合而成的咖啡饮品。摩卡代表着巧克力风味，这是一款巧克力风味浓郁的咖啡饮品。

摩卡咖啡

教学目标

1. 能打发奶油。
2. 能制作摩卡咖啡。

基本知识

1. 摩卡咖啡的感官特征

摩卡咖啡的风味丰富、多元。意式浓缩咖啡与热牛奶、巧克力酱的甜美融合在一起，有着浓香的巧克力和奶油香味。

2. 摩卡咖啡的饮用方式

先用茶匙品尝淡奶油和巧克力酱，再将奶油与咖啡、牛奶、巧克力搅拌均匀后品尝。

活动设计

1. 活动条件

意式浓缩咖啡机，研磨机，奶油枪，打发牛奶用奶缸，牛奶，淡奶油，巧克力酱，电子秤。

2. 活动组织

（1）每四位同学一组，其中两位同学制作摩卡咖啡，另外两位同学在旁边做点评员。

（2）每组两位咖啡师同学首先制作摩卡咖啡，同组的另两位点评员同学点评。两组互换。

（3）各小组依次进行，每位同学均需要完成摩卡咖啡的制作，并对同组的同学点评。

3. 活动实施

序号	步骤	操作及说明	服务标准
1	物品准备	（1）玻璃咖啡杯。 （2）茶匙。 （3）出品托盘。 （4）专用口布5块。 （5）咖啡豆。 （6）牛奶。 （7）淡奶油。 （8）巧克力酱。 （9）奶油枪。	准备物品要迅速、齐全，干净、无污渍。
2	意式浓缩咖啡制作	（1）温杯。将玻璃咖啡杯放置在咖啡机出热水处，放热水，温杯。将热水倒掉，拿干净的擦杯布将咖啡杯擦拭干净。 （2）将冲煮手柄从咖啡机萃取单元上卸下，用专用布草擦拭冲煮粉碗。 （3）将冲煮手柄置于研磨机处，在冲煮粉碗内装入咖啡粉并布粉。 （4）用布粉器或粉锤压粉。 （5）清理冲煮粉碗外围残粉。 （6）萃取单元排水降温。打开萃取按键或拨杆，排水。排水后立即使用专用布草擦沥水盘。 （7）将冲煮手柄装入萃取单元。 （8）立即开始萃取。 （9）选择温杯后的咖啡杯放置在倒流口下方。 （10）关闭萃取按键或拨杆，完成萃取。	（1）咖啡杯温热，干净无水渍。 （2）冲煮粉碗干净无残粉。 （3）填粉和布粉时，不浪费咖啡粉。 （4）冲煮粉碗内的咖啡粉需填压平整、紧实。 （5）遵循"五二一二"原则。即用整个手掌清理粉碗上边缘，拇指和食指清理粉碗左右两侧卡槽，食指清理手柄和粉碗连接处，拇指和食指清理两个导流口。 （6）有排水动作，需擦沥水盘。布草不混用。 （7）装入动作熟练，准确。 （8）冲煮手柄装入后立即打开萃取按键或拨杆。 （9）萃取出的咖啡液完整流入咖啡杯，未流出咖啡杯外侧。 （10）及时完成萃取。
3	摩卡咖啡制作	（1）使用专用布草包住蒸汽棒，打开蒸汽棒开关，放冷凝水后关闭开关。 （2）选择合适的奶缸。 （3）注入牛奶。 （4）将蒸汽棒喷头浸入牛奶液面合适位置，打开蒸汽棒开关，打发牛奶。 （5）奶泡打发完成后关闭蒸汽棒开关。 （6）使用专用布草清洁蒸汽棒，并再打开开关喷蒸汽清洁蒸汽棒。 （7）将奶缸内的牛奶与奶泡摇晃均匀。 （8）在玻璃咖啡杯内加入巧克力酱、咖啡和打法后的牛奶。搅拌均匀。	（1）布草专用，不混用。有放冷凝水操作。 （2）奶缸选择适当。 （3）牛奶需事先冷藏。 （4）打发牛奶符合操作规范，打发过程中无牛奶溢出。 （5）打发牛奶最高温度不超过65℃，打发中时刻关注温度，及时停止打发。 （6）布草专用，不混用。及时清洁蒸奶棒。 （7）有摇晃奶缸的操作。 （8）吧匙干净、卫生，符合器皿食品安全规范。巧克力酱在15~30克。

续表

序号	步骤	操作及说明	服务标准
3	摩卡咖啡制作	（9）使用奶油枪沿着玻璃咖啡杯杯壁朝同一个方向注入奶油。 （10）用挤酱瓶在奶油上撒巧克力酱。	（9）奶油和巧克力酱未溢出杯口。奶油高过杯口。 （10）奶油成形完整、呈螺旋状。 （11）巧克力撒淋撒均匀。
4	清洁复位	（1）将冲煮手柄卸下，将冲煮粉碗内的咖啡渣敲入渣桶。用专用布草清理冲煮粉碗。 （2）清理擦拭沥水盘。 （3）清理研磨机出粉处和接粉盘上的残粉。 （4）清理操作台面。	（1）冲煮粉碗干净无残粉。 （2）沥水盘干净无咖啡渍。 （3）研磨机出粉处、接粉盘干净无残粉。 （4）台面干燥、清洁、无水渍、无残粉。
5	摆盘与出品	（1）根据客人的要求配备糖盅和奶缸。如果配糖缸，需在咖啡碟上摆放茶匙，茶匙的勺把和咖啡杯杯柄两者延长线平行，朝服务对象右侧。 （2）呈送咖啡的托盘干净无污渍，服务时手持咖啡碟边缘，不能接触咖啡杯口。	（1）出品不少于九分满。 （2）奶泡厚度大于5毫米。 （3）杯边有一圈金边。

情景

如果你是咖啡厅的咖啡师，请在5分钟内出品摩卡咖啡。按照摩卡咖啡制作流程和操作规范出品。

4. 活动评价

评价内容	评价标准	是/否
活动完成情况	准备的物品齐全，没有污渍	
	用热水温热咖啡杯并擦拭干净	
	清洁研磨机粉仓、接粉盘、冲煮手柄、冲煮粉碗。冲煮粉碗擦干	
	填粉时不撒粉，布粉均匀	
	填压动作规范，咖啡粉填压平整	
	冲煮手柄各处残粉清理干净	
	排水并用专布擦拭沥水盘	
	冲煮手柄装入萃取单元动作规范、娴熟	

续表

评价内容	评价标准	是/否
活动完成情况	立即开始萃取，不等候	
	将前期准备的玻璃咖啡杯置于倒流口下方，萃取出的咖啡液未流到杯外	
	摇晃奶缸，将打发后的牛奶和奶泡融合注入玻璃杯中	
	淋撒巧克力酱	
	出品杯量不少于9分满	
	清理冲煮手柄、冲煮粉碗、沥水盘	
	清理豆仓出粉口、接粉盘	
	清洁台面	
	出品排盘规范、完整	
	使用托盘出品，出品时注重卫生	

> 课后作业

练习牛奶的打发以及与意式浓缩咖啡的融合，制作摩卡咖啡。

四、焦糖玛奇朵咖啡制作

> 核心概念

焦糖玛奇朵咖啡，英文名称为 Caramel Macchiata。是意式浓缩咖啡、焦糖风味糖浆、打发后的牛奶与奶泡混合而成的咖啡饮品。

玛奇朵咖啡

> 教学目标

能制作焦糖玛奇朵咖啡。

基本知识

1. 焦糖玛奇朵咖啡的感官特征

焦糖玛奇朵咖啡是意式浓缩咖啡与焦糖风味糖浆、打发后的热牛奶奶泡融合而成的咖啡饮品。出品前奶泡上淋上焦糖淋酱。与传统的玛奇朵咖啡相比有着浓郁的焦糖风味,甜度很高。

2. 焦糖玛奇朵咖啡的饮用方式

焦糖玛奇朵咖啡,是焦糖和玛奇朵咖啡的融合饮品。焦糖代表甜蜜,玛奇朵咖啡象征烙印、印记。因此,焦糖玛奇朵咖啡有着甜蜜的印记之称。

饮用时,首先喝到表面带有焦糖风味的奶泡,再喝一口会喝到牛奶、咖啡、焦糖酱融合的味道。

活动设计

1. 活动条件

意式浓缩咖啡机,研磨机,焦糖风味糖浆,焦糖淋酱,打发牛奶用奶缸、牛奶,电子秤。

2. 活动组织

(1)每四位同学一组,其中两位同学制作焦糖玛奇朵咖啡,另外两位同学在旁边做点评员。

(2)每组两位咖啡师同学首先制作焦糖玛奇朵咖啡,同组的另两位点评员同学点评。两组互换。

(3)各小组依次进行,每位同学均需要完成焦糖玛奇朵咖啡的制作,并对同组的同学点评。

3. 活动实施

序号	步骤	操作及说明	服务标准
1	物品准备	(1)玻璃咖啡杯。 (2)茶匙。 (3)出品托盘。 (4)专用口布5块。 (5)咖啡豆。 (6)牛奶。 (7)焦糖风味糖浆。 (8)焦糖淋酱。	准备物品要迅速、齐全,干净、无污渍。

续表

序号	步骤	操作及说明	服务标准
2	意式浓缩咖啡制作	（1）温杯。将玻璃咖啡杯放置在咖啡机出热水处，放热水，温杯。将热水倒掉，拿干净的擦杯布将咖啡杯擦拭干净。 （2）将冲煮手柄从咖啡机萃取单元上卸下，用专用布草擦拭冲煮粉碗。 （3）将冲煮手柄置于研磨机处，在冲煮粉碗内装入咖啡粉并布粉。 （4）用布粉器或粉锤压粉。 （5）清理冲煮粉碗外围残粉。 （6）萃取单元排水降温。打开萃取按键或拨杆，排水。排水后立即使用专用布草擦沥水盘。 （7）将冲煮手柄装入萃取单元。 （8）立即开始萃取。 （9）选择温杯后的咖啡杯放在倒流口下方。 （10）关闭萃取按键或拨杆，完成萃取。	（1）玻璃咖啡杯干净无水渍。 （2）冲煮粉碗干净无残粉。 （3）填粉和布粉时，不浪费咖啡粉。 （4）冲煮粉碗内的咖啡粉需填压平整、紧实。 （5）遵循"五二一二"原则。即用整个手掌清理粉碗上边缘，拇指和食指清理粉碗左右两侧卡槽，食指清理手柄和粉碗连接处，拇指和食指清理两个导流口。 （6）有排水动作，需擦沥水盘。布草不混用。 （7）装入动作熟练、准确。 （8）冲煮手柄装入后立即打开萃取按键或拨杆。 （9）萃取出的咖啡液完整流入咖啡杯，未流出咖啡杯外侧。 （10）及时完成萃取。
3	焦糖玛奇朵咖啡制作	（1）使用专用布草包住蒸汽棒，打开蒸汽棒开关，放冷凝水后关闭开关。 （2）选择合适的奶缸。 （3）注入牛奶。 （4）将蒸汽棒喷头浸入牛奶液面合适位置，打开蒸汽棒开关，打发牛奶。 （5）奶泡打发完成后关闭蒸汽棒开关。 （6）使用专用布草清洁蒸汽棒，并再次打开开关喷蒸汽清洁蒸汽棒。 （7）将奶缸内的牛奶与奶泡摇晃均匀。 （8）在玻璃咖啡杯内加入巧克力酱、咖啡和打发后的牛奶。搅拌均匀。 （9）使用奶油枪沿着玻璃咖啡杯杯壁朝同一个方向注入奶油。 （10）用挤酱瓶在奶油上撒巧克力酱。	（1）布草专用，不混用。有放冷凝水操作。 （2）奶缸选择适当。 （3）牛奶需事先冷藏。 （4）打发牛奶符合操作规范，打发过程中无牛奶溢出。 （5）打发牛奶最高温度不超过65℃，打发中时刻关注温度，及时停止打发。 （6）布草专用，不混用。及时清洁蒸奶棒。 （7）有摇晃奶缸的操作。 （8）吧匙干净、卫生，符合器皿食品安全规范。巧克力酱在15~30克。 （9）奶油和巧克力酱未溢出杯口。奶油高过杯口。 （10）奶油成形完整、呈螺旋状。 （11）巧克力撒淋撒均匀。
4	清洁复位	（1）将冲煮手柄卸下，将冲煮粉碗内的咖啡渣敲入渣桶。用专用布草清理冲煮粉碗。 （2）清理擦拭沥水盘。 （3）清理研磨机出粉处和接粉盘上的残粉。 （4）清理操作台面。	（1）冲煮粉碗干净无残粉。 （2）沥水盘干净无咖啡渍。 （3）研磨机出粉处、接粉盘干净无粉。 （4）台面干燥、清洁、无水渍、无残粉。

续表

序号	步骤	操作及说明	服务标准
5	摆盘与出品	（1）卡布奇诺咖啡杯需配上成套的咖啡碟。 （2）根据客人的要求配备糖盅和奶缸。如果配糖缸，需在咖啡碟上摆放茶匙，茶匙的勺把和咖啡杯杯柄两者延长线平行，朝服务对象右侧。 （3）呈送咖啡的托盘干净无污渍，服务时手持咖啡碟边缘，不能接触咖啡杯口。	（1）意式浓缩咖啡液重 15~25 克。 （2）意式浓缩咖啡 TDS9%~11%。 （3）出品不少于 9 分满。 （4）奶泡厚度大于 5 毫米。 （5）杯边有一圈金边。

情景

如果你是咖啡厅的咖啡师，请在 5 分钟内出品焦糖玛奇朵咖啡。

按照焦糖玛奇朵咖啡制作流程和操作规范出品。

4. 活动评价

评价内容	评价标准	是/否
活动完成情况	准备的物品齐全，没有污渍	
	用热水温热咖啡杯并擦拭干净	
	清洁研磨机粉仓、接粉盘、冲煮手柄、冲煮粉碗。冲煮粉碗擦干	
	填粉时不撒粉，布粉均匀	
	填压动作规范，咖啡粉填压平整	
	冲煮手柄各处残粉清理干净	
	排水并用专布擦拭沥水盘	
	冲煮手柄装入萃取单元动作规范、娴熟	
	立即开始萃取，不等候	
	将前期准备的玻璃咖啡杯置于倒流口下方，萃取出的咖啡液未流到杯外	
	摇晃奶缸，将打发后的牛奶和奶泡融合注入玻璃杯中	
	奶泡厚度大于 5 毫米	
	出品杯量不少于 9 分满	
	奶泡和焦糖淋酱未洒在杯外	
	清理冲煮手柄、冲煮粉碗、沥水盘	

续表

评价内容	评价标准	是/否
活动完成情况	清理豆仓出粉口、接粉盘	
	清洁台面	
	出品排盘规范、完整	
	使用托盘出品，出品时注重卫生	

课后作业

练习焦糖玛奇朵咖啡的制作。

五、维也纳咖啡制作

核心概念

维也纳咖啡，也称为 Viennese Coffee。在奥地利非常有名。是由美式咖啡搭配新鲜打发的奶油制成的咖啡饮品。

维也纳咖啡

教学目标

1. 能用奶油枪手动打发淡奶油。
2. 能制作维也纳咖啡

基本知识

1. 维也纳咖啡的感官特征

维也纳咖啡是由美式咖啡融合奶油制作而成，冰凉的奶油与滚烫的热咖啡碰撞出独特的味觉体验。淡奶油让咖啡变得香醇，奶香四溢。

2. 奶油枪打发淡奶油的步骤

奶油枪手动打发淡奶油时，可选择植物奶油、动物奶油或混合奶油。淡奶油在打发前放入冷藏柜冷藏至 4~9℃后再进行打发，效果更好。

第一，将冷藏后的淡奶油加入奶油枪内，淡奶油液面不得超过最大容量刻度线。

第二，拧紧奶油枪瓶盖。

第三，卸下气弹套筒，装入氮气子弹，注意子弹头的方向。将装入氮气子弹的套筒快速拧入，将气体打入奶油枪瓶内。

第四，上下摇晃奶油枪，直至打发完成。

3.奶油枪的清洁保养

第一，拧开奶油枪上盖，放空奶油枪内的气体。

第二，用清水冲洗奶油枪。

第三，用清洁毛刷清洁裱花头和气阀。

4.奶油枪使用注意事项

第一，奶油枪内奶油未用完时，应立即放入冷藏柜内保存。

第二，打发后的新鲜奶油，当天使用效果最佳。最长保质期不超过三天。

第三，在使用非当天打发的奶油时，需将奶油枪裱花头用热水清洁干净后使用。

第四，打发后的新鲜奶油在冷藏柜内静置一段时间后再使用时，需将奶油枪上下摇晃均匀再使用，效果更好。

活动设计

1.活动条件

意式浓缩咖啡机、研磨机、开水机、电子秤、奶油枪、淡奶油、气弹。

2.活动组织

（1）每四位同学一组，其中两位同学制作维也纳咖啡，另外两位同学在旁边做点评员。

（2）每组两位咖啡师同学首先制作维也纳咖啡，同组的另两位点评员同学点评。两组互换。

（3）各小组依次进行，每位同学均需要完成维也纳咖啡的制作，并对同组的同学点评。

3.活动实施

序号	步骤	操作及说明	服务标准
1	物品准备	（1）玻璃咖啡杯。 （2）茶匙。 （3）出品托盘。 （4）专用口布5块。 （5）咖啡豆。 （6）打发好的奶油枪。	准备物品要迅速、齐全，干净、无污渍。

续表

序号	步骤	操作及说明	服务标准
2	意式浓缩咖啡制作	（1）温杯。将玻璃咖啡杯放置在咖啡机出热水处，放热水，温杯。将热水倒掉，拿干净的擦杯布将咖啡杯擦拭干净。 （2）将冲煮手柄从咖啡机萃取单元上卸下，用专用布草擦拭冲煮粉碗。 （3）将冲煮手柄置于研磨机处，在冲煮粉碗内装入咖啡粉并布粉。 （4）用布粉器或粉锤压粉。 （5）清理冲煮粉碗外围残粉。 （6）萃取单元排水降温。打开萃取按键或拨杆，排水。排水后立即使用专用布草擦沥水盘。 （7）将冲煮手柄装入萃取单元。 （8）立即开始萃取。 （9）选择温杯后的意式浓缩咖啡杯放置在倒流口下方。 （10）关闭萃取按键或拨杆，完成萃取。	（1）玻璃咖啡杯温热，干净无水渍。 （2）冲煮粉碗干净无残粉。 （3）填粉和布粉时，不浪费咖啡粉。 （4）冲煮粉碗内的咖啡粉需填压平整、紧实。 （5）遵循"五二一二"原则。即用整个手掌清理粉碗上边缘，拇指和食指清理粉碗左右两侧卡槽，食指清理手柄和粉碗连接处，拇指和食指清理两个导流口。 （6）有排水动作，需擦沥水盘。布草不混用。 （7）装入动作熟练、准确。 （8）冲煮手柄装入后立即打开萃取按键或拨杆。 （9）萃取出的咖啡液完整流入咖啡杯，未流出咖啡杯外侧。 （10）及时完成萃取。
3	维也纳咖啡制作	（1）在咖啡杯内加入热水。 （2）使用奶油枪沿着咖啡杯杯壁朝同一方向打奶油。	（1）开始使用奶油枪前，先测试打发后的奶油效果。 （2）奶油成形完整，呈螺旋状，造型持续时间较长。
4	清洁复位	（1）将冲煮手柄卸下，将冲煮粉碗内的咖啡渣敲入渣桶。用专用布草清理冲煮粉碗。 （2）清理擦拭沥水盘。 （3）清理研磨机出粉处和接粉盘上的残粉。 （4）清理操作台面。	（1）冲煮粉碗干净无残粉。 （2）沥水盘干净无咖啡渍。 （3）研磨机出粉处、接粉盘干净无残粉。 （4）台面干燥、清洁、无水渍、无残粉。
5	摆盘与出品	（1）咖啡杯需配上成套的咖啡碟。 （2）根据客人的要求配备糖盅和奶缸。如果配糖缸，需在咖啡碟上摆放茶匙，茶匙的勺把和咖啡杯杯柄两者延长线平行，朝服务对象右侧。 （3）呈送咖啡的托盘干净无污渍，服务时手持咖啡碟边缘，不能接触咖啡杯口。	（1）咖啡液或奶油未溢出杯口。 （2）出品咖啡奶油高过杯口。

情景

如果你是咖啡厅的咖啡师，请在5分钟内出品维也纳咖啡。
按照维也纳咖啡制作流程和操作规范出品。

4. 活动评价

评价内容	评价标准	是/否
活动完成情况	准备的物品齐全，没有污渍	
	用热水温热咖啡杯并擦拭干净	
	清洁研磨机粉仓、接粉盘、冲煮手柄、冲煮粉碗。冲煮粉碗擦干	
	填粉时不撒粉，布粉均匀	
	填压动作规范，咖啡粉填压平整	
	冲煮手柄各处残粉清理干净	
	排水并用专布擦拭沥水盘	
	冲煮手柄装入萃取单元动作规范、娴熟	
	立即开始萃取，不等候	
	将前期准备的玻璃咖啡杯置于倒流口下方，萃取出的咖啡液未流到杯外	
	加入热水至七分满	
	用奶油枪沿咖啡杯杯壁顺时针或逆时针打入奶油	
	奶油呈螺旋状，高出杯口	
	奶油未溢出	
	清理冲煮手柄、冲煮粉碗、沥水盘	
	清理豆仓出粉口、接粉盘	
	清洁台面	
	出品排盘规范、完整	
	使用托盘出品，出品时注重卫生	
	螺旋状奶油持续时间长	

课后作业

练习用奶油枪打发淡奶油，制作维也纳咖啡。

任务十六 练习题

1. 摩卡咖啡的配方中含有以下哪种风味的原材料（　　）。

   A. 巧克力　　　　B. 香草　　　　C. 焦糖　　　　D. 榛果

2. 摩卡咖啡的配方中不包括（　　）。

   A. 巧克力　　　　B. 牛奶　　　　C. 热水　　　　D. 奶油

3. 下列关于摩卡咖啡的制作技术要求描述不准确的是（　　）。

   A. 摩卡咖啡表面会均匀淋撒巧克力酱

   B. 摩卡咖啡的奶油要低于杯口

   C. 摩卡咖啡中的巧克力酱要与咖啡搅拌均匀

   D. 如果要制作分层效果咖啡，要依据原料的密度排序

4. 如果要制作分层效果的摩卡咖啡，从下往上数，巧克力酱应该放在（　　）。

   A. 最底层　　　　B. 第二层　　　　C. 第三层　　　　D. 第四层

5. 摩卡咖啡出品时通常不会再配（　　）。

   A. 餐巾纸　　　　B. 巧克力酱　　　　C. 牛奶　　　　D. 长柄勺或搅拌棒

6. 下列关于摩卡咖啡的服务要求描述不准确的是（　　）。

   A. 提醒顾客担心奶油下的咖啡有点烫

   B. 建议顾客可以先食用部分奶油后将奶油与巧克力酱、咖啡搅匀后再饮用

   C. 将奶油溢在杯外的摩卡咖啡送至顾客面前

   D. 端送咖啡时需要使用托盘

7. 摩卡咖啡是含有下列哪种咖啡风味的咖啡（　　）。

   A. 巧克力风味　　　B. 香草风味　　　C. 焦糖风味　　　D. 榛果风味

8. 焦糖玛奇朵咖啡的配方原料中不包括（　　）。

   A. 牛奶　　　　B. 焦糖糖浆　　　　C. 巧克力酱　　　　D. 奶沫

9. 焦糖玛奇朵咖啡中，比例最高的原料是（　　）。

   A. 咖啡液　　　　B. 牛奶　　　　C. 焦糖糖浆　　　　D. 奶沫

10. 下列关于焦糖玛奇朵咖啡的制作技术要求描述不准确的是（　　）。

    A. 因为液体的密度差异，焦糖玛奇朵咖啡可以制作出漂亮的分层效果

    B. 打包外带的焦糖玛奇朵咖啡需要将焦糖糖浆与咖啡牛奶融合均匀

    C. 焦糖玛奇朵表面的奶沫上会淋上焦糖淋酱并钩花

    D. 制作焦糖玛奇朵咖啡时，必须先放焦糖糖浆

11. 如果制作分层效果的焦糖玛奇朵，从杯底往上数，焦糖糖浆最可能处于（　　）。

A. 最底层　　　　B. 第二层　　　　C. 第三层　　　　D. 最表面

12. 焦糖玛奇朵咖啡出品服务时，一般都会配有（　　）。

　　A. 咖啡勺　　　　B. 糖浆　　　　C. 吸管　　　　D. 牛奶

13. 下列不符合焦糖玛奇朵咖啡服务要求的是（　　）。

　　A. 提醒顾客担心咖啡烫

　　B. 建议顾客饮用前需要将咖啡、牛奶和糖浆搅拌均匀

　　C. 将奶沫溢出杯外的玛奇朵咖啡送至顾客面前

　　D. 端送咖啡时需要使用托盘

14. 下列不符合对焦糖玛奇朵咖啡的基础感官特征评价的是（　　）。

　　A. 表面有丰富细腻的奶沫　　　　B. 咖啡有焦糖的香气

　　C. 奶香浓郁　　　　D. 有浓醇的巧克力风味

15. 下列咖啡中有焦糖香气和风味的是（　　）。

　　A. 维也纳咖啡　　　　B. 冰美式咖啡

　　C. 冰拿铁咖啡　　　　D. 焦糖玛奇朵咖啡

16. 维也纳咖啡与美式咖啡相比，配方上多了（　　）。

　　A. 奶油　　　　B. 奶沫　　　　C. 巧克力酱　　　　D. 香草糖浆

17. （　　）是含有奶油的咖啡。

　　A. 维也纳咖啡　　　　B. 冰美式咖啡

　　C. 冰拿铁咖啡　　　　D. 焦糖玛奇朵咖啡

18. 下列不符合制作维也纳咖啡要求的是（　　）。

　　A. 奶油低于咖啡杯口　　　　B. 奶油贴着杯壁旋转

　　C. 奶油的量控制在5~10g　　　　D. 奶油不能溢出杯外

19. 一杯维也纳咖啡的奶油使用要求控制在（　　）。

　　A. 5~10g　　　　B. 10~15g　　　　C. 15~20g　　　　D. 20~25g

20. 维也纳咖啡出品时不需要配送（　　）。

　　A. 咖啡勺或搅拌棒　　　　B. 糖包

C. 吸管　　　　D. 餐巾纸

21. 下列不符合维也纳咖啡服务要求的是（　　）。

　　A. 提醒顾客担心奶油下的咖啡有点儿烫

　　B. 建议顾客可以先食用部分奶油后将奶油与咖啡搅匀后再饮用

　　C. 将奶油溢在杯外的维也纳咖啡送至顾客面前

　　D. 端送咖啡时需要使用托盘

22. 下列关于维也纳咖啡的基础感官特征评价准确的是（　　）。

　　A. 维也纳咖啡表面有丰富细腻的奶沫

　　B. 维也纳咖啡有焦糖的香气和甜味

　　C. 维也纳咖啡入口是丝滑凉爽的奶油，与下面咖啡融合后增加咖啡的奶香和丝滑度，均衡了咖啡的酸苦

　　D. 维也纳咖啡有浓醇的巧克力风味

23. 如果一款入口是丝滑的奶油风味，紧接着是奶油与咖啡冷热交融的风味，咖啡的酸苦均衡，且咖啡的浓香不会被奶香给掩盖，该咖啡最有可能是（　　）。

　　A. 维也纳咖啡　　　　　　　　B. 冰美式咖啡

　　C. 冰拿铁咖啡　　　　　　　　D. 焦糖玛奇朵咖啡

答案：

1~5.　ABCBC　6~10.　ACADC　11~15.　ACDDA

16~20.　AAACC　21~23.　CDA

任务十七　冲煮咖啡制作

一、手冲咖啡萃取器具和原料

核心概念

手冲咖啡是一种滤泡式的咖啡萃取方式。是呈现精品咖啡风味的最佳选择之一。操作方便，所需器皿简单、便于携带。

冲煮咖啡

教学目标

1. 能准备制作手冲咖啡所需的器具和原料。

2. 能区分不同器具的优缺点，并能结合器具的特点呈现咖啡的风味。

> **基本知识**

1. 滤杯

（1）梅丽塔滤杯

梅丽塔滤杯，也称作 Melitta 滤杯。由德国人本茨·梅丽塔发明，并于 1908 年注册专利，她将自己的亲笔签名作为产品的注册商标。这被普遍认为是世界上最早的滤泡式咖啡杯。

梅丽塔滤杯呈拱形，底部平直，有一个出水孔，滤杯采用铜质材料，滤杯内壁有条状的肋条。梅丽塔滤杯也被称作单孔滤杯。

（2）卡丽塔滤杯

卡丽塔滤杯，也称作 Kalitta 滤杯。据考证，由日本咖啡从业者在继承梅丽塔滤杯的优点基础上进行改良的一种滤杯。卡丽塔滤杯最经典的款式是三孔滤杯，此外还有纸杯蛋糕状的滤杯。它与梅丽塔滤杯最大的区别在于底部开了三个孔，也被称为三孔滤杯。

（3）V 形圆锥滤杯

V 形圆锥滤杯，在业界常称作 V60 滤杯。它有三个典型特点，60°角的锥形设计，底部开一个大的过滤孔，滤杯内壁有螺旋纹。

上述三种滤杯形状各异，最大的区别在于过滤孔的大小和滤杯内壁的设计。这与手冲咖啡的萃取技术相关。在制作手冲咖啡时，会使用较为新鲜烘焙的咖啡豆，因此在萃取过程中咖啡粉在遇热水后会将豆体内的二氧化碳排出，滤杯内壁的形状直接决定了排气的效率。而滤杯底部开孔的大小对整个萃取时间有影响，大开孔可以给咖啡师更大的自由度来调整萃取参数，对萃取咖啡的风味进行调整，而单孔或三孔滤杯在这方面留给咖啡师发挥的空间相较 V 形滤杯而言不大。

因此，滤杯没有好坏之分，各有千秋。咖啡师需要根据咖啡豆的品质和特点，通过试验找到最佳的萃取参数，将咖啡豆的风味特点以出品的方式呈现给消费者。

2. 滤纸

滤纸有很多种，需要配合制作手冲咖啡时使用的滤杯类型来确定。滤纸的区别主要体现在形状和材质两方面。在形状方面，贴合滤杯的形状，有扇形、圆锥形等。在材质方面，有纸质、滤布等，此外还有专门设计的金属滤网。

最常见的滤纸是纸质的，有白色和原色两种。二者的区别在于是否经过漂白工序。

3. 电子秤

电子秤可以极大地提高制作手冲咖啡的效率，是专业咖啡师的必备物品。专用的手冲咖啡电子秤一般包括计时和称重两项功能。计时器方面咖啡师在萃取时准确控制制作时间，称重功能对于精确度和灵敏度要求较高，计重范围通常在 2~2000 克，刻度值为 0.1 克，称重显示范围从 2 克开始。

在家里制作手冲咖啡，可以无须配备专用的电子秤，任何可使用的计时设备均可，萃取重量要根据个人喜好结合制作经验来判断。毕竟电子秤价格不菲，对于家庭制作而言，花费更多的费用在咖啡豆上是更好的选择。

4. 手冲壶

手冲壶对于专业咖啡师而言是必备的器具。制作手冲咖啡的专用手冲壶最大的特点是细口壶嘴设计，这样设计的好处是便于咖啡师控制水流速度以及水柱大小，用这样的设计来征服不同咖啡千变万化的咖啡风味。

手冲壶主体一般采用不锈钢材质，适用的加热器具广泛，包括电磁炉、燃气灶、电加热器、辐射加热圈、卤素加热器等。最佳的加热方式是可以控温的电加热器，可以在 60~96℃的范围内调节温度，便于咖啡师根据咖啡豆的不同，通过调节水温，萃取出不同的咖啡味道。

在家里制作手冲咖啡时，普通的电烧水壶也是不错的选择。

5. 咖啡豆

新鲜烘焙的咖啡豆很重要，适合制作手冲咖啡的咖啡豆烘焙度范围较广泛，可以从浅焙到中深焙。在咖啡豆的品质方面，手冲咖啡能够较好地呈现出精品咖啡豆原本的味道。因此，建议选择精品咖啡豆。

6. 冲煮用水

一杯咖啡的主要成分，98%以上都是水。因此，水的品质很重要。制作手冲咖啡时，选择较软的水，过滤壶过滤后的水或者瓶装水都是不错的选择。专业的咖啡师在参加国际赛事时，通常选择自制水，它包含了特定的矿物质组合。

7. 研磨机或手摇磨

研磨设备是制作手冲咖啡的必备器皿。可以选择电动研磨机，研磨速度高效、稳定，也可以选择手摇磨，需要花费一些力气和时间。无论选择何种磨豆器皿，研磨度至关重要。在日常生活中，白砂糖粗细是比较理想的制作手冲咖啡所需的研磨度，但这不是绝对标准。在研磨度上，需要结合咖啡豆的品种、烘焙度以及咖啡师想要呈现的风味特征进行调整。

较好的研磨机可以研磨出从制作浓缩咖啡、杯测、爱乐压、手冲、滴滤式咖啡机、法压壶一直到冷翠咖啡所需要的研磨度。

手摇磨是很多咖啡师推崇的时尚单品,它的研磨度范围同样广泛,外形、功能亮眼,唯一的不足是需要花费很多力气手动研磨咖啡。

研磨设备对于专业咖啡师和家庭制作者而言同样重要。如果在经费有限的情况下,建议优先将更多的费用花费在采购品质较好的研磨设备上。

8. 总可溶性物质检测仪(TDS)

对于专业的咖啡师而言,TDS不是必备物品。对从事咖啡教学、咖啡出品品控、咖啡新品研发等工作的从业者来说,TDS是必备物品。

TDS的全称是咖啡液可溶性固体物含量,在制作手冲咖啡时,检测出的TDS值是指溶解在出品中的可溶性物质的百分比。

制作手冲咖啡时,萃取参数的设定至关重要,粉水比、研磨度、萃取水温等都会影响最后的风味,在业界,浓度和萃取率是最常见的萃取参数,而TDS是检测浓度的最佳方式之一。

专业供咖啡师使用的TDS,具体参数如下:计量单位是百分比,计量范围通常在0~20.00%,分辨率是0.01%,精度为±0.01%,准确度在0~4.99%时为±0.03%,在5.00%~20.00%时为±0.05%。温度检测范围在15~40℃,温度分辨率为0.01℃。样品体积为0.3毫升,典型测量时间小于2秒。

活动设计

1. 活动条件

滤杯、滤纸、电子秤、手冲壶、咖啡豆、水、研磨机或手摇磨、TDS。

2. 活动组织

(1)每四位同学一组,其中两位同学识别咖啡器具,描述各种咖啡器皿的特点,另外两位同学在旁边做点评员。

(2)每四位同学一组,准备制作手冲咖啡的器具和原料。

3. 活动实施

如果你是咖啡厅的咖啡师,请在5分钟内准备好制作手冲咖啡所需的器具和原材料。

4. 活动评价

制作手冲咖啡所需的器具完整、准确,能够描述各类器具的特点。

二、手冲咖啡萃取参数

核心概念

手冲咖啡是一种滤泡式的咖啡萃取方式。是呈现精品咖啡风味的最佳选择之一。操作方便，所需器皿简单、便于携带。

教学目标

1. 能解读手冲咖啡萃取参数。
2. 能根据不同产区咖啡豆的特点，调整萃取参数。

基本知识

1. 粉水比

粉水比是指制作手冲咖啡使用的咖啡豆重量和萃取咖啡时的总注水量。粉水比没有绝对的标准，建议60克咖啡豆使用1000克水进行萃取，根据滤杯容量的大小不同，可以调整为30克咖啡豆使用500克水冲煮，或者15克咖啡豆使用250毫升水冲煮。

在咖啡连锁企业、独立精品咖啡馆等门店里，制作手冲咖啡时，使用的粉水比也不尽相同，很多咖啡师会将粉水比设置为1∶16，这是受精品咖啡协会金杯标准出品参数的影响。咖啡师通常会结合咖啡豆的特点来确定粉水比，可以是1∶14至1∶18之间均可，没有绝对的标准，这取决于个人喜好。

2. 研磨度

推荐使用中等偏细的研磨度，类似于日常生活中白砂糖粗细。不同的研磨度对咖啡萃取影响很大，要根据消费者的口味喜好来调整研磨度。

3. 萃取时间

萃取时间的定义为从冲煮用水接触到咖啡粉的瞬间开始，直到选手停止冲煮为止。冲煮止于萃取的饮品与咖啡粉层完全分离，或者咖啡师停止让萃取中的咖啡流入盛装杯具之中。萃取时间受研磨度、粉水比、水温、滤杯等因素影响，没有固定的时间，通常介于1.5~2分钟。咖啡师可根据自己的需要调整萃取时间。但需要注意，萃取前需要设定好萃取结束时的咖啡夜重，例如，15克咖啡豆，使用250克水，93℃萃取，得到咖啡液重220克。

4. 水温

通常在 93~98.5℃。咖啡烘焙度深，水温低，咖啡烘焙度浅，水温高。

5. 液重

液重为手冲咖啡制作完成后的饮品重量，一般介于 120~375 毫升。

6. 咖啡液可溶性固体物含量（TDS）

当 TDS 小于 1.15% 时，萃取不足，此时咖啡的口感稀薄，风味较弱。当 TDS 介于 1.15%~1.45% 时，完全萃取，此时咖啡的味道较佳，适合多数消费者的需求。当 TDS 大于 1.45% 时，过度萃取，此时咖啡的味道苦味突出，尖锐。

TDS 的数值是调整萃取参数时的依据，但并非一定要在理想的区间才是好喝的咖啡。咖啡好喝与否，更多取决于每个人的喜好。

7. 咖啡风味和萃取参数

研磨度对于咖啡风味的影响很大。通过调整研磨度调整手冲咖啡的风味是较理想的选择。如果咖啡口感空洞、水感、较薄，酸味突出，风味不讨喜，此时，把咖啡豆磨得再细一点。通常情况下，可以多做几次测试，不断地将研磨度调细，直到萃取出的咖啡口味很苦，尖锐，干涩的口感，这时到达临界点，此时已经研磨得很细，只需稍微将研磨度调粗一点点，就会最大限度地得到高萃取率的咖啡，此时的风味最佳。

活动设计

1. 活动条件

滤杯，滤纸，电子秤，手冲壶，中国云南普洱产区咖啡豆、印度尼西亚曼特宁咖啡豆、非洲产区埃塞俄比亚耶加雪菲咖啡豆，水，研磨机或手摇磨，TDS。

2. 活动组织

（1）每四位同学一组，其中两位同学根据曼特宁咖啡豆的特点，阐述所要呈现的萃取参数，讲解各萃取参数的概念，另外两位同学在旁边做点评员。

（2）每四位同学一组，其中两位同学根据耶加雪菲咖啡豆的特点，阐述所要呈现的萃取参数，讲解各萃取参数的概念，另外两位同学在旁边做点评员。

（3）每四位同学一组，其中两位同学根据普洱产区咖啡豆的特点，阐述所要呈现的萃取参数，讲解各萃取参数的概念，另外两位同学在旁边做点评员。

3. 活动实施

如果你是咖啡企业的品控专员或研发专员，请讲解三个产地咖啡豆萃取参数对于咖啡风味的影响。

4. 活动评价

能结合三支咖啡豆风味上的特点，结合想要呈现的咖啡风味，讲解萃取参数，讲解准确，使用专业术语。

三、手冲咖啡萃取技巧

核心概念

手冲咖啡是一种滤泡式的咖啡萃取方式。是呈现精品咖啡风味的最佳选择之一。手冲咖啡已经成为连锁咖啡企业、独立精品咖啡馆的标准饮品。

教学目标

1. 能制作手冲咖啡。
2. 能根据不同产区咖啡豆的特点及所要呈现的咖啡风味，调整萃取方法。

基本知识

假设手中的咖啡豆是一支来自巴拿马 Silla de Pando 产区艺技庄园的瑰夏，生长在海拔 1800 米，昼夜温差较大的太平洋海岸，这里常年平均气温在 8~30℃，湿度80%，盛产品质卓越的咖啡果实。

这支瑰夏以人工手摘方式采摘，采用厌氧发酵处理法。采摘去皮后在黑暗的玻璃瓶内经过低温发酵。发酵的过程可以分解糖分并产生乳酸，以及芳香脂类化合物，给咖啡带来菠萝的风味。

艾格壮咖啡烘焙数值为 60/77，这样的烘焙度给咖啡带来蜂蜜般的咖啡甜感，复杂的香气。

采用陶瓷 V60 滤杯萃取。萃取过程中，陶瓷能够较好地维持萃取温度的稳定，能够凸显出咖啡从热到冷一致的酸度，增加咖啡的复杂度。为了使咖啡的风味更加的纯真、清澈，事先将白色的滤纸浸湿并冷却到室温。将研磨好的咖啡粉密封在黑色的玻璃罐中，减少空气氧化。

1. 准备阶段

准备主要器具：V60 滤杯套装、滤纸、手冲壶、电子秤、咖啡豆、水、研磨机、TDS。

V60滤杯套装设置好，铺好滤纸，准备好热水，事先打湿滤纸，根据设定的萃取参数研磨咖啡粉。

2. 设定萃取参数

（1）粉水比：1∶15。

16克咖啡粉，以240克水冲煮190克咖啡液。

（2）研磨度：介于精盐和白砂糖之间。

这样的研磨度会增强咖啡的醇厚度，口感更加浓稠。

（3）萃取时间：1分钟40秒。

（4）水温：93℃。

自制过滤配方水。过滤水中杂质后，增加了镁离子，来强化咖啡的甜味。水的TDS为70，pH为6.8，这样的水给咖啡带来顺滑、干净的口感。

（5）液重：220毫升。

3. 萃取

萃取时，不同阶段将萃取出不同的可溶性固体物。因此，通过改变注水速度控制咖啡和水之间的接触时间能够较好地完成萃取。

三段式萃取。萃取前，使用漏斗状的布粉器将研磨后的咖啡粉均匀地布好，使用拉花针，将粉层变得蓬松，这样的操作有助于热水在短时间内均匀地浸湿粉层。

（1）焖蒸

以每秒6克的速率注水60克，持续10秒。让粉层与水充分接触，萃取出更多的酸甜味道。

焖蒸30秒，增强咖啡的酸甜感。

（2）第二次注水

注入80克水，放慢注水速率，每秒4克水，持续20秒。由于焖蒸后，细粉较多的呈现，如果继续保持快速注水，会稀释甜酸味道，因此放慢注水速率。较低的注水速率增加了水和咖啡粉接触的时间，从而提高萃取率。

（3）第三次注水

以每秒5克的速率注水100克。持续20秒。在最后一个阶段，以相对较快的注水速率来避免过度萃取。

4. 品鉴

（1）闻湿香气

摇晃分享壶，待温度降低后直接闻香。可以闻到细致的花香味，迎面而来的有杏桃、可可香气，接下来是鲜奶油的香气。

（2）品尝

将咖啡倒入咖啡杯中，搅拌三次，等待一分钟后进行品尝。

高温时，风味描述有杏桃、白葡萄，接下来是令人愉悦的可可和香槟，细致的紫罗兰花香。余韵有白酒、杏桃以及悠长的紫罗兰花香。

中温时，中等强度的酸质，充满活力，带有葡萄甜味。奶油般顺滑的口感，饱满、圆润的醇厚度。

低温时，带有柑橘调性的水果香气，余韵中带有碎可可味道，干净、悠长。咖啡在舌面的重量感是一种多汁、生津的葡萄酸质，像橘子和杏桃般明亮。

活动设计

1. 活动条件

滤杯，滤纸，电子秤，手冲壶，中国云南普洱产区咖啡豆、印度尼西亚曼特宁咖啡豆、非洲产区埃塞俄比亚耶加雪菲咖啡豆，水，研磨机或手摇磨，TDS。

2. 活动组织

（1）每四位同学一组，其中两位同学根据普洱产区咖啡豆的特点，阐述所要呈现的萃取参数，完成萃取，另外两位同学在完成后品鉴。

（2）每四位同学一组，其中两位同学根据曼特宁咖啡豆的特点，阐述所要呈现的萃取参数，完成萃取，另外两位同学在完成后品鉴。

（3）每四位同学一组，其中两位同学根据耶加雪菲咖啡豆的特点，阐述所要呈现的萃取参数，完成萃取，另外两位同学在完成后品鉴。

3. 活动实施

如果你是咖啡师，请任选一个产区的咖啡豆，设计萃取阐述，完成萃取，并填写风味卡片。

4. 活动评价

能结合三支咖啡豆的风味上的特点，结合想要呈现的咖啡风味，讲解萃取参数，正确完成萃取，使用专业术语填写风味卡片。

任务十七　练习题

1. 制作冲煮咖啡时，所用咖啡分量与冲煮用水量之比称为（　　　）。

　　A. 粉水比　　　　B. 萃取参数　　　　C. 萃取液重　　　　D. 两段萃取

2. 焖蒸的作用是释放出咖啡中的（　　　）。

　　A. 氧气　　　　B. 二氧化碳　　　　C. 水汽　　　　D. 香气

3. 金杯萃取概念中,萃取率的最佳范围是( )。
   A. 8%~12%　　　　　　　　　　　　B. 10%~14%
   C. 12%~16%　　　　　　　　　　　　D. 18%~22%

4. 金杯萃取概念中,TDS 的最佳范围是( )。
   A. 1.15%~1.35%　　　　　　　　　　B. 1.2%~1.4%
   C. 1.25%~1.45%　　　　　　　　　　D. 1.3%~1.5%

5. 制作冲煮咖啡时,为了淡化不愉悦的风味,通常会在萃取出的咖啡液中加入一定量的热水,这种操作称为( )。
   A. by water　　　B. by pass　　　C. by clean　　　D. by coffee

答案:

1~5.　ABDAB